U0803775

大型火电厂新员工培训教材

锅炉分册

托克托发电公司 编

中国电力出版社
CHINA ELECTRIC POWER PRESS

内 容 提 要

本套《大型火电厂新员工培训教材》丛书包括锅炉、汽轮机、电气一次、电气二次、集控运行、电厂化学、热工控制及仪表、环保、燃料共九个分册，是内蒙古大唐国际托克托发电有限公司在多年员工培训实践工作及经验积累的基础上编写而成。以600MW及以上容量机组技术特点为主，本套书内容全面系统，注重结合生产实践，是新员工培训以及生产岗位专业人员学习和技能提升的理想教材。

本书为丛书之一《锅炉分册》，主要内容包括电站煤粉锅炉概述、锅炉汽水系统、制粉系统、烟风系统、锅炉重要辅助系统和设备、锅炉安全管理和技术监控，以及锅炉设备典型问题处理。阐述了以上各系统及有关设备知识、操作及检查工作，以及常见异常与处理。

本书适合作为火电厂新员工锅炉专业知识培训教材，以及运行岗位技能提升学习和培训教材，同时可作为高等院校、专业院校相关专业师生的学习参考用书。

图书在版编目（CIP）数据

大型火电厂新员工培训教材．锅炉分册/托克托发电公司编．—北京：中国电力出版社，2020.9

ISBN 978-7-5198-4764-7

Ⅰ.①大…　Ⅱ.①托…　Ⅲ.①火电厂-锅炉-技术培训-教材　Ⅳ.①TM621

中国版本图书馆 CIP 数据核字（2020）第 116022 号

出版发行：中国电力出版社
地　　址：北京市东城区北京站西街 19 号（邮政编码 100005）
网　　址：http：//www.cepp.sgcc.com.cn
责任编辑：宋红梅
责任校对：王小鹏
装帧设计：王红柳
责任印制：吴　迪

印　　刷：三河市百盛印装有限公司
版　　次：2020 年 9 月第一版
印　　次：2020 年 9 月北京第一次印刷
开　　本：787 毫米×1092 毫米　16 开本
印　　张：14.5
字　　数：325 千字
印　　数：0001—2000 册
定　　价：65.00 元

《大型火电厂新员工培训教材》

丛 书 编 委 会

主　　任　张茂清

副 主 任　高向阳　宋　琪　李兴旺　孙惠海

委　　员　郭洪义　韩志成　曳前进　张洪彦

王庆学　张爱军　沙素侠　郭佳佳

王建廷

本分册编审人员

主　　编　任福虎

参编人员　（按姓氏笔画排序）

万　鹏　白　冰　白占桥　闫小薇

李　洋　李乐义　张文伟　张文君

张丽叶　张倡凡　连世泉　沈小虎

郝宝乾　郭秋实　裴东旭　樊利军

审核人员　王　鹏　韩志成

序

习近平在中共十九大报告中指出，人才是实现民族振兴、赢得国际竞争主动的战略资源。电力行业是国民经济的支柱行业，近十多年来我国电力发展坚持以科学发展观为指导，在清洁低碳、高效发展方面取得了瞩目的成绩。目前，我国燃煤发电技术已经达到世界先进水平，部分领域达到世界领先水平，同时，随着电力体制改革纵深推进，煤电企业开启了转型发展升级的新时代，不仅需要一流的管理和研究人才，更加需要一流的能工巧匠，可以说，身处时代洪流中的煤电企业，对技能人才的渴望无比强烈、前所未有。

作为国有控股大型发电企业，同时也是世界在役最大火力发电厂，内蒙古大唐国际托克托发电有限责任公司始终坚持“崇尚技术、尊重人才”理念，致力于打造一支高素质、高技能的电力生产技能人才队伍。多年来，该企业不断探索电力企业教育培训的科学管理模式与人才评价的有效方法，形成了以员工职业生涯规划为引领的科学完备的培训体系，尤其是在生产技能人才培养的体制机制建立、资源投入、培训方法创新等方面积累了丰富且成功的经验，并于 2017 年被评为中电联“电力行业技能人才培育突出贡献单位”，2018 年被评为国家人力资源及社会保障部“国家技能人才培育突出贡献单位”。

本套《大型火电厂新员工培训教材》丛书自 2009 年起在企业内部试行，经过十余年的实践、反复修订和不断完善，取精用弘，与时俱进，最终由各专业经验丰富的工程师汇编而成。丛书共分为锅炉、汽轮机、电气一次、电气二次、集控运行、电厂化学、热工控制及仪表、环保、燃料九个分册，集中体现了内蒙古大唐国际托克托发电有限责任公司各专业新员工技能培训的最高水平。实践证明，这套丛书对于培养新员工基本知识、基本技能具有显著的指导作用，是目前行业内少有的能够全面涵盖煤电企业各专业新员工培训内容的教材；同时，因其内容全面系统，并注重结合生产实践，也是生产岗位专业人员学习和技能提升的理想教材。

本套丛书的出版有助于促进大型火力发电机组生产技能人员的整体技术素质和技能水平的提高，从而提高发电企业安全经济运行水平。我们希望通过本套丛书的编写、出版，能够为发电企业新员工技能培训提供一个参考，更好地推进电力生产人才技能队伍建设工作，为推动电力行业高质量发展贡献力量。

2019 年 12 月 1 日

前　　言

本书为《大型火电厂新员工培训教材》丛书之一。

燃煤火力发电厂是我国电力工业的支柱，现代化的电站煤粉锅炉设备集成了大量的先进技术、复杂设备和新型金属材料，随着科技发展的日新月异，锅炉有关理论不断推陈出新，设备种类越来越多，系统集成越来越复杂和多样化，这就对从事本专业的人员提出了更高的专业技术要求，只有通过不断地学习，才能掌握更为全面的工程技术知识。

内蒙古大唐国际托克托发电有限责任公司是世界最大的在役火力发电厂，运行机组达到 12 台，锅炉主机涵盖了国内三大锅炉厂的产品，既有亚临界参数锅炉，也有先进超超临界参数锅炉，辅机设备覆盖范围更为多样化，这些主要设备具有非常典型的代表性，了解这些典型设备的基本原理、结构和运行维护知识，可以更加深刻地掌握电站锅炉安全生产有关的理论、技能，更加全面地实现理论联系实际，更加迅速地掌握锅炉设备知识，有助于员工尽快成长为理论扎实、实际知识丰富的高技能人才。

内蒙古大唐国际托克托发电有限责任公司作为大唐国际发电股份有限公司的人才基地，一直将人才培养作为重点工作之一，形成了重技术、重担当为核心标准的人才培养评价体系，有多名年轻员工在国家级和行业级技术比武中斩获优异成绩，培养了大量技术骨干。

本书以帮助入职新员工尽快了解生产流程和现场设备、适应生产岗位需求、提升工作技能为目的，以托克托发电有限责任公司内部岗前培训教材为蓝本，在简要介绍理论知识的基础上，重点进行典型设备剖析，详细分析设备的作用、结构、运行和维护特点，兼顾重点和一般，直击生产中的实际问题，力求突出实用性特点，实现将学校教育和企业生产需求完整地衔接起来。

本书共八章，由任福虎主编，负责内容策划和全书统稿。第一章由李乐义编写；第二章第一、三、四节由郭秋实编写，第二节由任福虎编写，第五节由张文君编写；第三章第一～五节由任福虎编写，第六节由万鹏编写；第四章第一、二节由白冰编写，第三节由闫小薇编写，第四节由张倡凡编写；第五章第一、二节由裴东旭编写，第三节由张文伟编写，第四节由沈小虎编写，第五节由连世泉编写；第六章第一、二、四节由樊利军编写，第三节由张文伟编写；第七章第一节由万鹏编写，第二、三节由白占桥编写，第四节由张丽叶编写；第八章第一节由任福虎编写，第二节由白冰编写，第三节由裴东旭编写，第四节由李洋编写，第五节由郝宝乾编写，李乐义负责技术部分审核，感谢韩志成和王鹏审核全书。

由于我们是第一次编写面向所有读者的培训教材，经验不足、时间仓促，加之编者水平有限，疏漏之处在所难免，希望读者能对发现的问题在理解的同时不吝指正，我们将虚心改错并总结经验，与广大读者和同仁共同努力，最终将本书打造成企业新员工需要的系统化、专业化的指导用书。

编　者

2020 年 3 月

目　录

第一章

电站煤粉锅炉概述

第一节　我国火电行业发展现状

受能源资源禀赋“多煤少油缺气”特点影响，我国一次能源以煤炭为主。新中国成立初期，原煤占能源生产总量的比重高达96.3%，其他能源品种原油仅占比0.7%，水电占比3%。建国70年来，能源结构有了很大变化，原煤占比在波动中持续下降，2018年下降到69.3%；原油占比稳步提高到1976年最高的24.8%后逐步下降，2018年下降到7.2%；天然气、一次电力及其他清洁能源占比总体持续提高，天然气由1957年最低的0.1%提高到2018年最高的5.5%，一次电力及其他能源由1949年的3.0%提高到2018年最高的18.0%。但是以煤为主的能源格局，在可预见的未来，无法得到根本的改变。2019年1—6月份，全国原煤产量累计175 820.4万t；装机容量6000kW及以上火电厂发电消耗原煤累计96 293万t，占到了54.76%以上。

一、我国电力行业发展概况

2015年12月，随着青海省最后3.98万人无电人口通电，国家能源局制定的《全面解决无电人口用电问题三年行动计划（2013—2015年）》得到落实，我国全面解决了无电人口用电问题。

2017年，国家能源局发布《电力发展“十三五”规划》（以下简称《规划》），提出要坚持六个“更加注重”的政策取向，更加注重发展质量，调整存量、做优增量，积极化解过剩产能；更加注重结构调整，推进能源绿色低碳发展；更加注重系统优化，积极构建智慧能源系统；更加注重市场规律，积极变革能源供需模式；更加注重经济效益，增强能源及相关产业竞争力；更加注重机制创新，促进市场公平竞争。

《规划》确定近五年煤电增量的主基调：“十三五”时期非化石能源消费比重提高到15%以上，天然气消费比重力争达到10%，煤炭消费比重降低到58%以下。同年，国家发改委、国家能源局印发《关于进一步做好煤电行业淘汰落后产能工作的通知》（以下简称“《通知》”）明确淘汰标准，包括单机5万kW及以下的纯凝煤电机组；或大电网覆盖范围内，单机10万kW及以下的纯凝煤电机组；或大电网覆盖范围内，单机20万kW及以下设计寿命期满的纯凝煤电机组。

截至2018年，全国全口径发电量69 947亿kWh，比上年增长8.4%，增速比上年提高1.9%。其中，水电发电量12 321亿kWh，比上年增长3.1%；火电发电量49 249亿kWh，比上年增长7.3%；核电发电量2950亿kWh，比上年增长18.9%；并网风电发电量3658

亿 kWh，比上年增长 20.1%；太阳能发电量 1769 亿 kWh，比上年增长 50.2%。全国非化石能源发电量 21 634 亿 kWh，比上年增长 11.1%，占全口径发电量的比重为 30.9%。

大容量机组成为火电主力机组。2018 年统计 60 万 kW 及以上火电机组容量占比达到 44.7%，其中单机 100 万 kW 级火电机组已有 113 台。全国 6000kW 及以上火电厂平均供电标准煤耗 307.6g/kWh，比上年下降 1.8g/kWh，煤电机组供电煤耗继续保持世界先进；厂用电率 4.70%，比上年下降 0.10%。全国线损率 6.21%，比上年下降 0.27%。

污染物排放进一步降低。2018 年，全国电力烟尘、二氧化硫、氮氧化物排放量分别约为 21 万 t、99 万 t、96 万 t，分别比上年下降约为 19.2%、17.5%、15.8%。截至 2018 年底，达到超低排放限值的煤电机组约 8.1 亿 kW，约占全国煤电总装机容量的 80%。

碳排放强度持续降低。2018 年，全国单位火电发电量二氧化碳排放约为 841g/kWh，比 2005 年下降 19.4%；单位发电量二氧化碳排放约为 592g/kWh，比 2005 年下降 30.1%。

二、电站锅炉新技术

（一）高效超超临界技术

自 2006 年浙江玉环电厂首台 100 万 kW 级机组投产以来，60 万 kW 级和 100 万 kW 级超超临界煤电机组成为了我国新建火电厂的主力机组。截至 2018 年底，我国煤电总装机 100 835 万 kW，全国已投产百万千瓦超超临界机组达到了 111 台。

安徽安庆皖江发电有限责任公司 3 号机组，采用东方电气最新自主研发的 100 万 kW 等级高效超超临界锅炉技术，168h 满负荷试运行期间，锅炉效率均达到 95%，高于 94.6%的保证值；锅炉尾部氮氧化物排放最低测量值为 121.8mg/m^3（标准状态），远低于 180mg/m^3（标准状态）的保证值；供电煤耗 272.5g/kWh，厂用电率 4.01%。锅炉额定参数达到 29.4MPa/605℃/623℃的世界最高值，锅炉保证效率 94.6%，锅炉出口氮氧化物排放浓度 180mg/m^3（标准状态）。优异的效率和性能创造了当时国内火电机组技术经济指标的新纪录。

华能莱芜 100 万 kW 级超超临界 7 号机组，在 2018 年度全国火电机组能效水平对标中，被评为 5A 级机组，同时被评为供电煤耗指标最优机组。该机组锅炉为哈电集团自主研制，机组发电效率为 48.12%，发电煤耗为 255.29g/kWh，供电煤耗为 266.18g/kWh，三项指标均刷新了世界纪录，是当时世界上效率最高、能耗最低、指标最优、环保最好的绿色煤电标杆机组。

华能长兴电厂 2 号 60 万 kW 级超超临界湿冷机组，在 2018 年度全国火电机组能效水平对标中，该机组被评为 5A 机组。2014 年 12 月，由哈电集团自主研制的当时世界最高参数 66 万 kW 高效超超临界锅炉在华能长兴电厂顺利通过试运行，其主汽压力 29.3MPa，蒸汽温度为 605/623℃，成为国内首台达到高效设计参数的超超临界机组。该机组采用超低氮氧化物排放设计，通过数模分析炉内的燃烧状况，合理选择燃烧器设计参数和布置，同时采用目前最先进的 MPM 燃烧器和燃尽风布置方式，降低氮氧化物的生成，炉膛出口氮氧化物排放值为 133.3mg/m^3（标况），机组发电煤耗为 267.2g/kWh，整体技术达到世界先进水平。

（二）二次再热技术

除了提升蒸汽参数外，二次再热技术逐渐成熟，成为提升锅炉效率的有效手段。不管是 100 万 kW 级超（超）临界机组，还是 60 万 kW 级超（超）临界机组，二次再热技术都有成功的应用。先进的百万千瓦级二次再热机组的供电煤耗已经低于 270g/kWh，引领了世界燃煤发电的发展方向。

2015 年 6 月，华能安源 66 万 kW 等级二次再热机组 1 号机组投入商用，锅炉来自哈电集团，采用东方电气的汽轮机、发电机设备，该机组投运成功并带满负荷，主蒸汽压力达到 32.45MPa，主蒸汽温度 605℃，一次、二次再热汽温均达到 623℃高效运行参数，机组运行期间，主、辅设备和系统运行稳定，主要经济技术指标达到国内领先水平，平均供电煤耗 272.66g/kWh，比当时同容量一次再热火电机组平均水平低 19.97g/kWh，是当时世界上首台 60 万 kW 级二次再热超超临界机组。

同年 9 月国电泰州电厂 3 号机组投产，由上海电气电站集团供货全套主机设备，是当时世界上首台成功运用二次再热技术的百万千瓦超超临界火电机组，主机及控制参数具有完全的自主知识产权，锅炉采用塔式炉，汽轮机采用五缸四排气方案，主蒸汽压力为 31MPa、主蒸汽温度为 600℃、一次和二次再热蒸汽温度均为 610℃，发电效率为 47.82%，发电煤耗为 256.8g/kWh，综合参数为世界领先水平，也是世界最大容量二次再热机组。2015 年 9 月 25 日投入商业运行，在当时，其发电效率、发电煤耗和环保指标创下三个“世界之最”，成为全球最优、指标最好的示范电厂。

可以预见的是，随着金属和材料科技的不断进步，受热面管道材料可以承受越来越高的蒸汽温度和压力，更高的参数将被应用于煤粉锅炉。

第二节　煤粉锅炉发电机组概述

火力发电厂的生产过程是把一次能源（煤、油、气体等燃料）转化为二次能源（电力）的能量转化过程，整个生产过程包括三个阶段：一是在锅炉中将燃料的化学能转变为热能；二是在汽轮机中将热能转变为机械能；三是通过发电机将机械能转变为电能。图 1-1 为火力发电厂原则性工艺流程示意图。

锅炉的作用是将燃料的化学能转变为热能，并利用热能加热锅内的水使之达到一定品质（汽温、汽压）的过热蒸汽，供汽轮机使用。锅炉的主要工作过程就是燃料的燃烧、热量的传递、水的加热与汽化和蒸汽的过热等。

锅炉由锅炉本体和辅助设备两部分组成。锅炉本体是锅炉设备的主要部分，由“锅”和“炉”两部分组成。“锅”可以理解为汽水系统，又称受热面，它的主要任务是吸收燃料放出的热量，使水加热、蒸发并最后变成具有一定参数的过热蒸汽。锅由省煤器、汽包、下降管、联箱、水冷壁、过热器和再热器等设备及其连接管道和阀门组成。“炉”可以理解为燃烧系统，它的任务是使燃料在炉内良好燃烧，放出热量。炉由炉膛、燃烧器、点火装置、空气预热器、烟风道及炉墙、构架等组成。

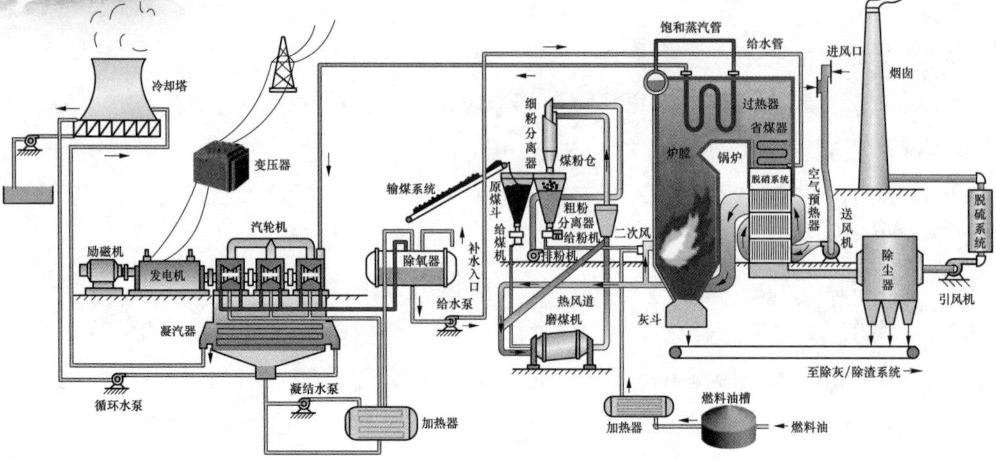

图 1-1　火力发电厂原则性工艺流程示意图（湿冷）

锅炉辅助设备又称锅炉辅机，主要包括通过管道等系统连接起来的重要单体设备，如水泵、风机、磨煤机、给煤机、捞渣机、回转式空气预热器等。

一、锅炉受热面

（一）省煤器

省煤器一般位于锅炉尾部后竖井烟道内，利用烟气余热加热锅炉给水，降低排烟温度，提高锅炉效率，节约燃料。省煤器由大量规则排列的管道组成（见图 1-2），给水在管道内流动，热烟气在管道外冲刷管道，将给水加热，同时让烟气得到冷却。

图 1-2　典型省煤器蛇形管束

（二）水冷壁

亚临界参数锅炉水冷壁系统包括水冷壁、汽包（见图 1-3）、下降管以及集箱等。超（超）临界参数锅炉水冷壁系统没有汽包，强制循环锅炉还包括炉水循环泵。

1. 汽包

汽包位于锅炉顶部，是一个长长的圆筒形金属承压容器，在工作中，其下部是水，上部是汽，它接受省煤器的给水，同时又与下降管、集箱、水冷壁共同组成水循环回路。水在水冷壁中吸热而生成的汽水混合物汇集于汽包，经汽水分离后向过热器输送饱和蒸汽。

2. 下降管

下降管又称降水管（见图 1-4），是水冷壁的供水管道，其作用是把汽包中的水引入下水冷壁底部，通过水冷壁入口集箱再分配到各个水冷壁管中。下降管分小直径分散下降管和大直径集中下降管两种。小直径下降管管径小，对水循环不利，目前大型电站锅炉已很少采用。

图 1-3　锅炉汽包外形

图 1-4　锅炉汽包下降管（局部）

采用强制循环的锅炉，通常在下降管路中加装炉水循环泵，以保障水冷壁水循环的安全。

3. 水冷壁集箱

水冷壁下集箱又称水冷壁入口集箱（也叫联箱），主要作用是将下降管送来的工质（炉水）汇集起来，然后将工质重新分配到其他管道中，实现水动力循环安全。水冷壁下集箱是一根较粗的两端封闭的管子，其作用是将下降管与水冷壁连接在一起，以便起到汇集、混合、再分配工质的作用。

图 1-5　锅炉受热面集箱（带管座）

水冷壁上集箱又称水冷壁出口集箱，布置在水冷壁顶端，汇集水冷壁管道受热后形成的汽水输送到汽包内。直流锅炉的水冷壁出口全部变成了蒸汽，直接送往过热器。

锅炉受热面集箱见图 1-5。

4. 水冷壁

水冷壁位于炉膛四周，其主要任务是吸收炉内的辐射热，使炉水蒸发，它是电站煤粉锅炉的主要受热面，也是燃烧室，同时还可以保护炉墙。水冷壁由钢管和钢板焊接在一起形成，煤粉燃烧在水冷壁围成的炉膛内进行，见图 1-6。

（三）过热器

过热器一般分为低温过热器和高温过热器，有的炉型又称一级过热器、二级过热器和末级过热器，其作用是将汽包或水冷壁出来的饱和蒸汽继续加热，使之成为具有一定过热度的过热蒸汽。

过热器分为半辐射式（也叫屏式）过热器和对流过热器，通常竖直悬挂在锅炉炉膛出口和水平烟道中，低温过热器布置在尾部烟道中。

锅炉屏式过热器管屏见图 1-7。

图 1-6　锅炉膜式水冷壁外观（局部）

图 1-7　锅炉屏式过热器管屏（局部）

图 1-8　锅炉再热器（局部）

（四）再热器

再热器的作用是将汽轮机中做过部分功的蒸汽再次进行加热升温，达到一定的过热度，然后再送到汽轮机中继续做功。再热器和过热器类似，是由大量的管子按照一定的规则组合而成（见图 1-8）。

再热器通常分为低温再热器和高温再热器，分别布置在锅炉尾部烟道的低温区域和锅炉水平烟道的高温烟气区域，因而其外观形式和管材也完全不一样。

二、燃烧系统和烟风系统

（一）燃烧系统

1. 燃烧室

煤粉锅炉是所谓的“室燃炉”，其燃烧室就是炉膛。炉膛由炉墙和水冷壁组成，燃料在该空间内呈悬浮状燃烧，释放出大量的热量。

2. 燃烧器

燃烧器位于炉膛四角或墙壁上，其作用是把燃料和空气以一定速度喷入炉内，使其在炉内能进行良好的混合，以保证燃料及时着火和迅速完全地燃烧。燃烧器分直流燃烧器和旋流燃烧器两种基本类型（见图 1-9）。

（二）烟风系统

1. 空气预热器

空气预热器位于锅炉尾部烟道，在省煤器之后，其作用是利用烟气余热加热燃料燃烧

(a)

(b)

图 1-9　锅炉燃烧器

(a) 矩形直流燃烧器（带钝体）；(b) 旋流燃烧器的圆形喷口

所需要的空气，不仅可以进一步降低排烟温度，而且对于强化炉内燃烧、提高燃烧的经济性、干燥和输送煤粉都是有利的。大型空气预热器的使用可以使锅炉效率提高 2%左右。空气预热器分管式和回转式两种。大容量锅炉通常使用回转式空气预热器。

2. 烟风道

烟风道是由炉墙、部分受热面管道及包墙管等组成的通道，用以引导烟气的流动，并经各个受热面进行热量交换，烟道大致可分为水平烟道和尾部烟道。风道包括一次风道、二次风道，有的锅炉有三次风道、燃尽风道等。

3. 锅炉重要辅机

锅炉重要辅助设备包括通风设备（送风机、引风机）、水泵、燃料运输设备、制粉系统、除灰渣及除尘设备、脱硫及脱硝设备等。

第三节　电站煤粉锅炉工作流程

进入火电厂的原煤一般呈碎块状，由输煤皮带将原煤送入原煤仓，原煤仓落下的原煤经给煤机送入磨煤机磨制成煤粉（见图 1-10）。大块的煤需要经过碎煤机预先压碎。

在原煤磨制过程中，需要热空气对煤进行加热和干燥，增加可磨性，因此外界冷空气通过送风机送入锅炉尾部烟道的空气预热器中，被热烟气加热成为热空气进入热风管道。其中一部分热空气经排粉机（或直接）送入磨煤机中，对煤进行加热和干燥，同时这部分空气也是输送煤粉的介质；另一部分热空气直接经燃烧器进入炉膛参与煤粉的燃烧。从磨煤机排出的煤粉和空气的混合物经燃烧器进入炉膛内燃烧。中间储藏式制粉系统流程见图 1-11。

煤粉在炉膛内迅速燃烧后放出大量的热量，使炉膛火焰中心的温度具有 1500℃或更高的温度。炉膛四周内壁布置有许多的水冷壁管，炉膛顶部布置着顶棚过热器及炉膛上方布置着屏式过热器等受热面。水冷壁和顶棚过热器等是炉膛的辐射受热面，其内部的工质在

图 1-10 磨煤机外观

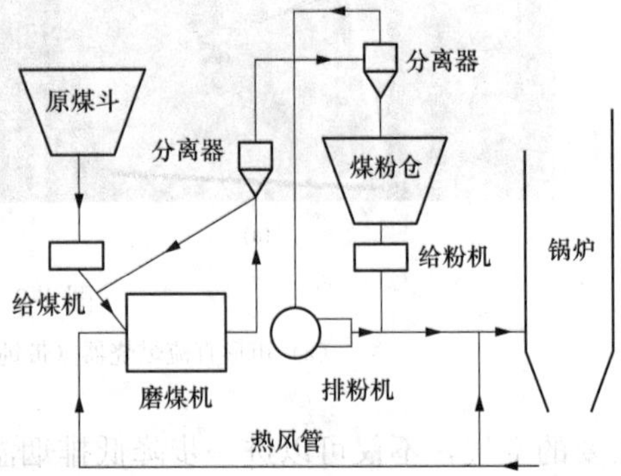

图 1-11 中间储藏式制粉系统流程图

吸收炉膛的辐射热的同时，使火焰温度降低，保护炉墙不致被烧坏。为了防止熔化的灰渣黏结在烟道内的受热面上，烟气向上流动到达炉膛上部出口处时，其温度要低于煤灰的熔点。高温烟气经炉膛上部出口离开炉膛进入水平烟道，与布置在水平烟道的过热器进行热量交换，然后进入尾部烟道，并与再热器、省煤器和空气预热器等受热面进行热量交换，使烟气不断放出热量而逐渐冷却下来，使得离开空气预热器的烟气温度通常在 110～160℃。亚临界锅炉过热蒸汽流程见图 1-12。超（超）临界锅炉没有汽包，代之以启动分离器，其余流程同亚临界锅炉。

汽包→饱和蒸汽引出→管顶棚过热器→低温过热器→一级减温器

→屏式过热器→二级减温器→高温过热器

图 1-12 亚临界锅炉过热蒸汽流程图

低温烟气再经过除尘器除去大量的飞灰，在此过程中烟气要经过脱硫脱硝，最后只有少量的细微灰粒随烟气由引风机送入烟囱排入大气。煤粉在炉膛中燃烧后所生成的较大灰粒沉降到炉膛底部的冷灰斗中，被冷却凝固落入排渣装置中，形成固定排渣。

由给水泵送入锅炉的给水，经过高压加热器加热后进入省煤器，吸收锅炉尾部烟气的热量后进入汽包，并通过下降管引入水冷壁下联箱再分配给各个水冷壁管。水在水冷壁中吸收炉膛高温火焰和烟气的辐射热，使部分水蒸发变成饱和蒸汽，从而在水冷壁内形成了汽水混合物。汽水混合物向上流动并进入汽包，通过汽包中的汽水分离装置进行汽水分离，分离出来的水继续循环，蒸汽加热过热器，经过过热的蒸汽送入汽轮机。

锅炉给水流程见图 1-13。

除氧器→给水泵→高温加热器→汽包

图 1-13 锅炉给水流程图

第四节　锅　炉　分　类

一、锅炉分类方法

工业锅炉种类繁多，用途各异，分类方法也比较复杂。典型的分类方法有以下几种。

1. 按用途分类

分为电站锅炉、工业锅炉、船舶锅炉、机车锅炉等。

2. 按工作介质分类

分为蒸汽锅炉、热水锅炉、有机热载体锅炉等。

3. 按蒸汽参数（压力）分类

分为低压锅炉、中压锅炉、高压锅炉、超高压锅炉、亚临界锅炉、超临界锅炉、超超临界锅炉等。

4. 按使用燃料分类

分为燃煤锅炉、燃油锅炉、燃气锅炉、生物质锅炉、垃圾焚烧锅炉、余热锅炉等。

5. 按燃烧方式分类

分为层燃炉、室燃炉、流化床炉。

6. 按锅炉的结构分类

分为Ⅱ型、T型、塔型、半塔型、箱型。

7. 按锅炉布置方式分类

分为水管锅炉、火管锅炉、水火管锅炉等。

8. 按炉膛烟气压力分类

分为负压锅炉、微正压锅炉

9. 按循环方式分类

分为自然循环炉、强制循环炉、直流炉、复合循环炉。

二、锅炉主要参数

对电站锅炉而言，锅炉参数主要是指锅炉单位时间内所产生的蒸汽数量、工作压力及蒸汽温度。

1. 蒸发量（D）

蒸汽锅炉长期安全运行时，每小时所产生的蒸汽量，即该台锅炉的蒸发量，用 D 表示，单位为 t/h。

2. 工作压力

工作压力是指锅炉最高允许使用的压力。工作压力是根据设计压力来确定的，通常用 p 表示，单位为 MPa。

3. 额定温度

温度是表示物体冷热程度的一个物理量，同时也是反映物质热力状态的一个基本参数。通常用 t 表示，单位为℃。

锅炉铭牌上标明的温度是锅炉出口处介质的温度，又称额定温度。对于无过热器的蒸汽锅炉其额定温度是指锅炉额定压力下的饱和蒸汽温度；对于有过热器的蒸汽锅炉，其额定温度是指过热器出口处的蒸汽温度；对于热水锅炉，其额定温度是指锅炉出口的热水温度。

锅炉参数等级分类见表 1-1。

表 1-1　　锅炉参数等级分类表

类别	低压	中压	高压	超高压	亚临界	超临界	超超临界
蒸汽额定压力等级（MPa）	≤1.57	2.45 和 3.82	9.81	13.73	16.67	≥22 且≤27	≥27
循环方式	自然循环				自然循环/强制循环/混合循环	强制循环	

超（超）临界参数锅炉是近年来发展起来的一种高效电站锅炉，主要是 600MW 级和以上等级的煤粉锅炉，这种锅炉的显著特点是蒸汽参数处于 超（超）临界状态，其锅炉热效率可以达到 94.6%以上，所以其经济性也是最好的，是目前主流的电站煤粉锅炉。

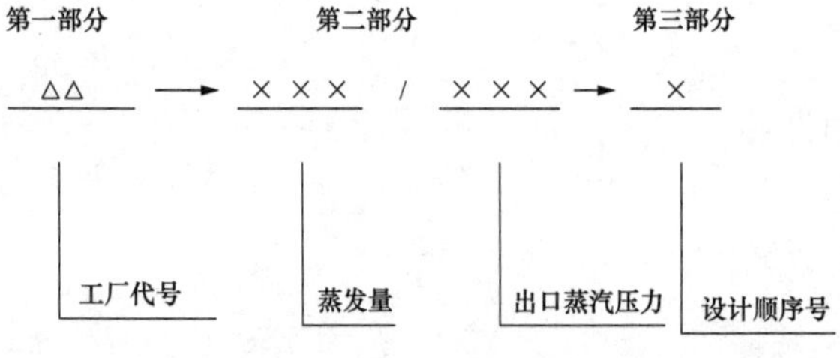

图 1-14　锅炉型号分类示意图

三、锅炉型号和表示方法

锅炉型号分类示意见图 1-14。

第一部分：制造工厂代号，用两个汉语拼音表示。如上海锅炉厂为 SG，哈尔滨锅炉厂为 HG，东方锅炉厂为 DG 等。

第二部分：锅炉基本参数，前面数字表示蒸发量（t/h），后面数字表示出口蒸汽压力（工作压力）。有蒸汽再热工艺的锅炉，还标注了再热蒸汽的压力和温度。

第三部分：锅炉设计顺序号。

例如：DG2070/17.5-Ⅱ4，表示东方锅炉厂制造，蒸发量为 2070t/h，额定过热蒸汽压力为 17.5MPa 的锅炉，第 4 次设计。

思考题

1. 锅炉的作用是什么？
2. 锅炉的分类方法有哪些？
3. 锅炉由哪几部分组成？各部分作用是什么？
4. 锅炉代号由几部分组成？分别代表什么？

第二章
锅炉汽水系统

锅炉汽水系统是锅炉本体设备的核心部分之一，在汽水系统中工质完成了从水到高温高压蒸汽的转变过程，又称“锅内过程”。本章前面几节主要介绍亚临界参数锅炉的汽水系统，从省煤器至末级过热蒸汽出口的整套设备，在本章最后介绍超（超）临界直流锅炉的汽水系统的一些特点。

对于亚临界参数锅炉来说，给水从汽机车间送到锅炉侧后，首先进入省煤器，再经过连接管引入汽包（即锅筒），经下降管、下水连接管进入水冷壁下集箱，水通过受热的水冷壁向上流动并且产生蒸汽，形成汽水混合物进入汽包，经过汽包中的旋风分离器进行汽水分离，分离出来的水与给水混合后进入炉膛水冷壁进行再循环，分离出来的饱和蒸汽依次经各级过热器继续加热，最后由高温过热器出口导管分左、右侧两路引出，汇集后送往汽轮机做功。一般称这个系统为一次汽系统。

亚临界参数锅炉都必须有汽包，有的是采取自然循环，有的是强制循环。在强制循环锅炉上，汽包下降管上需安装炉水循环泵。对于超（超）临界参数锅炉，都是直流锅炉，不存在汽包，而是代之以启动分离器。

从汽轮机高压缸排出的蒸汽分左、右侧两路进入低温再热器进口集箱，经过低温再热器、高温再热器后，进入再热器出口集箱，最后由高温再热器出口导管分左、右侧两路引出至汽机中压缸继续做功。这部分汽水系统被称为二次汽系统。

目前大部分锅炉只有一次中间再热，但是有少部分锅炉具备二次中间再热，系统更为复杂，但是汽水循环的热效率得到了提升。

第一节　锅炉省煤器系统

一、省煤器原理和作用

省煤器布置在烟气温度较低的锅炉尾部烟道内，锅炉给水进入汽包或汽水分离器之前先经过省煤器，是给水进入锅炉的“第一站”。从汽机侧来的给水在省煤器中吸收尾部烟气热量，可以降低排烟温度，减少排烟损失，提高炉效率，节省燃料，故而称为省煤器。给水在省煤器中加热，给水温度得到提高，减少汽包壁与给水之间的温度差，从而使汽包热应力降低，改善汽包工作条件，可提高汽包的使用寿命。

本节所指的省煤器是传统的省煤器，区别于布置与空气预热器后的低低温省煤器。

二、省煤器的分类

（一）按工质出口状态分类

分为沸腾式与非沸腾式。

（1）沸腾式：省煤器出口的给水被加热到饱和温度并产生部分蒸汽。对于中压锅炉，由于水的汽化潜热较大，预热热较少，为减少蒸发受热面的吸热量，防止炉内温度过低影响燃烧稳定性，通常采用沸腾式省煤器，即由省煤器承担一部分炉水蒸发任务。

（2）非沸腾式：省煤器出口的水温低于饱和温度。高压锅炉水的汽化潜热少，预热热增大，需把水的部分加热过程转移到炉膛内水冷壁管中进行，以防止炉膛出口烟温过高而引起炉内及炉膛出口受热面结渣，故高压以上锅炉的省煤器采用非沸腾式省煤器。

（二）按制造材质分类

分为钢管式与铸铁式。

钢管式：耐压、体积小、质量轻、价格便宜、不易泄漏，耐腐蚀性差。

铸铁式：耐 O_2腐蚀好，价格低廉，但强度低，不能承受高压。

三、对省煤器管材的主要要求

（1）有一定的强度；

（2）传热效率高；

（3）有一定的抗腐蚀性能和良好的工艺性能；

（4）具有一定的抗热疲劳性能。

四、省煤器的结构与布置

大容量、高参数锅炉均采用钢管式省煤器，它是由许多并列的蛇形无缝钢管和进出口集箱组成的，省煤器管外径一般为 28～51mm，材质一般为 20G 碳钢，超（超）临界参数锅炉可能用到低合金钢管。管子水平布置，省煤器中的水由下而上流动，以便在停炉后能放尽管内存水，排除水中的气体，防止管内金属的局部氧腐蚀。烟气一般自上而下流动，使烟气与水逆向流动，增加传热温差，增强传热效果。

省煤器的蛇形管与锅炉尾部烟道前后墙垂直时称为纵向布置，与尾部烟道前后墙平行时称为横向布置。蛇形管纵向布置时，可以平行排列管子数目较多，管内水速较低，但由于省煤器是靠烟道后墙磨损严重，所以这种布置每根管都有被磨损的可能，检修工作量较大，尾部烟道深度尺寸较小，蛇形管长度短，便于支吊，多用于大容量锅炉。蛇形管横向布置时，蛇形管排数较少，管内水速较高，管子较长，支吊比较复杂，但磨损较轻，检修维护工作量小，多用于小容量锅炉，见图 2-1。

为了检修和清灰方便，大容量锅炉省煤器可分为几个管组分级布置，管组之间应留高度不小于 550～600mm 的空间，以便检修人员进入工作。

省煤器管组布置一般分为错列和顺列布置，采用错列布置方式结构紧凑，积灰少，传热效果好，但磨损严重，一般用于高压以下锅炉。采用顺列布置时，管组支吊简单，且便于吹灰，受热面磨损较轻，一般用于大型锅炉。

现代大型锅炉常采用悬吊式省煤器。省煤器可采用水流方向与锅炉前墙垂直或平行两种布置方式。布置方式的不同将影响省煤器的管内水流速度和管外壁飞灰磨损等情况。

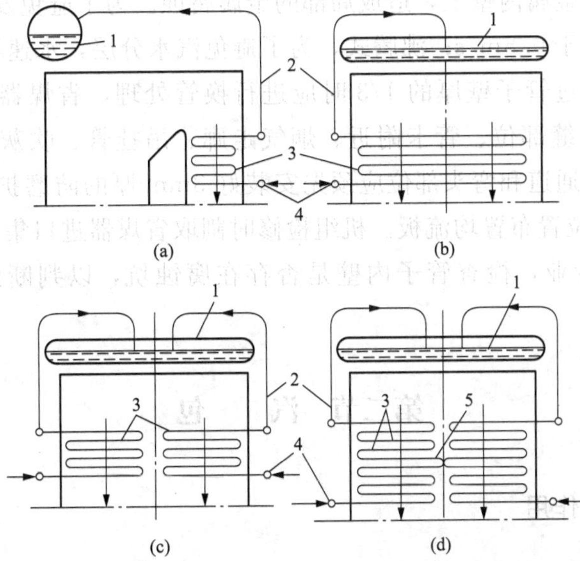

图 2-1 省煤器蛇形管组布置示意图

（a）垂直前墙布置；（b）平行前墙布置；（c）、（d）双面进水平行前墙布置

1—汽包；2—水连通管；3—省煤器蛇形弯管；4—省煤器进口集箱；5—交混连通管

管组之间应留高度不小于 550～600mm 的空间，以便检修人员进入工作。

五、省煤器运行注意事项

汽包锅炉启动期间，省煤器的进水是不连续的。当停止进水时，省煤器中的水不流动，此时省煤器金属管壁由于不能得到正常的冷却而可能发生超温，严重时造成爆管。因此在锅炉启动过程中，需要采取必要的措施，保证省煤器中的水产生流动。常用的方法是在省煤器进口管与汽包下降管之间装设省煤器再循环管。当锅炉停止进水后，必须将省煤器再循环管道截止阀（再循环门）打开，使汽包的水经再循环管道流入省煤器，再经省煤器流回汽包，形成一个自然循环回路，省煤器得到冷却。但在向汽包进水时，必须将再循环门关闭，否则会使给水短路而直接经再循环管进入汽包。省煤器仍会因得不到冷却而过热烧坏，同时还可能因给水和炉水的温差过大而使汽包壁产生裂纹。省煤器再循环门在正常运行期间应关闭严密，如果发生内漏现象，就会使部分给水经由再循环管路直接进入水冷壁下集箱而不经过省煤器和汽包，这部分不经过省煤器换热的水，温度较低，容易导致汽包上下壁温差增大，产生较大的热应力从而影响汽包运行安全。另外，通过省煤器的给水减少，降低了给水换热量，会导致排烟温度增加，锅炉效率下降。所以，机组正常运行时，省煤器再循环门应关闭严密、不内漏。

省煤器中水的流速度是有一定要求的，一般要求省煤器中的水速在 0.5～1.5m/s 范围内。水速越高、流动阻力越大，一般对省煤器的水阻力要求控制在一定范围，如高压锅炉省煤器的水阻力不应超过汽包压力的5%，而水速过低时，又会引起管内空气阻塞或管子局部腐蚀。当给水除氧不完全时，进入省煤器的水吸热后放出氧气，如果水流速较低，氧气将附着于金属内壁上，造成局部的金属腐蚀。为了避免发生金属腐蚀，要求非沸腾式水速应不小于0.5m/s；沸腾式，为了避免汽水分层，水速不小于1.0m/s。

省煤器管磨损超过管子壁厚的1/3时应进行换管处理，省煤器的上部管排、边排管、弯头与炉墙的夹缝部位、管卡附近、烟气走廊、吊挂管、吹灰器通道等易发生磨损，烟气走廊、吹灰通道和弯头部位应预先安装好3mm厚的防磨护瓦，炉墙四周省煤器管排上部100mm位置布置均流板。机组检修时割取省煤器进口集箱出口水平段管子，交化学专业和金属专业，检查管子内壁是否存在腐蚀坑，以判断给水水质是否存在问题。

第二节 汽　　包

一、汽包原理和作用

汽包又称锅筒，是亚临界锅炉汽水系统的一个十分重要的设备，它不但是连接水冷壁和过热器的枢纽，在这里分离开饱和水和饱和蒸汽，还是锅炉运行控制的一个中心节点，因为在汽包上设置了水位监视和调节信号，保证锅炉的正常运行，汽包的蓄热功能对机组负荷调节具有重要作用，同时，汽包上还装设了安全阀，是保证锅炉安全的核心设备之一。另外，汽包是锅炉最大的一个压力容器，壁厚超过100mm，十几米长的细长容器，容易在运行中产生温度不均匀，需要在运行中仔细监控。

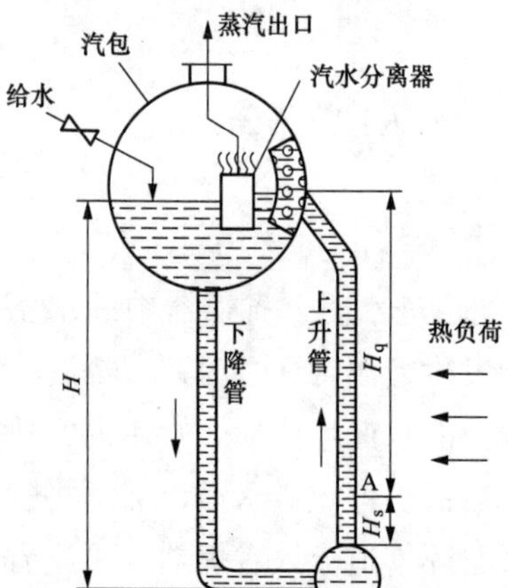

图2-2 自然循环汽包炉示意图

自然循环汽包炉示意见图2-2。

（一）汽水分离

汽包的首要作用是汽水分离。汽包接受省煤器送来的给水后，通过下降管将给水分布给水冷壁管入口，经过水冷壁管吸热后，形成了汽水混合物，送回到汽包内的汽水分离器中，经过分离后，饱和蒸汽被送至过热器进一步升温，而水返回汽包水侧，和省煤器新送来的给水混合后，再一次到水冷壁吸收热量。所以在汽包内，自然形成了所谓“汽侧”和“水侧”，在汽包的上部通常充满了饱和蒸汽，形成了汽侧，汽包的下部充满了水，形成了水侧。

（二）锅炉水位控制

由于汽包的作用是汽水分离，所以存在汽侧和水侧，它们之间的分界线就是汽包零水位。汽包零水位由锅炉厂家在制造时设定好，在运行中间要参照零水位来调整。汽包水位控制是亚临界锅炉运行调整的重要内容之一，是防止锅炉汽包满水和缺水事故，以及锅炉运行的重大反事故措施的控制对象。

汽包两端球形封头上装有水位计。汽包水位计包括双色云母水位计、磁翻板水位计、差压式水位计（平衡容器水位计）和电接点水位计。前两种水位计通常作为就地目视监视用途，不能远传到控制系统中。后两种水位计可以接入控制系统，参与水位控制。

就地水位计的水位值随汽包的压力和温度的变化而发生变化，但是差压式水位计变化相比来说要小得多。所以汽包就地水位计要定期校验，发现有示值偏差超过 30mm 的，要向上级汇报及时做出处理。当运行中发生无法判断水位时，应立即停炉。

（三）监测和调整取样节点

对汽包的运行监测主要包括水质、水位、温度、压力和膨胀监测。

1. 水质监测

汽包水质监测十分重要，在启炉阶段和日常运行中均需正常进行。在汽包中布置有炉水取样装置，通过该装置，实现炉水连续取样，送至化学专业进行分析化验，发现超标参数要及时处理。

在停炉检修中，要检修炉水取样装置，更换腐蚀严重和发生堵塞的部件，确保取样管路完好和畅通。

2. 水位监控

水位信号通过远传接入集控系统（DCS 画面），参与调整和保护。汽包水位信号是汽包水位控制的目标值，发生缺水和满水事故应立即停炉处理。汽包水位信号同时带有报警和保护功能，当水位超过报警值后，按照三取二的逻辑，有两个信号同时满足停炉条件的，锅炉就自动停炉。

3. 温度监测

汽包壁温度也是运行监测的重要内容，尤其是启停炉的过程中。规程规定上下壁温差不能大于 50℃，因为温差过大一方面会造成汽包弯曲，另一方面会引起局部应力增大，危及汽包寿命。

在正常运行中，汽包上下壁温度差不会超标。

4. 压力和膨胀监测

汽包压力也是运行监控的主要参数之一，汽包压力超标会导致汽包安全阀动作，泄放蒸汽，保护锅炉。汽包的膨胀也需要在启停炉过程中严密监视，避免发生膨胀受阻的问题。

二、汽包结构

汽包呈圆筒状、长条形，横向悬挂在锅炉的前部、顶棚以上位置。汽包一般用优质碳素钢板卷制后，通过焊接而成。

（一）分离器

汽包内部安装了汽水分离装置，典型的包括一级分离器、二级分离器、三级分离器。其中一级分离器主要是旋风式分离器，又称旋风子。二级分离器是百叶窗式分离器，安装在旋风式分离器的汽侧出口。三级分离器也是百叶窗式，安装在汽包顶部，饱和蒸汽出口管的入口处。

不同炉型的汽包分离器结构不同，但是基本上都是以旋风分离器作为一级分离器。下面以东方锅炉（2070t/h）的汽包为例作介绍。

汽包内径 D_n＝1800mm，壁厚 145mm，筒身直段长为 24.733m，两端为球形封头，总长约 26.983m，筒体和封头的材料为 DIWA353（即 13MnNiMo54），由两根 ϕ200 的 U 形吊杆将其悬吊于顶板梁上，可使汽包自由热膨胀。吊杆材料为 SA-675Gr.70，汽包和内部设备总重约 215t（含熔焊金属）。

汽包能储备一定量的水，以应付给水流量的瞬时变化，确保进入下降管的水有最佳的过冷度。正常水位为汽包中心线上 51mm，相对于正常水位，高水位报警为＋100mm，低水位报警为－100mm，高水位跳闸为＋200mm，低水位跳闸为－365mm。汽包水位以单室平衡容器测量的为准，并以此作为水位调节和控制的依据。

汽包是自然循环系统的重要组成部分，在其中进行汽水分离。内部设备的一次分离元件为三井·巴布科克公司成熟技术设计制造的 ϕ292mm 切向旋风分离器，共 218 只，分 4 列立式布置，见图 2-3 所示。蒸汽从旋风分离器（一级分离器）的顶部出来，依次经过旋风分离器顶帽（二级分离器）、百叶窗分离器（三级分离器）、均汽孔板进行进一步的汽水分离，分离出来的水与给水混合后进入炉膛水冷壁进行再循环，分离出来的饱和蒸汽经饱和蒸汽引出管进入顶棚过热器进口集箱。汽包的下半部采用汽水混合物内夹套结构，即汽水混合物在该内夹套中流动后进入切向旋风分离器进行一次分离，给水管从汽包底部引入汽包，夹套将给水、炉水与汽包内壁隔开，下部内夹套里汽水混合物处于流动状态，使汽包上、下壁温尽量保持一致。

汽包内部设备布置断面图见图 2-3。旋风式分离器和顶帽示意见图 2-4。

（二）混水夹套

经过水冷壁吸热后的锅炉水进入焊接在汽包侧面的汽水混合物夹套（简称混水夹套）内，夹套侧壁开孔，与旋风分离器的进口法兰连接起来，起到平衡分配汽水的作用。

混水夹套与旋风分离器之间的连接法兰必须具有较好的密封性能，如果发生严重泄漏，可导致汽包蒸汽带水，汽包液位异常波动，严重影响汽水品质。

（三）给水分布管

从省煤器来的给水送入汽包底部，在汽包底部顺着汽包长度方向水平布置了一根管道（这根管道和给水管连接在一起），在管道的表面上开了大量的小孔，这样给水就可以通过这些小孔均匀地流向汽包内的各个方向，避免出现水动力偏差和温度分布偏差的问题。

（四）降水管

集中降水管一般被均匀地布置在汽包底部，典型布置是 4 根集中降水管，集中降水管焊接在汽包壁上，在降水管口加装十字隔板，起到导流消旋作用。由于降水管口较大，为防止有异物进入降水管，一般会在降水管口装设滤网。降水管也称下降管。

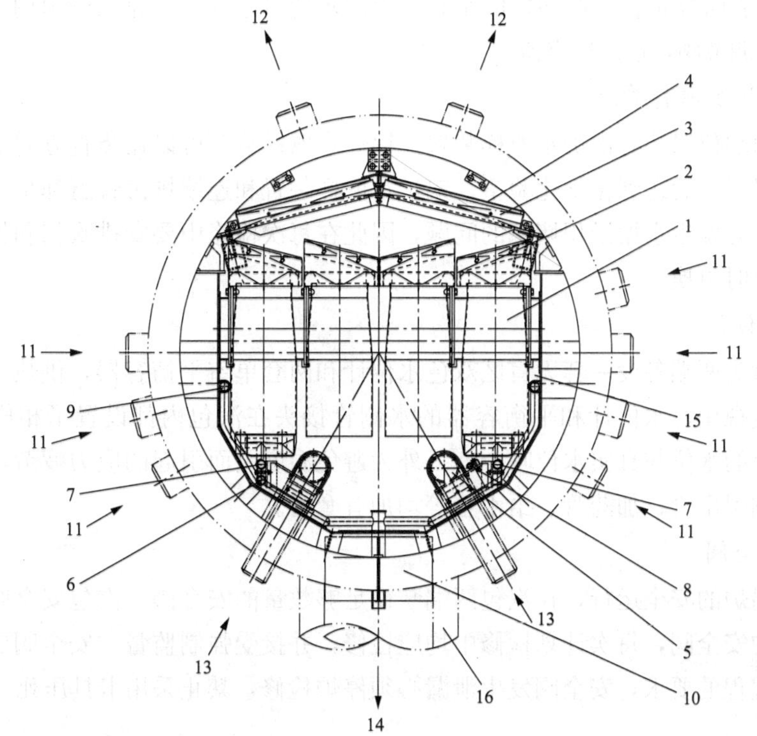

图 2-3 汽包内部设备布置断面图

1—旋风分离器；2—旋风分离器顶帽；3—百叶窗分离器；4—均汽孔板；5—给水分配管；
6—水位计水位均衡管；7—平衡容器水位均衡管；8—加药管；9—连排管；10—防旋装置；
11—汽水混合物；12—饱和蒸汽；13—给水；14—锅炉水；15—汽水混合物内夹套；16—降水管

降水管的末端连接分配管，每个分配管对应一个水冷壁进口集箱，通过进口集箱，给水均匀地进入水冷壁受热。

降水管系统自重较大，热胀冷缩无法避免，因此在降水管管座角焊缝位置可能会出现应力集中，所以这个部位是检修中检查的重点部位。

（五）锅炉水加药管道

锅炉水加药管道布置在汽包中部水侧，沿汽包长度方向均匀布置出药口，相对远离下降管口，这样可以促使药液快速均匀分布到汽包锅炉水中。加药管道不受热，药品也有一定的防腐蚀作用，锅炉水加药管道的寿命较长，一般不容易出现损坏。

（六）连续排污管道

锅炉水连续排污管道（简称连排管）也被布置在汽包水侧，靠近汽水分界线的区域。连续排污管道沿汽包长度方向布置，在水面下的浓度梯度最大

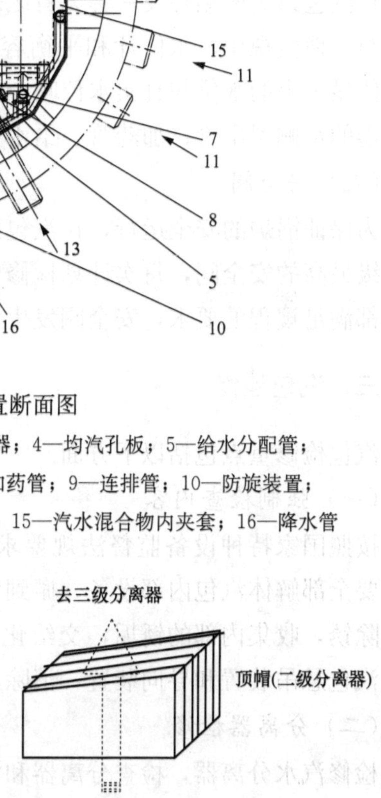

图 2-4 旋风式分离器和顶帽示意图

的区域，管道表面分布着大量均匀的小孔，锅炉水通过小孔流入排污管道内，被引出汽包后，通过一个调节阀，送入扩容器。

（七）锅炉水取样管道

汽包内两端位置装有锅炉水取样装置。锅炉水取样装置可以在竖直方向上取到不同位置的锅炉水，混合后送到化学化验室。锅炉水取样装置和连续排污管道都是内径比较细的管道，因此容易发生水垢淤积堵塞的问题，因此在每次检修中要安排吹扫和检查，堵塞严重的部位应及时更换。

（八）水位计

在汽包封头两端各设一套无盲区双色水位计和两套单室平衡容器，供热工保护、给水调节与就地监视用；水位计和平衡容器的水侧管接头在汽包内都设置了相应的水位均衡管，使显示出的水位与真实水位吻合。另外为避免温度差而引起的应力疲劳，水位计和平衡容器的水侧引出管、加药管、给水管等均加有套管。

（九）安全阀

为保证锅炉的安全运行，在汽包两端装设足够数量的安全阀。汽包安全阀是锅炉侧压力等级最高的安全阀，每次计划检修中均应检修，并接受强制监督。安全阀要保证冷态和热态都满足规程的要求，安全阀发生泄漏必须停炉检修，禁止采用卡具压死。

三、汽包检修

汽包检修重点包括以下方面。

（一）强制检查内容

按照国家特种设备监督法规要求，完成汽包焊缝检查、腐蚀检查、安全阀检查等项目。要全部解体汽包内部设备，搬到汽包外面，能够露出汽包壁和预埋结构，对所有表面打磨除锈，收集内部的锈垢，交给化学专业检验。对发现的裂纹、腐蚀等问题进行处理。检查汽包悬吊装置和导向装置，消除发现的问题。

（二）分离器检修

检修汽水分离器，检查分离器和混水夹套的法兰紧密性，检修变形、脱落的百叶窗分离器，保证汽水分离效果良好，不发生大量的汽水短路现象。检查法兰接合面应该采用压印法，对存在问题的部位进行处理。汽水分离器检修是重要的内容，检修时必须全部拆除，每个部件都修复完好，确保分离器的分离效果。

（三）管道检修

检查给水管和混水夹套是否存在冲刷、腐蚀问题，修补发现的裂纹和孔洞，对发生冲刷和腐蚀减薄的部位应进行更换，消除汽水短路风险。

检查连排管道、加药管道、取样管道，更换堵塞的管道，更换腐蚀、冲刷严重的管道。

检查水位计引出管，检查安全阀口、排空气管等各处管口，保证通畅，清洁水垢，消除裂纹。

（四）其他项目

检查汽包挠度，校准汽包零水位点，检查汽包水平度，各项偏差应满足厂家说明书要求。说明书没有的，应满足有关规程的要求。对发现的问题应及时处理。

第三节　锅炉水冷壁系统

一、水冷壁原理和作用

简单来说水冷壁就是敷设在锅炉炉膛内壁、由许多并联管子组成的蒸发受热面。传统锅炉水冷壁管子的外面是炉墙，一般用耐火材料砌筑而成，在炉墙的外面是保温结构，见图 2-5。水冷壁的作用是吸收炉膛中高温火焰或烟气的辐射热量，在管内产生蒸汽或热水，同时降低炉墙温度，保护炉墙。但是在大型电站煤粉锅炉上，水冷壁通常采用膜式水冷壁，整体焊接成一体，悬吊在锅炉钢架之上，在水冷壁的外面不再砌筑炉墙，直接包覆轻质保温材料即可。

水冷壁的作用具体如下：

（1）燃烧室。水冷壁作为煤粉锅炉的燃烧室，提供煤粉燃烧的所需空间。

（2）吸收热量。炉膛内的高温火焰放出的热量，主要以热辐射的形式传送到水冷壁管外表面，水冷壁内的工质吸收辐射换热后由水逐步转变为汽水混合物（直流炉直接变成饱和蒸汽）。在大容量锅炉中，炉内火焰温度很高，热辐射的强度很大，有 40%～50%甚至更多的热量由水冷壁所吸收。除少数小容量锅炉外，电站煤粉锅炉均以水冷壁作为锅炉中最主要的蒸发受热面。

（3）简化炉型，降低造价。由于辐射换热与温度的四次方成正比，而炉内火焰区温度又是最高的，炉膛四周布置水冷壁的辐射吸热最强，所以，充分利用水冷壁吸热，可以减少造价高昂的高温受热面的比例，因此采用水冷壁可以降低锅炉受热面的成本。

（4）提高锅炉运行可靠性。炉膛四周布置水冷壁吸收大量辐射换热，可使炉膛出口的烟气温度冷却到灰的软化温度以下，防止炉墙和受热面大面积结渣，提高锅炉安全运行的可靠性。

（5）炉膛水冷壁起到保护炉墙的作用，炉墙的内壁温度可大大降低，炉墙的厚度可以减小，相应的质量也将减小，为采用轻型炉墙创造了条件。

二、水冷壁分类

（一）光管式水冷壁

光管式水冷壁由单根无缝钢管制成，布置于燃烧室四周。传统的水冷壁管子排列越密对炉墙保护效果越好。炉墙广泛采用轻质耐火材料和保温材料。这些材料可以砌成炉墙，也可敷设在水冷壁上成为敷管式炉墙以便于安装。这种水冷壁布置方式常见于小型的燃煤工业锅炉。

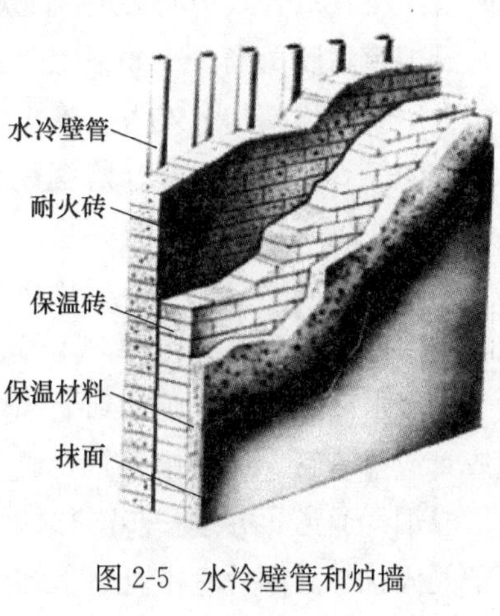

图 2-5　水冷壁管和炉墙

（二）销钉式水冷壁

在光管式水冷壁的向火侧管壁上焊上用短圆钢制成的销钉，这种水冷壁称为销钉式水冷壁。采用销钉式水冷壁的目的是用于液态排渣炉和旋风炉的熔渣室，以及当常规煤粉炉燃用难于点火或稳燃的煤种时，在燃烧器区域加装卫燃带之用。水冷壁组合好之后，会在销钉区域敷设施工耐火浇筑料，保护水冷壁管。比如循环流化床锅炉就大面积采用这种布置方式，防止水冷壁受到严重磨损。由于销钉处在炉膛最高温度区域，对于销钉的材料、尺寸和焊接质量有严格的要求，否则容易被烧坏。销钉材料与管子材料相同。尺寸一般直径为 9～12mm，长度为 20～30mm。销钉式水冷壁由于销钉数量太大，焊接工作量大，质量要求也较高，所以除卫燃带、熔渣池等处使用外，一般不采用。

图 2-6　膜式水冷壁

（三）膜式水冷壁

大容量煤粉锅炉广泛采用带有鳍片管的膜式水冷壁（见图 2-6）。膜式水冷壁将鳍片管（或扁钢与光管）相互焊接在一起组成整块管屏。它的优点是：气密性好；管屏外侧仅需敷以较薄的保温材料，炉膛高温烟气与炉墙不直接接触，有利于防止结渣；管屏可在制造厂成片预制，便于工地安装。缺点是制造工艺要求较高，管屏热应力的分布比较复杂。鳍片一般不能过宽，因为宽度增大，鳍端的金属温度也增大；鳍片也不能过厚，否则会使两边金属温差太大，引起太大的金属热应力。因此鳍片几何尺寸必须正确选择，方可保证膜式水冷壁安全可靠地工作。

新型的膜式水冷壁不再采用鳍片管，直接采用将管子和扁钢间隔焊接成一体的方法，降低了施工工艺难度，且对水冷壁的性能无任何负面影响，所以得到广泛的应用。

膜式水冷壁由于无炉墙外层，无护板和框架梁，因此刚度较差。为了能承受炉膛内可能产生的爆燃压力和炉内正压或负压变化，使管子和炉墙受到较大的推力时不致凸起或出现裂纹，所有敷管式炉墙必须围绕炉膛四壁在炉外分层布置刚性梁。刚性梁好似一圈圈腰带，沿炉膛高度每隔 3～4m 围上一圈，将炉墙和管子箍起来，并使之形成具有刚性的平面。常用刚性梁结构形式为搭接式。这种结构由于搭板的摆动，可允许刚性梁和水冷壁在水平方向能有相对的位移（留有一定间隙），外层起框紧及抵消压力的作用。当水冷壁受热向下膨胀时，刚性梁跟着一起向下移动。

内螺纹水冷壁管被用于高热负荷区域，可以增强流体的扰动作用，防止发生传热恶化，使水冷壁得到充分冷却。

后墙水冷壁管向上延伸到上部炉膛水平出口处拉稀布置，这一部分水冷壁管通常又称凝渣管或防渣管。通常错列布置成 2～4 排，每排管子的距离较大，保持较大节距的目的是形成烟气通道，并进一步冷却烟气，保持烟气温度低于灰熔点，使烟气中所携带的飞灰处于凝固状态。因此它本身不易结渣，即使由于运行不正常而结成了一些渣，也不致形成严重的渣瘤，或部分堵塞烟气通道。

三、水冷壁布置形式

水冷壁布置形式与采用的水循环方式密切相关。水循环方式一般分为自然循环、强制循环、直流锅炉和复合循环锅炉。图 2-7（a）所示是自然循环，图 2-7（b）所示是在下降管位置装有炉水循环泵的强制循环，图 2-7（c）所示是直流锅炉，没有设置汽包。

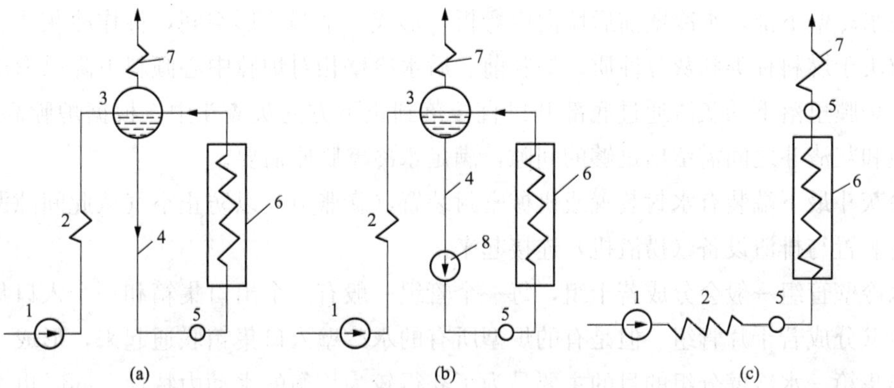

图 2-7　炉水循环方式示意图

（a）自然循环；（b）强制循环；（c）直流锅炉

1—给水泵；2—省煤器；3—汽包；4—下降管；5—水冷壁集箱；6—水冷壁；7—过热器；8—炉水循环泵

水冷壁管一般用碳素钢，亚临界锅炉多采用 20G，锅炉压力在 14MPa 以上时也有部分用合金钢。管子外径：为降低阻力损失，自然循环锅炉管子外径一般为 51～83mm；多次强制循环锅炉和直流锅炉管子外径一般为 22～60mm。

多数水冷壁垂直布置于炉膛四周形成炉壁。左右两侧墙水冷壁为垂直布置；前后墙水冷壁底部向内收缩为漏斗状，被称作冷灰斗；后墙上部炉膛出口处水冷壁布置形式不同，早期及中压锅炉为凝渣管，现代高参数大容量锅炉为折焰角。

水冷壁布置形式：

（1）传统布置形式：水平围绕管圈式，垂直多管屏式，回带管圈式。

（2）现代布置形式：螺旋管圈式。

（一）自然循环锅炉水冷壁

自然循环的水冷壁必须是竖直管排组成。水冷壁有四个面围成一个方形空间。煤粉火焰在水冷壁围成的方形炉膛内燃烧。一台锅炉可以布置 1 个炉膛，也可以布置 2 个炉膛。

汽包（锅筒）、下降管和水冷壁、引出管一起组成了水冷壁的自然循环系统。汽包内的给水和炉水混合，经下降管、下水连接管进入水冷壁下集箱，水通过受热的水冷壁向上流动并且产生蒸汽，形成汽水混合物进入水冷壁上集箱，再由连接管引入汽包。

水冷壁由锅炉专用无缝钢管组合而成，管子中间的空隙以扁钢焊接，从而达到对烟气的完全密封。炉膛上部后水冷壁有一部分向内弯折突出形成折焰角。在炉后折焰角区域后墙水冷壁管抽出部分管子形成炉膛出口吊挂管管束，吊挂管在折焰角上、下拐点分别采用三叉管与后墙水冷壁管相连。

炉膛出口后是水平烟道。有的炉型水平烟道是由水冷壁弯折后形成的，有的炉型是由水冷壁和延伸侧包墙共同形成的。

在水冷壁中部，装有燃烧器。燃烧器穿过水冷壁，将煤粉和空气送入炉内燃烧。在燃烧器穿水冷壁位置，水冷壁管子向两边、外侧弯曲，形成圆形或方形孔。在水冷壁上还装有吹灰器、观察孔、人孔、测温孔等，都是采用这种方式形成让位孔。

在水冷壁下部，水冷壁前后墙向内弯折，形成一个漏斗形空间，称作冷灰斗。冷灰斗形式取决于燃料种类和灰分性质。炉膛前、后水冷壁相对炉膛中心倾斜下降以形成冷灰斗斜底。炉膛里落下的灰渣通过底部开口直接落到正下方的灰渣斗中。根据炉膛高度不同，在炉膛和灰渣斗之间需留出足够的间隙，满足水冷壁膨胀需要。

冷灰斗最下端装有水封装置或机械密封装置（膨胀节）以防止空气从此间隙漏入，通过密封装置与排渣设备（捞渣机）连接起来。

水冷壁管组一般会分成若干组，每一个管组一般有一个出口集箱和一个入口集箱，四周水冷壁分成若干片管组。但是有的炉型所有的水冷壁入口集箱联通起来，形成一个巨大的环形集箱。水冷壁分组的目的主要是为了获得较为均衡的水动力特性，同时也兼顾到热力特性和结构稳定性。

在水冷壁每个下集箱的下部，连接有排污管道，一般称作定期排污系统。在锅炉启停过程中，可以通过这些排污管道放掉锅炉水。有的炉型为了实现快速启动，在下集箱上装有炉底蒸汽加热系统。

为了增加水冷壁的刚度，满足炉膛负压和爆燃安全性要求，需要在水冷壁外表面加装水平刚性梁。水平刚性梁处都要浇注绝热材料，使之围绕炉膛形成连续的绝热材料围带，以防止从护板和水冷壁之间的间隙泄漏烟气。在垂直刚性梁和切角处，需要装填保温绝热材料。

炉膛水冷壁炉墙、水平烟道和尾部烟道炉墙由轻质保温绝热材料组成，比如岩棉板。绝热材料通过焊在水冷壁背火面上的销钉固定，在切角处则用铁丝网固定。炉墙最外层用梯形波纹铝合金外护板覆盖。

（二）强制循环锅炉水冷壁

与自然循环锅炉水冷壁相比，强制循环锅炉水冷壁的布置更为灵活。比如炉膛下部采用螺旋管，上部采用垂直管屏（见图 2-8），螺旋水冷壁与上部垂直水冷壁的过渡方式采用中间混合集箱形式，可使用于亚临界和超（超）临界压力锅炉（见图 2-9）。这种布置的优点是工作在炉膛下辐射区的水冷壁同步经过炉膛内受热最强的区域和受热最弱的区域，各并联管受热条件基本相同，热偏差小。水冷壁中的工质在下辐射区一次性沿着螺旋管圈上升，没有中间联箱，工质在比体积变化最大的阶段避免了再分配，流量偏差最小。因此水动力稳定性较高，不会产生停滞和倒流。

缺点是螺旋管圈制造成本高，管子长度较长，阻力增大，增加了给水泵的功耗，螺旋水冷壁还需要专门的悬吊钢架，安装工作量大。

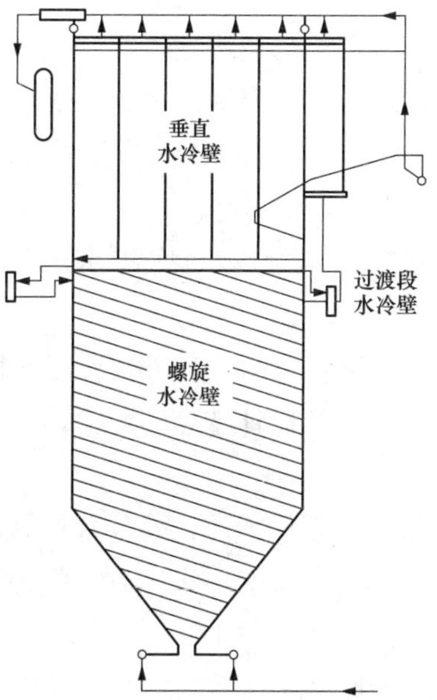

图 2-8　强制循环炉膛下部采用螺旋管+上部采用垂直管屏

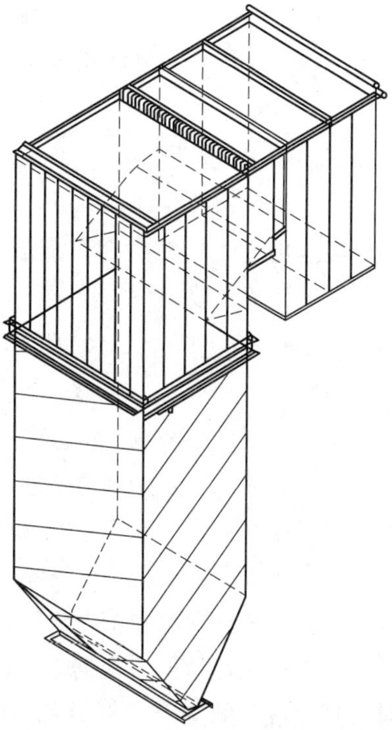

图 2-9　强制循环炉水冷壁总体布置图

炉膛下部水冷壁（包括冷灰斗水冷壁、中部螺旋水冷壁）都采用螺旋盘绕膜式管圈。中部螺旋水冷壁管（除冷灰斗采用光管外）采用内螺纹管。螺旋水冷壁前墙、两侧墙出口管全部抽出炉外，后墙出口管则是 3 抽 1 根管子直接上升成为垂直水冷壁后墙凝渣管，另 2 根抽出到炉外，抽出炉外的所有管子均进入螺旋水冷壁出口集箱，由若干根连接管引入炉两侧的两个混合集箱混合后，由若干根连接管引入到垂直水冷壁进口集箱，由垂直水冷壁进口集箱拉出 3 倍于引入螺旋管数量的管子进入垂直水冷壁，垂直管与螺旋管的管数比为 3∶1。这种结构的过渡段水冷壁可以把螺旋水冷壁的荷载平稳地传递到上部水冷壁。上炉膛水冷壁采用结构较为简单的内螺纹垂直管屏，垂直管屏的主要优势是结构简单，制造和悬吊布置及安装简单，管子焊口数量少，运行时灰渣容易脱落，不易积灰结渣。

四、水冷壁常见缺陷及处理

水冷壁常见缺陷有管内结垢、管内外腐蚀、积灰结渣、焊接缺陷、应力拉裂磨损、超温、落物砸伤等，需在运行和检修中严格按规程操作，避免发生事故。

（一）管内结垢

水垢是附在管子内壁面上的绝热薄膜沉淀，可造成管子向火面金属壁温升高，使管子过热。为避免产生结垢，水处理时要用不结垢成分取代给水中的结垢成分。

由于水冷炉膛的设计热负荷通常很高，因此一定要注意避免水冷壁管子内部产生结垢和铜铁氧化物的沉积。要做到这点，就需要保证炉水和给水的品质。大型锅炉的蒸发量每小时以千吨计，即使水中的杂质为万分之一，长期运行浓缩后也会有大量水垢。因此需要连续排污和定期排污来减轻结垢风险。

（二）管内腐蚀

在高压锅炉中，由给水系统携入的铜铁氧化物可在其沉淀部位导致内部腐蚀，引起管子损坏。为了避免这种腐蚀，水处理时要在给水系统中加入控制腐蚀的成分。锅炉投入运行前进行酸洗可将受热面内部清理洁净。在锅炉长时间运行后，特别是在锅炉水工况不当，存在结垢和氧化物沉积的情况下，也希望对锅炉进行酸洗。

停炉时外界漏入的空气也会导致水冷壁管内的严重腐蚀，必须按照规程要求认真防护。

（三）排污

排污是控制锅炉水浓度（固态物和碱度）和排出泥渣沉积物的一种方法。排污的次数取决于锅炉的具体工况，如水质特性、水处理的效果，锅炉的设计特点和出力等。在多数情况下，只采用汽包上的连续排污就已足够。

如果存在生成泥渣沉积物的特殊工况，或者由于水处理效果不佳，盐分含量高可能产生盐分携带时，可从后水冷壁下集箱定期排污管路进行排污。定期排污次数一般为每班一次或 24h 一次，具体情况可根据水质确定。

对于其他成分的规定，例如总溶盐量和碱度等，任何时候也不能忽略、或超过规定值。排污的次数和排出量应遵照化学分厂或其他主管人员的规定，但水处理和盐分控制正确与否最终取决于运行人员。

（四）积灰（结渣）

结渣的量和速率主要取决于燃料性质。水冷壁表面不可能完全没有积灰或结渣，但必须维持在一个合理的限度上。正确使用吹灰设备可避免产生严重的局部结渣，但是不能无选择地使用，要使用到需要的地方。锅炉初次投入运行时，由于炉膛水冷壁受热面非常洁净，炉膛吸热量会大于设计值，使蒸汽温度低于设计值。炉膛达到正常污染所需要的时间称为“老化时间”。所有的燃煤锅炉和燃用高灰分燃料油的锅炉都存在这个时间，老化时间随燃料种类（含灰量和灰分特性）变化。

炉膛在运行中逐渐受到污染，从而使炉膛出口烟气温度逐渐升高，随之引起蒸汽出口温度升高。继续发展下去，蒸汽出口温度有可能超过控制值，这时就要使用墙式吹灰器进行吹灰，使蒸汽出口温度回降到控制范围内。

在燃料更换时，例如从煤到油或从油到煤，特别是代用燃料燃用时间较长时，要用现有吹灰系统对炉膛进行一次彻底清理。如果从油改烧煤时，预估到由于燃料特性的变化有可能产生严重结渣时，更需要在投入长期运行前，对炉膛进行彻底吹扫。

（五）管外腐蚀

在燃烧器区域的水冷壁上可能会出现高温硫腐蚀。这是一种由于氧气供应不足，煤在高温燃烧时，在金属表面产生的一种多因素共同作用的结果。高温腐蚀一般呈横向裂纹状，可以采用管子表面喷涂防腐材料或改善燃烧方式来治理。

（六）管材缺陷

水冷壁对管材的主要要求有：

（1）要求水冷壁传热效率高；

（2）有一定的抗腐蚀性能；

（3）水冷壁管的金属具有一定的强度，以使管壁厚度不至过厚，过厚的管壁会导致加工困难并且影响换热；

（4）工艺性能好，如冷弯性能、焊接性能；

（5）直流锅炉还要求抗疲劳性能好。

（七）焊接缺陷

常见焊接缺陷有未熔合、未焊透、气孔、夹渣等。焊缝质量检查一般分为外观检查和无损检验。对于电厂高温高压管道，要严格实行检修时高压焊口100%无损检验，严把焊缝质量关。

（八）应力拉裂

刚性梁固定板、筋板等水冷壁上较厚附件容易出现焊接应力的残存，在锅炉启停过程中水冷壁管与较厚附件的受热不均也会产生膨胀应力，这样两方面的因素均通过锅炉的冷热交变引发而导致有附件处的水冷壁管易被拉裂。

可采取对锅炉水冷壁上较厚附件的结构进行必要的改动，以缓解在锅炉启停过程中因附件与水冷壁管热膨胀不均，产生应力导致水冷壁管被拉裂的可能。另外，机组启停过程中要严格控制升温升压和降温降压的速率，尽量减少因热膨胀不均所产生的应力。检修中更换水冷壁管，一般对管子的焊口比较重视，但对鳍片管的焊接质量容易忽视，认为鳍片单面焊接就可以。更换水冷壁管后，对鳍片仅进行单面焊接，在锅炉运行后，由于水冷壁管与鳍片的膨胀系数不一样，容易造成水冷壁拉裂。

（九）磨损

水冷壁磨损的部位主要是在一次风喷嘴和蒸汽吹灰器区域，因风粉流冲刷磨损和吹灰器吹扫时的冲刷磨损等，还有在水冷壁拉稀管穿顶棚部位也会有飞灰磨损。

结合机组大小修进行水冷壁防磨防爆检查，如发现磨损严重部位，应查找原因，进行治理。如因吹灰器长期吹扫导致，则应测量吹灰器起吹角度是否正常、吹灰器是否安装偏斜、喷嘴距水冷壁距离是否过短等；水冷壁拉稀管因飞灰吹损导致磨损，则应检查是否存在烟气走廊，在吹损部位加装防磨护瓦；因一次风粉长期冲刷磨损，则应查找燃烧器安装角度是否存在问题，或者喷口损坏导致出粉方向改变。不建议在前炉膛水冷壁加装防磨护瓦，因为此区域热负荷较高，如果安装护瓦，护瓦吸收热量较高且得不到足够冷却，几乎处于干烧状态，护瓦容易烧损脱落，从而失去防护作用。

（十）超温

造成水冷壁管超温主要原因有两点：一是吸热过多；二是冷却不足。造成吸热过多的原因可能是火焰中心偏移或是煤粉燃烧着火点过早，贴近水冷壁，通过运行燃烧方式改变可以进行调整。冷却不足可能因为水冷壁流量分配不均或是进、出口联箱管口存在异物堵塞导致管内水流量降低。应结合机组大小修期间对水冷壁进、出口联箱进行异物检查，检修管子更换时使用机械切割，避免使用火焰切割，管口做好可靠封堵严禁敞口。

（十一）落物砸伤

炉膛焦块掉下对水冷壁斜坡产生巨大的冲击力，使管子变形、砸伤，甚至撕裂管子，造成水冷壁管泄漏。防范措施：运行中控制好燃烧，减缓锅炉结焦，控制升、降负荷速率。停炉检修期间加强对水冷壁下斜坡的检查，根据检查情况及时对水冷壁管进行焊补或更换。

第四节 锅炉过热器和再热器

一、过热器和再热器的作用

过热器的作用是将饱和蒸汽加热成为具有一定温度和压力的过热蒸汽，提高蒸汽的焓值，从而增加蒸汽的做功能力，以提高电厂的热力循环效率及汽轮机工作的安全性。将汽轮机高压缸的排汽再送回到锅炉中加热，使其温度与过热汽温相等或相近，然后再送到汽轮机的中压缸及低压缸中膨胀做功，完成这一吸热过程的受热面称之为再热器。蒸汽再热一方面可以增加做功能力，提高循环热效率，另一方面也可以降低汽轮机排汽的湿度，提高末级叶片的安全性。

二、过热器和再热器的分类

过热器根据传热方式不同可分为对流式过热器、半辐射式过热器和辐射式过热器三类。

对流过热器一般布置在对流烟道中，采用蛇形管式。它具有比较密集的管组，布置在450～1000℃烟气温度的烟道中，受烟气的横向和纵向冲刷，主要吸收烟气的对流热量。在中小型锅炉中，一般采用纯对流过热器；而在高参数大容量锅炉中，则多采用较为复杂的过热系统，然而对流过热器仍然是其中的主要部分。布置在炉膛正上方，直接吸收炉膛辐射热量的过热器，称为辐射式过热器。可以布置成前屏式过热器和顶棚过热器。顶棚过热器的吸热量很小，其主要作用是构成轻型平炉顶。顶棚管是单排管，在顶棚管上敷设耐火材料和保温材料就形成炉顶密封。半辐射式过热器布置在炉膛出口处，半辐射式过热器一方面吸收烟气的对流传热，一方面又吸收炉膛中管间烟气的辐射传热，一般布置成后屏过热器。近代大型锅炉中常布置有包墙过热器，这种过热器布置在水平烟道和垂直烟道的四周，主要作用是简化烟道部分的炉墙，将包墙过热器悬吊在炉顶的钢梁上。

过热器的布置方式又分为立式（又称垂直布置，比如水平烟道中的对流过热器、高温过热器）和卧式（又称水平布置，比如尾部竖井中的对流过热器、低温过热器）两种。水平布置过热器的优点是不易积水，疏水排汽方便，但是容易积灰、结焦，影响传热；而且它的支吊件全部放在烟道内，容易烧坏，需要较好的材料。立式过热器支吊简单方便，而且安全，积灰、结焦可能性也小。这种过热器集箱在炉顶墙外，而管子吊在集箱上，炉内只要少量管夹固定管排即可。其缺点是疏水不易排出，停炉时管内积水容易腐蚀管壁金属。

过热器按烟气和蒸汽的相对流动方向可分为顺流、逆流、双逆流和混流四种（见图 2-10）。逆流布置的过热器温差大，传热效果好，因而可以减少受热面，节省金属。但是管壁温度较高，容易使金属过热，安全性较差。双逆流或混流布置的过热器，集中了逆流和顺流的优点，保证了过热器入口管壁的安全条件。其温差虽较逆流低，但比顺流高，安全又经济，因此获得了广泛的应用。

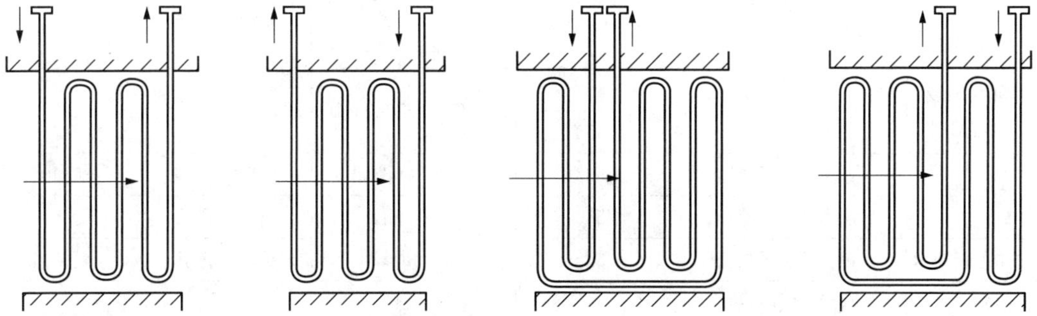

图 2-10　对流过热器布置方式

(a) 顺流；(b) 逆流；(c) 双逆流；(d) 混流

再热器根据蛇形管的布置方式分为垂直布置（又称立式再热器，比如布置在水平烟道中的高温再热器）和水平布置（又称卧式再热器，比如布置在尾部竖井中的低温再热器）两种。

三、过热器和再热器运行特性

由于管外烟温高、管内汽温高，冷却条件差，所以过热器和再热器管壁温度很高，特别是末端部分的壁温最高，大容量锅炉一般需要采用抗氧化温度较高的合金钢和不锈钢。为降低锅炉造价，设计锅炉时各级受热面的工作温度都接近管材的允许使用温度，安全裕度很小。在这种情况下，若在超过设计工作温度 10～20℃下长期运行，会严重缩短管子的寿命。因此，在过热器和再热器的运行中应保持汽温稳定，汽温的波动不应超过额定温度的 5～10℃。

（一）过热器管材的要求

(1) 要有足够的蠕变强度、持久强度和持久塑性，通常在进行过热器管强度计算时，以高温持久强度极限为主要依据，再以蠕变极限来校核。过热器管的持久强度高，一方面可以保证再蠕变条件下的安全运行；另一方面，还可以避免因管壁过厚而造成加工工艺和运行上的困难。

(2) 要求过热器管金属在长期高温运行中组织性质和稳定性良好。

(3) 要有良好的工艺性能，特别是焊接性能要好，对过热器管还要求有良好的冷加工性能。

(4) 要求钢的抗氧化性能高，通常要求过热器管在金属运行温度下的氧化深度小于 0.1mm/年。

过热器和再热器常用的钢材种类参见表 2-1。

表 2-1　　　　过热器和再热器常用钢种

钢种	用途	允许壁温（℃）	钢种	用途	允许壁温（℃）
20G	受热面管子	≤480	X20CrMoV121（F12）	过热器	≤650
	集箱、导管	≤430		主蒸汽管	≤600
12CrMo 或 15CrMnV	受热面管子	≤540	12Cr2MoWVTiB（钢 102）	过热器、导管	≤620
	集箱、导管	≤510			
15CrMo 或 12MnMoV	受热面管子	≤560	12Cr3MoVSiTiB	过热器、导管	≤620
	集箱、导管	≤550			
12Cr1MoV	过热器、再热器	≤580	14MoV63	过热器、导管	≤540
	集箱、导管	≤540	1Cr19Ni9	受热面管子	≤650
12MoVWBSiRe	过热器、再热器	≤540	1Cr19Ni11Nb	受热面管子	≤650
Mn17Cr7MoV NbBZr	过热器、再热器、集箱、导管	≤680	Cr5Mo	吊挂	≤800
10CrMo910	过热器、主蒸汽管	≤540	Cr6SiMo 4Cr9Si2	吊挂	≤800
X12CrMo91	受热面管子	≤560	Cr18Mn11SiN	吊挂	≤900
X20CrMoWV121	过热器	≤650	1Cr20Ni14Si2	吊挂	≤1100
	主蒸汽管	≤600			

（二）汽温调整特性

机组运行时需要根据主汽温、再热汽温及各受热面壁温测点数据进行汽温调节，汽温调节的方法有两大类：一是蒸汽侧调温；二是烟气侧调温。

蒸汽侧调温是指通过改变蒸汽热焓来调节汽温的方法，主要有喷水减温法。喷水减温器有多种形式：多孔喷管式减温器（又称笛形管式减温器）、漩涡式喷嘴减温器、文丘里管式减温器等。喷水减温法调节灵敏、惯性小，易于实现自动化，调温范围大，设备结构简单，在大容量锅炉上得到普遍应用。但对引入的减温水要求质量较高，以免污染蒸汽，一般情况下减温水来自锅炉的给水。在大容量锅炉的过热器系统上一般布置二级喷水减温器，第一级布置在屏式过热器前，喷水量大，以保护屏式过热器不超温，并作为过热汽温的粗调节。第二级布置在高温过热器前，对过热汽温进行微调。喷水减温器一般都安装在过热器的连接管道或集箱中。

烟气侧调温是指通过改变炉内辐射受热面和对流受热面的吸热量分配比例来调节汽温的方法，主要有改变火焰中心位置、烟气再循环法和烟气挡板法。烟气挡板法已被许多大容量锅炉采用，其优点是结构简单，操作方便。缺点是汽温调节的时滞太大。另外为避免烟气挡板的热变形，挡板应布置在烟温低于 400℃的区域，并应定期检查挡板的磨损。

布置在对流烟道内的对流过热器，蒸汽温度随着锅炉负荷的增加而升高，这是因为当负荷增加时，进入炉膛的燃料增加，流经过热器的烟气量增多，提高了烟气对管壁的放热系数；而随着燃料量的增加，使炉膛出口烟温有所提升，提升了平均温差。虽然蒸汽流通量有所增加，但单位质量的蒸汽还是获得了较多的热量，使出口蒸汽问题提高。反之，当锅炉负荷减少时，对流过热器的蒸汽温度将降低。

辐射式过热器是以吸收炉膛火焰或炉内烟气的辐射换热为主的过热器，辐射式过热器出口蒸汽温度是随着锅炉负荷（蒸汽流量）的增加而降低的，这是因为辐射式过热器吸收热量主要取决于炉内火焰和烟气温度，而辐射换热与其绝对温度的四次方成正比。当锅炉负荷（蒸汽流量）增加时，虽然炉膛温度和烟气温度有所增高，但提升幅度不大，因此辐射传热虽有增加，但流经该过热器的蒸汽流量相应也增加，而且蒸汽量增加的影响要大于辐射吸收热量增大的影响，所以使单位质量的蒸汽获得的热量相对减少，其出口蒸汽温度是降低的。反之，当负荷降低时，辐射式过热器出口温度是升高的。

半辐射式过热器即吸收炉膛火焰和烟气的辐射换热，同时又吸收烟气的对流换热。所以半辐射式过热器出口蒸汽温度的变化受锅炉负荷变化的影响较小，介于辐射式和对流式之间。但试验发现，半辐射式过热器的热力特性接近于对流式过热器热力特性，只是影响幅度较小，汽温变化比较平稳。

（三）防止汽温偏差的手段

由于锅炉实际工作条件的复杂性，过热器和再热器管组中因各根管子的结构尺寸、内部阻力系数和热负荷不同而引起的热偏差很难消除，但可以从运行方面和受热面结构上采取相应减小热偏差的措施，杜绝个别管子因壁温过高或者超过允许温度而损坏造成爆管。

1. 运行措施

（1）对燃烧器喷出的煤粉量和一、二次风量进行调平，避免火焰中心偏斜。

（2）及时吹灰，避免因积灰和结渣引起的吸热不均。

（3）结合机组大小修进行集箱内异物检查，避免异物堵塞管口，造成受热面冷却不足。

（4）合理布置受热面管壁温度测点，设置不同管壁温度高低限值，提醒运行人员及时进行调整。

2. 结构措施

（1）受热面分级布置。将整个过热器或再热器分成串联的几部分，受热不同的管子与同一集箱连接，在集箱内使蒸汽充分混合，经混合后热偏差可以消除或减小。

（2）受热面分段布置。沿烟道宽度方向中间热负荷高、两侧热负荷低，为了减轻热偏差，通常沿烟道宽度方向进行分段，即将受热面布置成并联混流方式。

（3）炉宽两侧的蒸汽进行左右交叉。为了消除左右两侧温度不均和烟速不均引起的热偏差，可以采用两级间左右交叉流动，使原在左侧的蒸汽移至右侧，而原在右侧的蒸汽移至左侧。

（4）采用各种定距装置，保持横向节距，避免由于形成烟气走廊而引起的热偏差。

（5）选择合理的集箱连接形式。

（6）加装节流圈。在受热面管子入口处加装不同孔径的节流圈，可以增加管内蒸汽的流动阻力，控制各管的蒸汽流量，减少各管中的流量不均。

（7）对热负荷较强的外圈管子采用较大的管径或缩短管圈长度。

第五节　超（超）临界锅炉汽水系统典型布置

火电厂超（超）临界机组和亚临界机组的根本区别在于锅炉内工质的工作压力和温度。锅炉内的工质都是水，工程热力学定义水的临界参数是22.129MPa、374.15℃，在这个压力和温度时，水和蒸汽的密度是相同的，称为水的临界点。锅内工质的工作压力低于这个压力时称为亚临界锅炉，高于这个压力时称为超临界锅炉，工程上一般把主蒸汽温度不低于593℃或主蒸汽压力不低于27MPa的锅炉称为超超临界锅炉。

从目前国内及国际上已建成或在建的超临界和超超临界锅炉的参数情况来说，只要锅炉参数在临界点以上，都是超临界机组。但对超临界和超超临界机组并无严格的界限，只是参数高了多少的问题，目前工程应用中一般认为只要主蒸汽温度达到或超过600℃，就认为是超超临界机组。

超临界、超超临界火电机组具有显著的节能和改善环境的效果，超超临界机组与超临界机组相比，热效率要提高1.2%～4%，运行一年可节约6000t优质燃煤。未来煤粉机组将继续提升主蒸汽参数，发展高效率高参数的超临界（SC）和超超临界（USC）火电机组。

本节内容以DG2057/29.3-Ⅱ2型锅炉为例，介绍一下超超临界锅炉汽水系统的流程、结构及特点。该型号锅炉为高效超超临界参数变压运行直流炉、单炉膛、一次再热、平衡通风、固态排渣、全钢构架、全悬吊结构，采用紧身封闭、Π型布置。DG2057/29.3-Ⅱ2型锅炉主要参数见表2-2。

表2-2　　DG2057/29.3-Ⅱ2型锅炉主要参数表

名称	单位	BMCR	BRL	THA
过热蒸汽流量	t/h	2057.10	1997.10	1878.90
过热器出口蒸汽压力	MPa（g）	29.30	29.22	27.61
过热器出口蒸汽温度	℃	605	605	605
再热蒸汽流量	t/h	1738.45	1686.84	1599.15
再热器进口蒸汽压力	MPa（g）	6.58	6.38	6.06
再热器出口蒸汽压力	MPa（g）	6.38	6.18	5.88
再热器进口蒸汽温度	℃	371	369	371
再热器出口蒸汽温度	℃	623	623	623
省煤器进口给水温度	℃	305	303	299

注　1. 表中“g”表示表压力。
2. 表中BMCR（Boiler Maximum Continue Rate），指锅炉最大连续蒸发量工况；BRL（Boiler Rated Load）是锅炉额定出力（铭牌）工况；THA（Turbine Heat Acceptance）汽轮机保证热耗率工况。三种工况中，BMCR工况提供最大合格蒸汽流量，远超汽轮机侧的需求量，有一定的蒸汽裕量。

一、汽水流程简介

超超临界锅炉的典型汽水系统由给水系统、水冷壁系统、过热蒸汽系统、再热蒸汽系统组成。

（一）给水系统

给水系统是从除氧器的水经过给水泵升压后，经过高压加热器后进入省煤器，吸收烟气中的热量进行加热，直到省煤器出口集箱。

锅炉给水由炉侧从省煤器进口集箱（ϕ508×95mm，材质 SA-106C）接口处引入，分别进入后竖井前烟道中的低温再热器侧省煤器下组（ϕ51×8.5mm，材质 SA-210C），和穿过中隔墙下部的烟道隔板进入后竖井后烟道中的低温过热器侧省煤器下组（ϕ51×8.5mm，材质 SA-210C）；再由低温再热器侧省煤器上方穿过中隔墙下部的烟道隔板回到后竖井后烟道中，与低温过热器侧省煤器下组汇合（ϕ51×8.5mm，材质 SA-210C），一起进入低温过热器侧省煤器上组（ϕ51×8.5mm，材质 SA-210C）。然后进入省煤器出口集箱（ϕ508×100mm，材质 SA-106C），从炉侧通过集中下降管、若干根下水连接管引入螺旋水冷壁前、后墙进口集箱。省煤器水平段管组通过包墙吊挂管支吊在锅炉大板梁上。

省煤器蛇形管组侧视图见图 2-11。

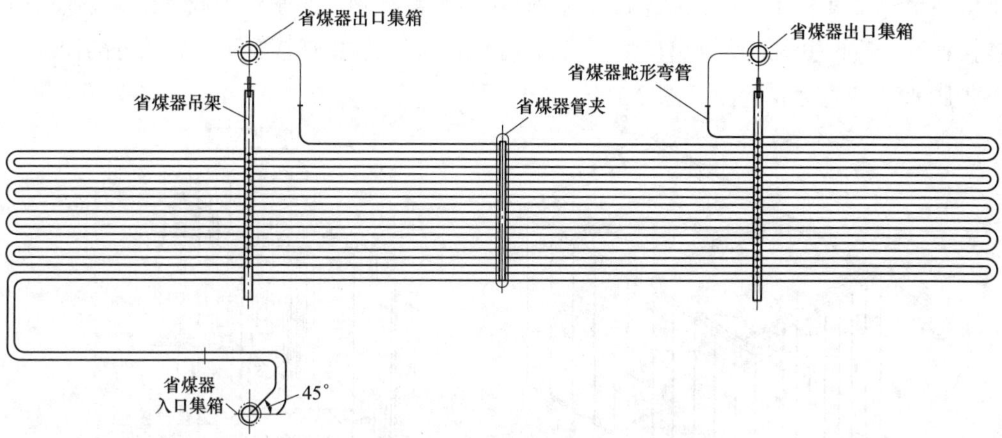

图 2-11 省煤器蛇形管组侧视图

（二）水冷壁系统

工质在省煤器内吸热后进入水冷壁系统继续吸热蒸发产生饱和蒸汽，省煤器出口集箱端部引出到集中下降管进入位于锅炉下部前、后两侧的集中下降管分配头，再通过下水连接管进入螺旋水冷壁入口集箱，经螺旋水冷壁管、螺旋水冷壁出口集箱、混合集箱，一部分进入垂直水冷壁入口集箱经垂直水冷壁管、垂直水冷壁出口集箱后进入水冷壁出口混合集箱，另一部分进入水平烟道再汇聚到水冷壁出口混合集箱，然后经引入管引入汽水分离器进行汽水分离。

水冷壁是锅炉的主要蒸发受热面，它吸收燃烧火焰和烟气的辐射热，使水受热产生饱和蒸汽。

整个炉膛四周为全焊式膜式水冷壁，水冷壁上设置有足够的观测孔、热工测量孔、炉管泄漏监测孔、人孔、吹灰孔等。炉膛宽度为 22 162.4mm，深度为 16 980.8mm，炉膛水冷壁分为下部内螺纹螺旋水冷壁管，上部垂直上升，均为膜式结构，两者间由过渡水冷壁转换连接，分界线标高在 52 336.28mm 处。

经省煤器加热后的给水，通过单根集中下降管引至两个集中下降管分配集箱，再由若干根下水连接管引入两个螺旋水冷壁入口集箱。

炉膛下部水冷壁（包括冷灰斗水冷壁、中部螺旋水冷壁）都采用螺旋盘绕膜式管圈。中部螺旋水冷壁管（除冷灰斗采用光管外）采用内螺纹管。

螺旋水冷壁前墙、两侧墙出口管全部抽出炉外，后墙出口管则是 3 抽 1 根管子直接上升成为垂直水冷壁后墙凝渣管，另 2 根抽出到炉外，抽出炉外的所有管子均进入螺旋水冷壁出口集箱，由若干根连接管引入炉两侧的两个混合集箱混合后，由若干根连接管引入到垂直水冷壁进口集箱，由垂直水冷壁进口集箱拉出 3 倍于引入螺旋管数量的管子进入垂直水冷壁，垂直管与螺旋管的管数比为 3∶1。这种结构的过渡段水冷壁可以把螺旋水冷壁的荷载平稳地传递到上部水冷壁。

上炉膛水冷壁采用结构较为简单的垂直管屏。

水冷壁出口工质汇入上部水冷壁出口集箱及水平烟道底部出口集箱，前、两侧、水平烟道出口集箱中工质由若干根连接管引入水冷壁出口汇集集箱，水平烟道底部出口集箱中工质由连接管汇合后再引入水冷壁出口汇集集箱。最后所有工质由连接管引入启动分离器。

炉膛水冷壁总体布置图见图 2-12。

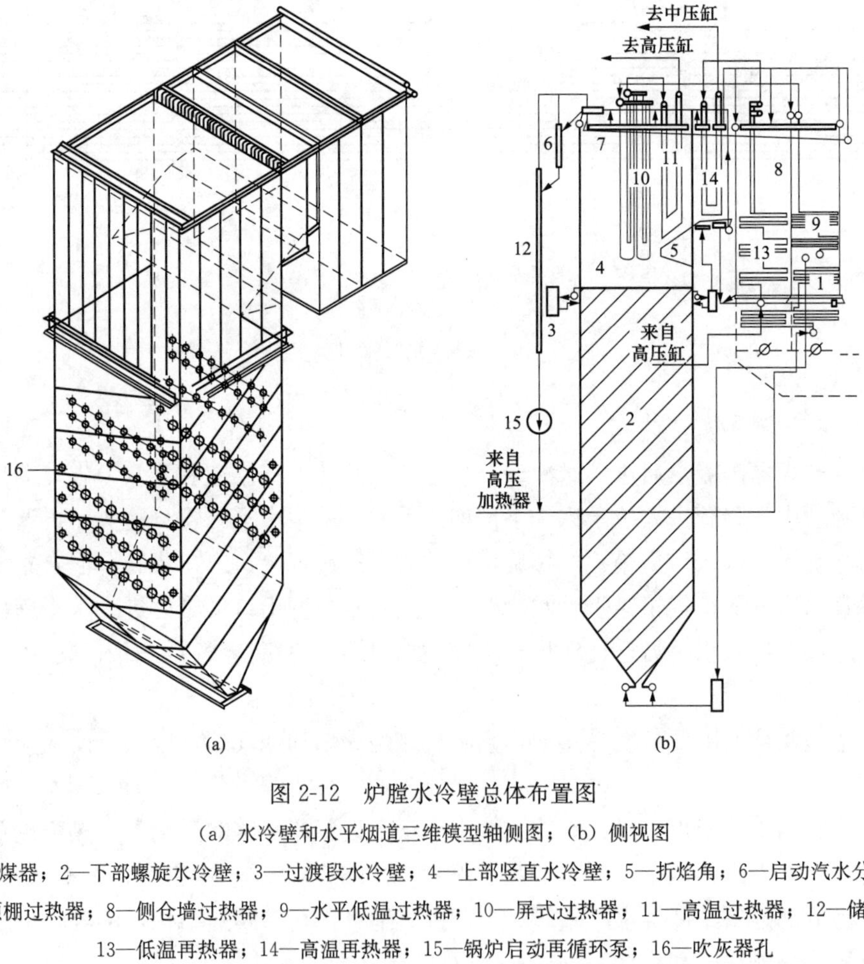

(a) (b)

图 2-12 炉膛水冷壁总体布置图

(a) 水冷壁和水平烟道三维模型轴侧图；(b) 侧视图

1—省煤器；2—下部螺旋水冷壁；3—过渡段水冷壁；4—上部竖直水冷壁；5—折焰角；6—启动汽水分离器；7—顶棚过热器；8—侧仓墙过热器；9—水平低温过热器；10—屏式过热器；11—高温过热器；12—储水罐；13—低温再热器；14—高温再热器；15—锅炉启动再循环泵；16—吹灰器孔

（三）过热蒸汽系统

过热蒸汽系统由过热器和相关的管道、减温水设备组成。汽水混合物在分离器经过分离后，蒸汽进入过热器继续加热，分离后的疏水排至储水罐中，经过液位调节阀（361阀）排至启动扩容器中。

过热器受热面采用辐射—对流型布置。过热器系统包含：顶棚过热器、包墙过热器、分隔墙过热器、低温过热器、屏式过热器及高温过热器。

循环运行时从分离器分离出来的水从下部排进储水罐，分离出来的大部分蒸汽经顶棚管、后竖井包墙后进入低温过热器、小部分蒸汽直接流入水平烟道包墙后进入低温过热器，然后依次流经屏式过热器和高温过热器。转直流运行后水冷壁出口工质已全部汽化，汽水分离器仅作为蒸汽通道用。

顶棚过热器分为前、中、后三段。炉膛上部屏式过热器区域为顶棚过热器前段；炉膛折焰角区域的高温过热器和水平烟道高温再热器区域以及后竖井前烟道前部低温再热器垂直段区域为顶棚过热器中段，后竖井区域前烟道后部和后竖井后烟道区域为顶棚过热器后段。顶棚过热器前段上设有专供检修炉膛内部的炉内检修平台用绳孔。

蒸汽从顶棚出口集箱通过连接管分别引入中隔墙入口集箱，前、后、侧包墙入口集箱，通过包墙管加热后分别到包墙出口集箱。侧包墙出口集箱与中隔墙集箱用三通连接，然后由前、后包墙和中隔墙出口集箱引出吊挂管过热器，后竖井前后烟道各布置前后两组吊挂管，包墙吊挂管用来支吊后竖井区域省煤器、低温过热器和低温再热器。再由吊挂管过热器出口集箱从包墙顶部引出，经连接管至低温过热器进口集箱。

包墙过热器均为全焊接膜式壁结构。

低温过热器进口连接管从两端把工质送入低温过热器进口集箱。低温过热器布置在后竖井后烟道内，分为水平段和垂直出口段。整个低温过热器蛇形管为顺列布置，蒸汽与烟气逆流换热。低温过热器水平段管组通过包墙吊挂管悬吊在锅炉大板梁上，垂直出口段由集箱吊架悬吊在炉顶大板梁上。

为防止吹灰蒸汽对受热面的冲蚀，在吹灰器附近蛇形管排上均设置有防蚀盖板。

经过低温过热器加热后，蒸汽经低温过热器出口连接管、一级减温器及屏式过热器进口连接管后引入屏式过热器进口混合集箱，混合集箱与若干只分配集箱相连。

辐射式屏式过热器布置在炉膛上部区域，沿炉深方向布置了2排，两排屏之间紧挨着布置，每一排管屏沿炉宽方向布置若干片屏。屏式过热器管屏入口段与出口段采用不同的管子壁厚，内外圈管采用不同的管子规格。屏式过热器蛇形管均由分配集箱承重并由集箱吊杆传至炉顶大板梁上。

屏式过热器出口分配集箱与混合集箱相连，蒸汽在混合集箱中混合后，经屏式过热器出口连接管、二级减温器及高温过热器进口连接管引入高温过热器进口混合集箱。

为保证管屏的平整，防止管子的出列和错位及焦渣的生成，屏式过热器布置有定位滑动块等结构，定位滑动块采用ZG16Cr20Ni14Si2，可靠性高。为减小流量偏差使同屏各管的壁温比较接近，在屏式过热器进口集箱管排的入口处设置了不同尺寸的节流圈。

蒸汽从屏式过热器出口混合集箱由连接管引入到高温过热器进口集箱，经高温过热器蛇形管加热后进入高温过热器出口集箱，品质合格蒸汽由连接管从高温过热器出口集箱两端引出，送入汽轮机高压缸。高温过热器蛇形管位于折焰角上部，沿炉宽方向布置。高温过热器蛇形管均由集箱承重并由集箱吊杆传至炉顶大板梁上。

（四）再热蒸汽系统

再热蒸汽系统由再热器、事故喷水减温器和有关管道、阀门等组成。再热器的作用是将蒸汽提高温度并达到一定过热温度的换热设备。再热器加热的是汽轮机高压缸已经做过功的压力和温度均较低的蒸汽。蒸汽通过再热器提高到额定温度后，再进入汽轮机中压缸做功。再热蒸汽系统按蒸汽流程依次为低温再热器和高温再热器。该型号的锅炉采用一次中间再热技术。

汽轮机高压缸排汽通过连接管从两端进入低温再热器进口集箱。低温再热器蛇形管由水平段和垂直段两部分组成，根据烟温的不同和系统阻力的要求，低温再热器的不同管组采用了不同的节距和材料。水平段分上、中、下三组，水平布置于后竖井前烟道内，由若干根管子绕制而成，每组之间留有足够的空间便于检修。

低温再热器水平段由包墙过热器吊挂管悬挂支撑并传递到炉顶大板梁，低温再热器垂直出口段质量由中间三排管承重并传递到出口集箱（集箱底部三排管接头设计为平行的斜向开孔）上，其余管子质量均通过 U 形承重块逐根传递到中间三管，通过低温再热器出口集箱吊架悬吊在炉顶大板梁上。

再热蒸汽经过低温再热器加热后进入低温再热器出口集箱，并经连接管、再热器减温器后从两端引入高温再热器进口集箱。

为防止吹灰蒸汽对受热面的冲蚀，在吹灰器附近蛇形管排上均设置有防蚀盖板。为防止含灰烟气对低温再热器管排的磨损，在低温再热器管束与四周墙壁间设有阻流板，在每组上两排迎流面及边排和弯头区域设置防磨盖板。

高温再热器布置于高温过热器后的水平烟道内，蒸汽从低温再热器出口混合集箱经锅炉左右两侧由连接管引入高温再热器进口集箱，然后经蛇形管屏加热进入高温再热器出口集箱。高温再热器蛇形管均由集箱承重并由集箱吊杆传至大板梁上。

为保证管屏的平整，防止管子的出列和错位及焦渣的生成，高温再热器蛇形管间布置有定位滑动块，定位滑动块采用 SC-351CH20 材料，可靠性高。

为减小流量偏差使同屏各管的壁温比较接近，在高温再热器进口分配集箱管排的入口处，除最外圈管子外均设置了不同尺寸的节流圈。

思考题

1. 超（超）临界锅炉汽水系统有哪些特点？
2. 超（超）临界锅炉“四管”典型布置情况是怎样的？

第三章

燃 烧 系 统

第一节 燃 料

一、燃料

燃料是指在燃烧过程中能够产生热量的物质。凡能用来燃烧，可以取得热量的一切可燃物质都可称为燃料。从广义上说，能够提供能量的物质，都可以称为燃料，比如核燃料。

锅炉燃料按其物理状态可分为固体燃料、液体燃料、气体燃料（见图 3-1）。

- 锅炉燃料
  - 固体燃料
    - 煤：无烟煤、贫煤、烟煤、褐煤、泥煤等
    - 油页岩
    - 木材、生物质
  - 液体燃料：石油及其制品，例如轻油、柴油、重油
  - 气体燃料
    - 天然气、液化石油气
    - 煤气：城市煤气、高炉煤气、焦炉煤气
    - 沼气

图 3-1 锅炉燃料分类

煤是我国大型电站锅炉的主要燃料，石油和天然气主要用作化工原料，燃用石油和天然气的锅炉很少。根据中国电力企业联合会的统计，2019 年 1—6 月，我国原煤产量十大省份依次是：内蒙古 49 638.3 万 t、山西 47 029.1 万 t、陕西 26 655.1 万 t、新疆 9892.9 万 t、山东 5892.4 万 t、贵州 5868.5 万 t、安徽 5487.1 万 t、河南 5338.1 万 t、宁夏 3614.7 万 t 和河北 2701.8 万 t。我国装机 6000kW 及以上电厂发电消耗原煤十大省份依次是：内蒙古 12 448 万 t、山东 8855 万 t、江苏 7482 万 t、山西 6697 万 t、广东 5974 万 t、安徽 5504 万 t、河南 4763 万 t、河北 4727 万 t、浙江 4037 万 t 和贵州 3316 万 t。

二、煤的成分

煤（Coal）的成分非常复杂，主要是由植物遗体经过煤化作用转化而成的富含碳的固体可燃有机沉积岩，含有一定量的矿物质，相应的灰分产率小于或等于 50%（干基质量百分数）。煤中包括了有机成分和无机成分，包含有多种分子结构。所以在工程应

用中，通过元素分析和工业分析来确定煤中的主要物质的百分含量，为燃烧计算提供依据。

（一）元素分析和工业分析

已知煤中元素达三十几种，全面分析煤中的所有元素是非常困难的。一般的，元素分析（ultimate analysis）指的是对碳（C）、氢（H）、氧（O）、氮（N）、硫（S）五个元素进行分析的项目的总称。碳氢硫三种元素是可燃元素，将不可燃物质都归入灰分 A（ash），和可以蒸发的水分 M（moisture）。这样，对燃烧有影响的成分包括碳、氢、氧、氮、硫、灰分和水分，各化学元素成分用质量百分数表示。

碳是煤中含量最多的可燃元素，也是发热量的主要来源，体现了煤中有机物的特性。煤中的有机物的元素组成，并不能说明煤中含有何种有机物，但通过有机物的组成，参考其他的一些煤的特性，可以对煤的性质进行分类。元素组成的变化通常代表着煤的特性的差别，影响着煤的使用方式。通常来说，随着煤化程度的增加，煤中的碳含量也会增加，而氧含量会下降。在燃烧计算中，煤的元素组成是计算依据。

煤的元素分析非常复杂，国家标准 GB/T 31391 规定了不同煤种使用的不同分析方法。元素分析的结果通常要给出收到基、空气干燥基和干燥基的元素质量百分数。

工业分析是为了快速了解煤在燃烧时的某些特性。工业分析主要是通过干燥、加热或燃烧，来测定煤中的水分、挥发分和灰分含量。将风干（达到空气干燥状态）的煤样置于102～105℃ 的恒温干燥箱，烘干 2h，所失去的质量为煤的固有水分，又称内在水分（M_{inh}）。风干过程中失去的水分称为外在水分（M_f），是风雪雨露和开采过程中进入的水分。煤的全水分 Mt 包括外在水分和内在水分。把干燥后的试样置于 900℃ 高温电炉中，隔绝空气加热 7min，所挥发出来的气体称挥发分（V）。煤失去水分和挥发分的剩余部分称焦炭。将焦炭置于 850℃ 电炉中灼烧 2h 后残余物为灰分（A），而在灼烧过程中所失去的质量为固定碳（FC）。焦炭的黏结性与强度称为煤的焦结性。不同煤的焦结性差异很大，有的焦炭呈粉末状即不焦结；有的焦结性很强，结成硬焦块。煤的焦结性对层燃炉影响较大，对煤粉炉工作影响不大。由于工业分析比较简单，同时通过工业分析成分可以了解煤在燃烧方面的特性，所以火力发电厂中通常采用工业分析。

（二）煤的成分和评价指标

碳、氢、氧是煤炭有机质的主体，占 95%以上；煤化程度越深，碳的含量越高，氢和氧的含量越低。煤炭中的无机物主要是水和矿物质。

1. 碳（C）

碳是煤中含量最多的可燃元素。每千克纯碳的发热量为 3.27×10^4 kJ。煤中的碳一部分与氢、氧、氮和硫结合成挥发性有机化合物，其燃点较低；而其余呈单质状态的为固定碳，燃点高，不易着火和燃尽，但发热量大。固定碳含量是指除去水分、灰分和挥发分的残留物，它是确定煤炭用途的重要指标。以 100 减去煤的水分、灰分和挥发分后的差值即煤的固定碳含量。根据使用的计算挥发分的基准，可以计算出干基、干燥无灰基等不同基准的固定碳含量。

2. 氢（H）

氢是煤中发热量最高的物质，完全燃烧时，纯氢的发热量为 1.2×10^5 kJ/kg。氢燃点低，易点燃，是有利元素。但煤中氢的含量较少，一般占 3%～6%。

3. 硫（S）

硫虽然在燃烧时也放出热量，但其燃烧产物 SO_2 和 SO_3 会造成锅炉金属的腐蚀并污染大气。煤中的硫常以三种形式存在，即有机硫、硫化铁硫、硫酸盐硫。前两种可燃，称为挥发硫，后一种归入灰分。一般在计算含硫量时应采用全硫分。

4. 氧（O）和氮（N）

煤中的氧和氮是可不燃物质，其含量也较少。煤中的氮在高温条件下易生成污染大气的 NO_2 和 NO_3，被视为有害元素。

5. 挥发分（*V*）

挥发分的主要成分为煤中的有机质在一定温度和条件下，受热分解后产生的可燃性气体，挥发分中大部分是可燃气体，如 CO、H_2、C_mH_n 等，还有少量不能燃烧的气体，如 O_2、N_2、CO_2、H_2O 等。挥发分容易着火燃烧，挥发分着火后对焦炭产生强烈的加热作用，促使其迅速着火燃烧；同时挥发分析出后会使焦炭变得比较松散而多孔，有利于燃烧过程的发展。因此，挥发分多的煤，容易着火，燃烧反应快，燃烧比较完全。

挥发分是主要的煤质指标，在确定煤炭的加工利用途径和工艺条件时，挥发分有重要的参考作用。煤化程度低的煤，挥发分较多。如果燃烧条件不适当，挥发分高的煤燃烧时易产生未燃尽的炭粒，俗称“黑烟”；并产生更多的一氧化碳、多环芳烃类、醛类等污染物，热效率降低。因此，要根据煤的挥发分选择适当的燃烧条件和设备。一般来讲，随着煤炭变质程度的增加，煤炭挥发分降低。褐煤、气煤挥发分较高，瘦煤、无烟煤挥发分较低。

6. 灰分（*A*）

灰分是煤炭完全燃烧后剩下的固体残渣，是重要的煤质指标。灰分主要来自煤炭中不可燃烧的矿物质。灰分分外在灰分和内在灰分。外在灰分是来自采掘过程的岩石碎块，它与采煤方法的合理与否有很大关系。外在灰分通过分选大部分能去掉。内在灰分是成煤的原始植物本身所含的无机物，内在灰分越高，煤的可选性越差。优质煤和洗精煤的灰分含量相对较低。

矿物质是煤炭的主要杂质，如硫化物、硫酸盐、碳酸盐等，其中大部分属于有害成分。矿物质燃烧灰化时要吸收热量，大量排渣要带走热量，因而灰分越高，煤炭燃烧的热效率越低；灰分越多，煤炭燃烧产生的灰渣越多，排放的飞灰也越多。灰分存在不仅使燃料发热量减少，而且影响燃料着火燃尽，也是造成积灰、结渣、磨损的主要因素。

动力煤中灰分增加，发热量降低、排渣量增加，煤容易结渣；一般灰分每增加 2%，发热量降低 100kcal/kg 左右。冶炼精煤中灰分增加，高炉利用系数降低，焦炭强度下降，石灰石用量增加；灰分每增加 1%，焦炭强度下降 2%，高炉生产能力下降 3%，石灰石用量增加 4%。

7. 水分（M）

煤的水分分为两种，一是内在水分（M_{inh}），是由植物变成煤时所含的水分；二是外在水分（M_f），是在开采、运输等过程中附在煤表面和裂隙中的水分，可在自然干燥条件下失去。全水分是煤的外在水分和内在水分总和。一般来讲，煤的变质程度越大，内在水分越低。褐煤、长焰煤内在水分普遍较高，贫煤、无烟煤内在水分较低。

水分的存在对煤的利用极其不利，它不仅浪费了大量的运输资源，而且当煤作为燃料时，水分会使炉内温度下降，影响着火；煤中水分会成为蒸汽，在蒸发时消耗热量，并增大排烟热损失；还会加剧尾部受热面腐蚀和堵灰。另外，精煤的水分对炼焦也产生一定的影响。一般水分每增加2%，发热量降低100kcal/kg(大卡/千克)；冶炼精煤中水分每增加1%，结焦时间延长5～10min。

8. 发热量（Q）

发热量是指单位质量的煤完全的燃烧时所产生的热量，可分为高位发热量和低位发热量。煤的高位发热量减去水的汽化热即是低位发热量。发热量国际单位为兆焦耳/千克（MJ/kg），常用单位大卡/千克（kcal/kg）。

为便于比较，我们在衡量煤炭时消耗时，要把实际使用的不同发热量的煤炭换算成所谓标准煤，规定标准煤的发热量每公斤7000大卡，即7000kcal/kg(29.27MJ/kg)。在同等水分、灰分等情况下，空气干燥基高位发热量比收到基低位发热量高1.25MJ/kg（300kcal/kg）左右。

9. 胶质层最大厚度（Y）

胶质层是指烟煤在加热到一定温度后，在其外表形成的一层黏性物质。胶质层最大厚度是烟煤胶质层指数测定中，利用探针测出的胶质体上、下层面差的最大值。它是煤炭分类的重要标准之一。动力煤胶质层厚度大，容易结焦；冶炼精煤对胶质层厚度有明确要求。

10. 黏结指数（G）

指在规定条件下以烟煤在加热后黏结专用无烟煤的能力，它是煤炭分类的重要标准之一，是冶炼精煤的重要指标。黏结指数越高，结焦性越强。

三、煤的分类

煤炭是世界上分布最广阔的化石能资源，粗略分为烟煤和无烟煤、次烟煤和褐煤等四大类。

根据国家标准GB/T 5751—2009《中国煤炭分类》，我国煤炭分为十四细类，见表3-1，一般将瘦煤、焦煤、肥煤、气煤、弱黏结、不黏结、长焰煤等统称为烟煤；贫煤称为半无烟煤；挥发分大于40%的称为褐煤。

无烟煤可用于制造煤气或直接用作燃料，烟煤用于炼焦、配煤、动力锅炉和气化工业；褐煤一般用于气化、液化工业、动力锅炉等。

表 3-1　　　　　　　　　　　　中国煤炭分类

类别		代号	编码	分类指标					
				V_{daf}（%）	G	Y（mm）	b（%）	P_M（%）	$Q_{gr,maf}$（MJ/kg）
无烟煤		WY	01，02，03	0～10.0					
烟煤	贫煤	PM	11	＞10.0～20.0	≤5				
	贫瘦煤	PS	12	＞10.0～20.0	＞5～20.0				
	瘦煤	SM	13，14	＞10～20	＞20～65				
	焦煤	JM	24 15，25	＞20.0～28.0 ＞10.0～28.0	＞50～65 ＞65	≤25	≤150		
	肥煤	FM	16，26，36	＞10.0～37.0	（＞85）	＞25			
	1/3 焦煤	1/3JM	35	＞28.0～37.0	＞65	≤25	≤220		
	气肥煤	QF	46	＞37	（＞85）	＞25	＞220		
	气煤	QM	34 43，44，45	＞28.0～37.0 ＞37.0	＞50～65 ＞35	≤25	≤220		
	1/2 中黏煤	1/2ZN	23，33	＞20.0～37.0	＞30～50				
	弱黏煤	RN	22，32	＞20.0～37.0	＞5～30				
	不黏煤	BN	21，31	＞20.0～37.0	≤5				
	长焰煤	CY	41，42	＞37	≤35			＞50	
褐煤		HM	51 52	＞37 ＞37				≤30 ＞30～50	≤24

表 3-1 中，G 为烟煤黏结指数，V_{daf}为干燥无灰基挥发分，Y 为胶质层最大厚度，b 为奥阿膨胀度。$Q_{gr,maf}$为恒湿无灰基发热量，P_M为低煤阶透光率。

第二节　燃烧理论基础

一、煤燃烧的过程概述

煤粉燃烧过程十分复杂，大体上可以分为四个阶段：预热（吸热）阶段；挥发分析出（热解）阶段，开始着火；燃烧（挥发分和焦炭开始燃烧）阶段；燃尽（残余焦炭变为灰渣）阶段，在此阶段，需要有足量的氧气供应。煤粉燃烧往往是覆盖全部四个阶段，或者说四个阶段交替进行。每个阶段的燃烧特点不尽相同，在强化或抑制燃烧时要依据对燃烧的阶段做出正确的判断。

着火过程主要取决于煤中可燃基挥发分的大小，而燃尽过程主要取决于焦炭的燃烧速度。

煤粉颗粒必须首先吸热升温，通过对流、辐射、热传导方式使新鲜燃料受热升温。

煤粉颗粒中水分首先析出，在 120～450℃的温度范围内，煤中的挥发分析出，挥发分析出后，剩余的固态物形成焦炭。

（一）着火过程

煤粉燃烧过程的着火主要是热力着火。着火过程有两层意义：一是着火是否可能发生；二是能否稳定着火。可燃混合物燃烧过程的发生与停止，即着火与灭火，燃烧能否稳定地进行，取决于燃烧过程中所提供的热力条件。

从系统整体角度看，燃烧中同时存在着放热和散热，在不同的阶段存在着二者的不同工况。

放热量和散热量达到平衡，放热量 Q_1 等于散热量 Q_2。

$$Q_1 = Q_2 \tag{3-1}$$

放热量随系统温度的变化率大于散量热随系统温度的变化率。

$$\frac{dQ_1}{dT} \geqslant \frac{dQ_2}{dT} \tag{3-2}$$

如果不具备这两个条件，即使在高温状态下也不能稳定着火，燃烧过程将因火焰熄灭而中断，并不断向缓慢氧化的过程发展。

当放热>散热，系统升温，反应加速，但同时散热也在增加，必达到平衡。

当放热<散热，系统降温，反应减速，但同时散热也在减少，也必达到平衡。

系统在不同条件下达到不同的平衡状态，可能是有利的：如燃烧稳定在正常工况；可能是不利的，如燃烧处于熄火状态。所以着火温度不是物性参数，随所处热力条件的变化而不同，各种实验方法所测得的着火温度值的出入很大，过分强调着火温度意义不大，如褐煤堆，如果通风不良，接近于绝热状态，孕育时间长，着火温度可低于大气温度。着火温度的概念可以使着火过程的物理模型大大简化。严格上，只说着火的临界条件或着火条件：使系统在某个瞬时或空间某部分达到高温的反应状态。实现这一过渡过程的初始条件或边界条件为着火条件。

从微观角度看，煤粒的着火同时存在着均相着火和非均相着火方式。锅炉中大部分煤粉的燃烧，都是处于强迫着火方式，若颗粒表面加热速率高于颗粒整体的热解速率，着火发生在颗粒表面，称之为非均相着火；反之，着火发生在颗粒周围的气体边界层中，称之为均相着火。当它们同时发生时，成为联合着火模式。

（二）影响煤粒着火的因素

电站煤粉锅炉燃烧的是煤粉，煤被加工成细小的颗粒，煤粒的着火特性与块煤有很大不同。理论分析表明，影响煤粒着火的主要变量包括煤种、粒径、传热条件、加热速率、氧化剂含量、初始温度、压力等。

1. 辐射和对流散热的影响

在通常应用的炉温范围内，辐射散热量远大于对流散热量，并且随着炉温的升高对流散热份额就越小。当炉温升至1050℃时，对流散热量下降至3.5%，几乎可以忽略不计。

2. 介质温度

临界着火温度和介质温度近似呈线性关系。随着介质温度升高，煤粒更容易着火。对于煤粒，大于500℃时就一定着火，可能着火的区域是450～500℃，对于焦粒，其可能着火的区域提高到 525～600℃，但是各介质温度提高到 600℃以上时，着火就一定能出现。在电站煤粉锅炉中，介质主要指热空气。

3. 煤种的影响

反应煤种着火性能的有活化能、挥发分、灰分、水分等因素。

(1) 活化能对临界着火的影响。活化能随着煤种的不同而变化，目前对各煤种还没有可靠的活化能数据，但一般来说，活化能越高的煤，意味着进行反应需要较高的能量，使反应进行下去比较难，因此越难燃的煤，未能保证稳定着火，所需的介质温度就越高。

(2) 挥发分的影响。挥发分的影响稍微复杂一些，相对于着火温度与挥发分含量无明显关系。最新的研究结论认为，着火温度随挥发分的增加呈下降趋势（见图 3-2）。

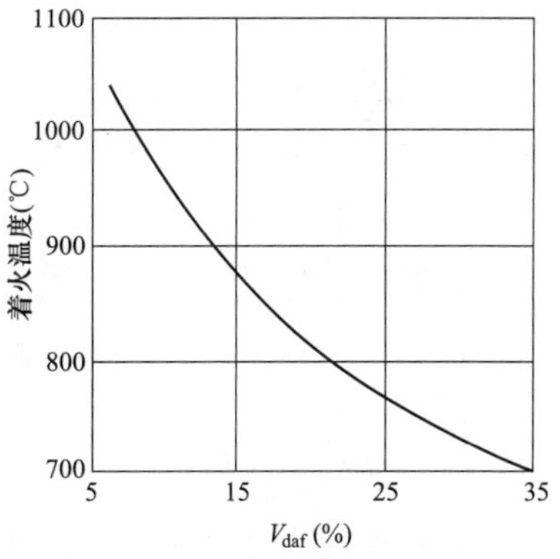

图 3-2　燃料挥发分与着火温度的关系

(3) 灰分的影响。煤种中的灰分对着火点无显著的影响。

(4) 煤岩显微组分对着火的影响。统计研究表明，有机组分使着火点升高，但壳质组在低质变阶段，惰性组在高质变阶段使着火点降低；后生矿物影响着火点的方式与同生矿物不同，前者倾向与使着火点降低，后者表现出矿物的不可燃烧性，使着火点升高；煤种中的水分和灰分使着火点升高，而挥发分和氢使着火点降低。

(5) 煤粒直径的影响。当煤粒处于热力着火工况时，周围介质温度比煤粒临界着火温度低，此时煤粒直径对热力着火是有很大影响的。因为处于动力反应区的煤粒，直径大小对于放热量没有影响，但是对流散热却随着直径的减少反而成反比的增加了。

实验研究发现，在一定炉温下，煤粒直径小于某一定值后就不能着火。故煤粉火炬在燃烧后期，由于含氧量低，温度水平不很高，粉粒大部分已经被烧掉而变得非常小，所以很容易熄火，形成机械未完全燃烧热损失。

（三）炭粒表面燃烧区域的划分

煤粉燃烧是一种异相燃烧过程，异相燃烧过程中混合扩散与化学反应环节大致分为几个串联环节：

(1) 氧气扩散到焦炭表面；

(2) 氧气被炭表面吸附；

(3) 在炭表面化学反应；

(4) 燃烧产物由焦炭表面解吸；

(5) 二氧化碳向周围扩散。

碳反应速度决定于 (1) 和 (3)，总体速度决定于二者较慢的一个。

按照炭粒表面化学反应速度表达式来分析其燃烧过程，可以得到两个重要概念：动力区和扩散区。这两个区域具有鲜明的燃烧特性，对煤粉燃烧有重要意义。

动力区，又称化学动力控制区，特征是反映区的温度较低，此时碳表面化学反应速度远小于氧气向表面的扩散速度，氧气供应充分，足够反应所需。此时的燃烧速度取决于化学反应速度，反应处于动力区。

随着温度增加，耗氧量急剧增加，消耗掉扩散来的氧气，还处于“待料”，燃烧速度取决于扩散，反应处于扩散区。

介于两者之间的区域，称为过渡区。在过渡燃烧工况下，氧的扩散速率和炭粒的反应速率较为接近，燃烧反应同时受到化学和扩散阻力的控制。过渡燃烧工况是最一般的燃烧工况，而动力燃烧与扩散燃烧无非是过渡燃烧的两极限工况。

所以，不同温度区域内，为提高反应速度，有不同的措施：

（1）温度较低时，提高燃烧速度的关键是提高温度，氧气很充足，不必大量鼓风；

（2）温度较高时，提高燃烧速度的关键是提高氧浓度，缺氧是关键限制条件，要提高出力，应大量鼓风。

（四）炉内煤粉燃烧过程基础

煤粉受热后，水分析出，继续受热，绝大部分挥发分析出，在满足着火条件后，挥发分首先着火，放出热量，温度提升，引燃焦炭，并继续析出残余的部分挥发分，挥发分与焦炭一道燃绕，直至形成灰渣，完成燃尽过程。

按前述理论，着火过程主要取决于煤中可燃基挥发分的大小，而燃尽过程主要取决于焦炭的燃烧速度。稳定着火之后，燃烧过程强化和转变遵循如下规律。

1. 正常的火焰传播（缓慢燃烧）

是指可燃物在某一局部区域着火后，火焰从这个区域向前移动，逐步传播和扩散出去。此时燃烧区域温度较低，反应处于动力区，需要保证放热量大于散热量，强化燃烧的手段是保温，防止热量损失。

2. 反应速度失去控制的高速爆炸性燃烧

出现爆炸性燃烧时，火焰传播速度极快，达 1000～3000m/s，温度极高，达 6000℃；压力极大，达 2.026 5MPa(20.67 大气压)。此时燃烧处于扩散区，强化燃烧手段是加强鼓风。

3. 正常燃烧向爆炸性燃烧的转变

当未燃混合物数量增多时，绝热压缩将逐渐增强，缓慢的火焰传播过程就可能自动加速，转变为爆炸性燃烧。

二、煤的洁净燃烧技术

煤炭利用过程中的污染物主要产生于其燃烧过程。如煤中的灰分在燃烧后会形成细的颗粒物直接污染大气；煤中的硫分在燃烧后会形成 SO_2，它是酸雨的主要来源；煤中的氮分燃烧后会形成 NO_x 污染大气，CO_2 等三原子气体会加剧地球温室效应。煤炭可以通过燃前净化来达到减少污染排放的目标，也可以通过燃烧过程的控制来实现污染物的排放量的减少，包括改变燃料性质、改进燃烧方式、调整燃烧条件、适当加入添加剂等方法来控制污染物的生成，从而实现污染物排放量的减少，称为煤的洁净燃烧技术。

洁净煤技术（Clean Coal Technology，CCT）的概念是 20 世纪 80 年代中期美国首先提出的，是指在煤炭开发和加工利用全过程中旨在减少污染与提高利用效率的加工、燃烧、转换及污染控制等技术的总称，是使煤作为一种能源应达到最大限度潜能的利用，而释放的污染物控制在最低水平，达到煤的高效清洁利用的技术。洁净煤技术包括两个方面，一是直接烧煤洁净技术；二是煤转化为洁净燃料技术。

（一）直接烧煤洁净技术

直接烧煤洁净技术，这是在直接烧煤的情况下，需要采用的技术措施，主要有以下 3 种技术：

（1）燃烧前的净化加工技术。主要是洗选、型煤加工和水煤浆技术。原煤洗选采用筛分、物理选煤、化学选煤和细菌脱硫方法，可以除去或减少灰分、矸石、硫等杂质；型煤加工是把散煤加工成型煤，如蜂窝煤，由于成型时加入石灰固硫剂，可减少二氧化硫排放，减少烟尘，还可节煤；水煤浆是选用优质低灰原煤制成，可以在某些场合代替石油。水煤浆燃烧技术也成功低降低了污染物的生成，但是在大容量锅炉的应用上遭遇了技术瓶颈。

（2）燃烧中的净化燃烧技术。目前成熟的洁净燃烧技术包括：煤粉低 NO_x 燃烧技术、循环流化床燃烧和水煤浆燃烧技术。流化床又称沸腾床，有泡床和循环床两种，由于燃烧温度低，可减少氮氧化物排放量，煤中还可添加石灰减少二氧化硫排放量，炉渣可以综合利用，还能烧劣质煤，这些都是它的优点；煤粉低 NO_x 燃烧技术主要是应用先进燃烧器，改进锅炉、窑炉结构与燃烧技术，减少二氧化硫和氮氧化物的生产技术。

（3）燃烧后的净化处理技术。主要是消烟除尘和脱硫脱氮技术。

消烟除尘技术很多，有湿式和干式之分，干式除尘技术有布袋除尘器、静电除尘器、电袋混合除尘器等，静电除尘器效率最高，可达 99%以上，在火电厂广泛应用。湿式除尘主要指水力除尘，由于环保考虑，目前使用较少。

脱硫也有干法和湿法两种，干法是用浆状石灰喷雾与烟气中二氧化硫反应，生成干燥颗粒硫酸钙，用集尘器收集；湿法是用石灰水淋洗烟尘，生成浆状亚硫酸钙排放。二者的脱硫效率可达 90%。

脱氮技术又称脱硝（NO_x）技术，主要是炉内采用低 NO_x 燃烧技术，并结合采用烟气催化法脱硝反应技术，脱除效率可以满足国家环保要求。

除此之外，烟气脱碳和脱汞等净化技术也逐渐成熟，并已经开始少量投入商业运行。

（二）煤转化为洁净燃料技术

煤转化为洁净燃料技术主要有以下四种：

（1）煤的气化技术。有常压气化和加压气化两种，它是在常压或加压条件下，保持一定温度，通过气化剂（空气、氧气和蒸汽）与煤炭反应生成煤气，煤气中主要成分是一氧化碳、氢气、甲烷等可燃气体。用空气和蒸汽做气化剂，煤气热值低；用氧气做气化剂，煤气热值高。煤在气化中可同步脱硫除氮，排去灰渣，因此，煤气就是洁净燃料了。

（2）煤的液化技术。有间接液化和直接液化两种。间接液化是先将煤气化，然后再把煤气液化，如煤制甲醇，可部分替代汽油，我国已有应用。煤炭的直接液化是使煤在高压、高温条件下，过加氢使煤中的有机成分直接转化为液体燃料和化工原料；直接液化具有液体转化率高的优点，但由于其产率依赖于煤的结构，煤种适应性较差。同时，其过程在高压、高温条件下加氢进行，苛刻的总体操作条件使产品的成本较高。我国神华集团等大型煤电集团公司都少量建设了示范项目，在包头、鄂尔多斯和陕北等地的项目都顺利达产，实现了正常盈利，但是也有大量的失败项目，产生了较大的亏损，总体上说还在探索期间。

(3) 整体煤气化联合循环发电技术（IGCC)。先把煤制成煤气，燃气轮机燃烧煤气发电，再用轮机排出高温废气，通过余热锅炉加热水变成蒸汽，推动蒸汽轮机发电，这样整个系统的发电效率可达45%。我国当前正在引进消化，并建设了几座示范电站，如杭州半山电站的IGCC燃气联合循环项目，已经安全商业运行。

(4) 燃煤磁流体发电技术。当煤燃烧时得到的高温等离子气体高速切割强磁场，就直接产生直流电，然后把直流电转换成交流电。系统的发电效率可过50%～60%。但这种方案具有高度技术复杂性，我国正在开发研究这种技术，尚未有成熟的应用项目。

第三节 煤 粉 燃 烧 器

煤粉锅炉的燃烧设备由燃烧室（炉膛）和燃烧器两部分组成，燃烧器包括作为主燃烧器的煤粉燃烧器、辅助燃烧的油燃烧器和点火装置。随着燃料种类的不同，与之配合使用的燃烧器也有多种不同的型号。好的燃烧器可以保证良好的燃烧经济性，保证环保排放要求。燃烧器的种类比较多，按照不同的角度，可以分为不同的种类，从燃料角度分类，分为煤粉燃烧器、油燃烧器；从点火稳燃手段分类，分为油点火燃烧器和等离子燃烧器；按一次风气流分类，分为直流燃烧器和旋流燃烧器；按燃烧器喷口形状分类，分为矩形喷口燃烧器和圆形喷口燃烧器，见表3-2。

表3-2　　燃烧器分类

分类方式	设备名称
燃料	油燃烧器，煤粉燃烧器
点火稳燃手段	油燃烧器，等离子燃烧器
煤粉气流	直流燃烧器，旋流燃烧器
喷口形状	矩形喷口燃烧器，圆形喷口燃烧器

一、燃烧器作用

燃烧器的作用是将燃料和助燃剂组织起来，按照预定的混合方式、燃烧强度和排放要求，实现连续稳定、调节方便、反应灵敏的燃烧过程。

锅炉燃烧过程要组织好，按照上一节介绍的理论可知，一方面要从燃烧机理和热力条件加以保证，使煤粉气流能迅速着火和稳定燃烧外，还要使煤粉与空气有序混合，才能使燃烧过程按照要求持续进行。

按送入空气的作用不同，可以将送入的空气分为一次风、二次风、三次风和燃尽风。

一次风是携带煤粉送入燃烧器的空气，二次风是煤粉着火后再送入的空气，三次风是采用热风送粉时制粉系统的乏气，燃尽风是来自热二次风的一部分，但是在燃烧的末端送入炉膛的。

燃烧器应满足以下要求：

(1) 保证送入炉内的煤粉气流能够迅速、稳定地着火燃烧。

(2) 供应合理的二次风，使它与一次风能及时良好的混合，确保较高的燃烧效率。

(3) 既要火焰在炉膛的充满程度较好，又要不会冲刷贴壁，避免结渣。

(4) 有较好的燃料适应性和负荷调节范围。

(5) 流动阻力较小。

(6) 能减少 NO_x 等污染物的生成，减少对环境的污染。

二、直流燃烧器

(一) 直流燃烧器的特点

直流燃烧器由一组矩形或圆形的喷口组成，喷出的一、二次风都是不旋转的直流射流，见图 3-3、图 3-4。直流燃烧器出口气流的特征是气流刚性较大、扩散角小、射程远，仅就单股射流来说，它较旋流式燃烧器的周围卷吸作用小，而且没有中心回流，这对着火不利。

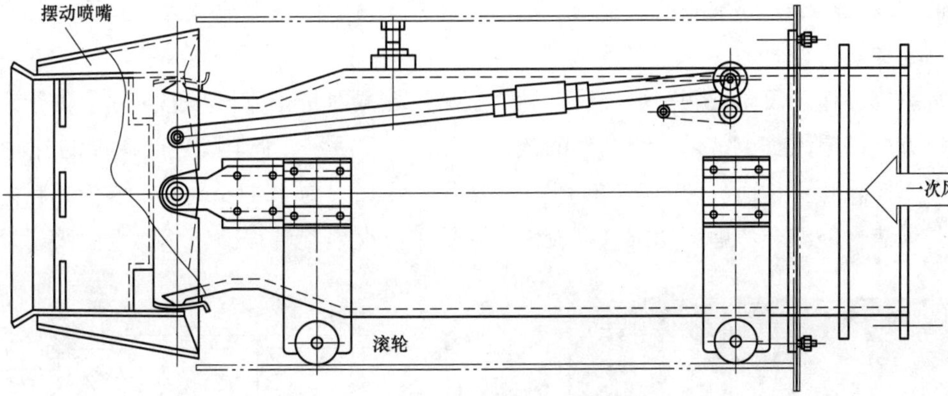

图 3-3 直流燃烧器侧视图

直流燃烧器可以上下摆动以改变火焰中心的位置，从而改变炉膛吸热与尾部烟道吸热的比例，影响过热、再热蒸汽的温度。采用直流燃烧器的锅炉可以通过燃烧器的摆动来调节再热汽温。

直流燃烧器的另一个特点是二次风的送入方式。由于其二次风口与一次风口相对独立，相互间排列自由，可以在布置上变化出多种形式，控制二次风与一次风混合的时间点，满足不同的燃料对混合的不同要求，改善着火性能。此外，由于一次风衰减慢和二次风的加强作用，使煤粉气流的后期混合强烈，故直流式燃烧器切圆布置时，加之炉内的气流旋转，煤粉在炉内螺旋上升，通过的路程长，燃烧又具有燃尽程度好的特点。因此，直流燃烧器对于煤种的适应性非常好，几乎可以燃用一切煤种。

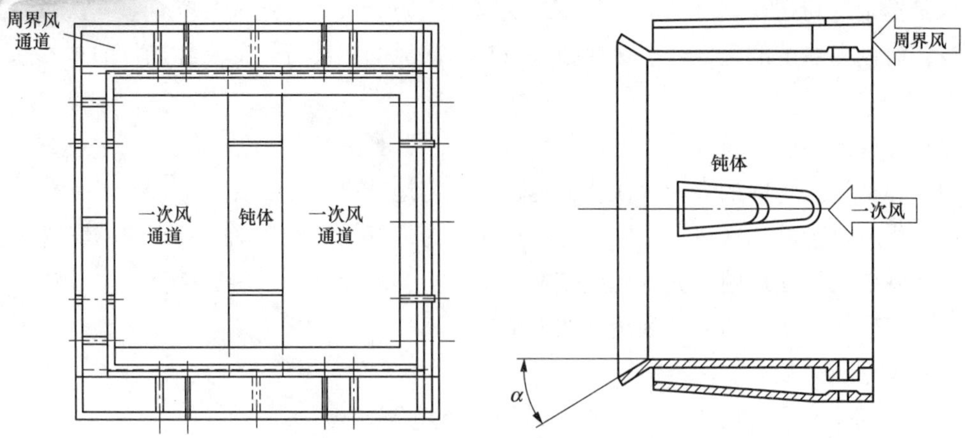

图 3-4　直流燃烧器的矩形喷口（带钝体）正视图和侧视图

（二）直流燃烧器的布置方式

1. 横向布置方式

直流燃烧器可以布置在炉膛四角、炉膛顶部或炉膛中部的拱形部位，从而形成四角布置切圆燃烧方式、W 形火焰燃烧方式和 U 形火焰燃烧方式。在我国的燃煤机组中，应用最广泛的是四角切圆燃烧方式：直流燃烧器布置在方形炉膛四角，每个角的燃烧器出口射流的几何轴线均切于炉膛中心的假想圆。这种燃烧方式由于四角射流着火后相交，相互点燃，有利于稳定着火。

直流燃烧器作四角布置切圆燃烧时，燃烧室的最佳截面是正方形，但实际上由于锅炉结构设计方面的原因，也常采用长方形的截面，如图 3-5 所示，但其宽度与深度的比值接近于 1，一般不超过 1.2。假想切圆的直径［图 3-5（b）中为 1041mm］应结合燃料的着火性能与结渣性能综合考虑。切圆直径较大时，炉中心火焰旋转强烈，相邻上游喷口冲刷

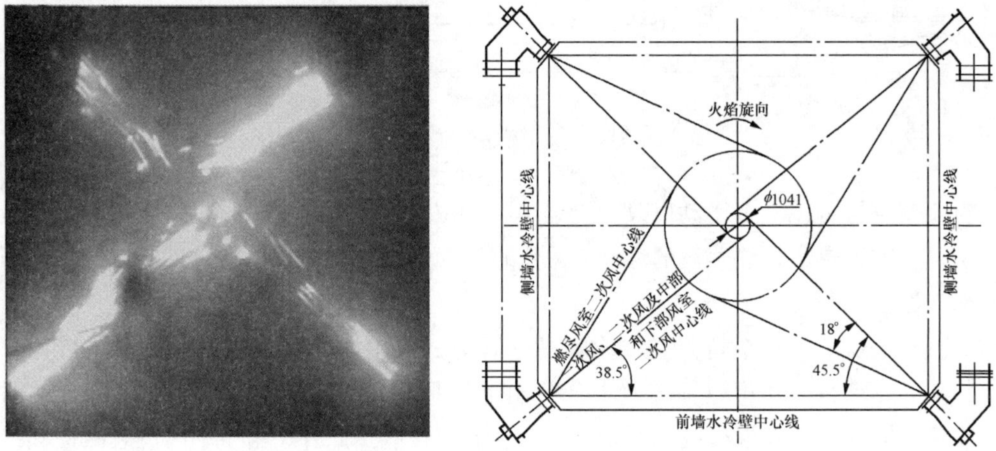

(a)　　　　(b)

图 3-5　四角切圆布置的直流燃烧器

（a）动力场试验俯视照片；（b）断面布置图

过来的火焰离风口根部近，甚至可能引起气流贴壁，火焰冲向水冷壁引起结渣；切圆直径太小会使燃烧室中心火焰变小，对燃烧不利。

由于直流燃烧器采用的是四角布置、切圆燃烧方式，炉内的气流流动由四角燃烧器的四股射流共同形成，总体上组成一个旋转气流，燃烧器射出的煤粉气流，经过燃烧室中部区域后，变成强烈燃烧的高温烟气，一部分直接补充到相邻燃烧器射流的根部，使相邻燃烧器升温引燃。这样，射流本身的卷吸和邻角的燃烧特点，使直流燃烧器四角布置、切圆燃烧方式具有良好的着火性能。

另外一种切圆布置方式是双切圆布置，双切圆就是在同一个炉膛平面内，采用了2个相对独立的反向切圆燃烧方式。这种布置常用于较大容量的锅炉内，典型常见布置如图3-6所示。2个假想切圆的旋转方向被设计成了相反方向。

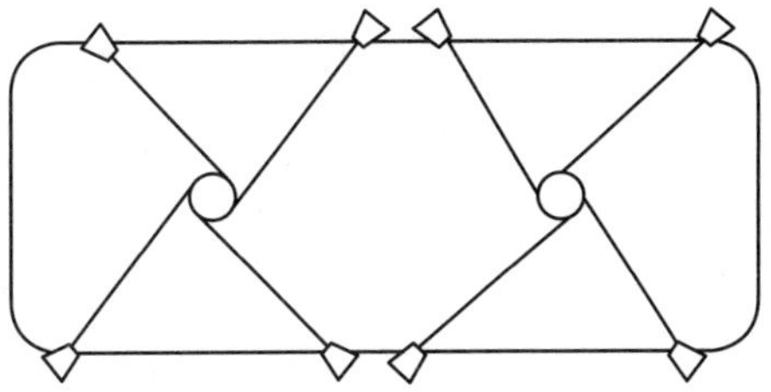

图3-6 双四角切圆布置的直流燃烧器

与单切圆燃烧器相比，采用双切圆布置锅炉的热烟气放热偏差要小得多。主要原因是双切圆燃烧器布置的烟气旋转方向不同，使得炉内的烟气分布更为均匀和对称，将对流热偏差和辐射热偏差相互抵消，这样就降低了水冷壁出口工质的温度偏差。

2. 竖向布置方式

各种直流式燃烧器在锅炉竖直方向上的布置主要在于其一、二次风口的排列布置不同（见图3-7）。主要直流式燃烧器的风口布置方式有：

（1）一、二次风间隔、均匀布置。这种布置着火后二次风混入快，适应于高挥发分煤种对二次风混入必须及时的要求，一、二次风口间的距离可根据煤种的性质决定。这种燃烧器布置适应于一般的烟煤，为了防止烧到燃烧器，往往设计有周界风。

（2）一、二次风集中布置。其特点是一次风相对集中，提高燃烧区局部煤粉浓度，一、二次风的距离较大，混合较迟，以利于提高着火性能。一次风口通常为狭长方形，煤粉气流的迎火周界较长，对着火有利；一次风口周围有周界风，但周界风风量不大而风速较高，具有冷却一次风喷口的作用。这种燃烧器主要用来燃烧无烟煤，适应无烟煤挥发分低、着火困难和碳化程度高、燃尽困难的特性。

一次风集中布置的特点：

1）使着火区保持比较高的煤粉浓度，以减少着火热；

2）燃烧放热比较集中，使着火区保持高温燃烧状态，适用于难燃煤；

3）煤粉气流刚性增强，不易偏斜贴墙。同时，卷吸高温烟气的能力加强。

一次风集中布置的缺点也较明显：着火区煤粉高度集中，可能造成着火区供氧不足，延缓燃烧进程；一次风喷嘴附近为高温区，喷嘴易变形，使喷嘴出口附近气流速度分布不均，容易出现空气、煤粉分层现象。为了消除这种现象，有时将一次风分割成多股小射流，使气流扰动增强，提高着火的稳定性。

由于一次风喷口附近处于高温，且一次风速较低，喷口易烧坏。为了冷却一次风喷口，可在一次风喷口上加装夹心风或周界风。当然，夹心风或周界风也可增强一次风气流

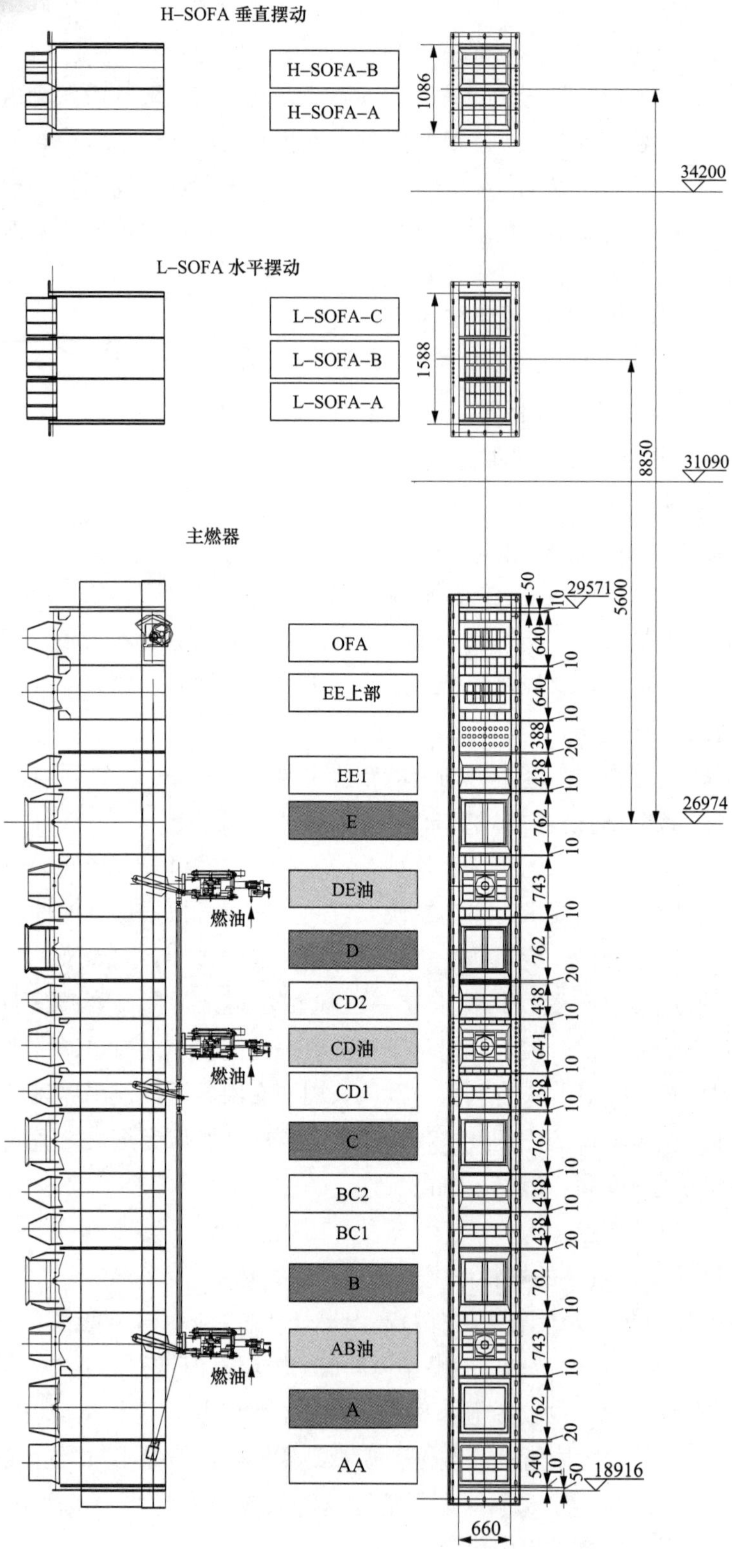

图 3-7 四角布置燃烧器在一个角的典型竖向布置图

卷吸高温烟气的能力。

(3) 一、二次风分组布置。为了适应优质烟煤的燃烧，特别是结渣性很强的煤，降低炉膛燃烧区的集中度及热负荷，可以设计成一、二次风分组布置，把燃烧器分为若干个包含一、二次风燃烧器组成的燃烧器组，每个组之间离开较大的距离。这样可以把燃烧器区拉长，有效地降低热负荷。锅炉容量较大时，这种布置方式还可以降低燃烧器组的高宽比，使火焰的刚性增加，不发生偏斜贴壁。因此，大容量锅炉如果采用直流燃烧器，也往往要进行分组，一般分成上下两个组来布置。

(三) 直流燃烧器的配风方式

除了燃烧器的布置可以改变锅炉的燃烧以外，燃烧器的配风也可对直流燃烧器有很大的影响。根据二次风进入炉膛的位置、风量不同，常见的配风有均匀配风、束腰配风、正塔形配风及倒塔形配风四种方式。

均匀配风方式下，二次风按各燃烧器均匀给入，适合一般烟煤，且锅炉与燃烧匹配较好者；束腰配风方式下，人为地通过二次风把燃烧器分为上中下三个组，上下部分多给二次风，中间部分很小，少给二次风，该方式实际上希望把燃烧分为两个部分，以降低燃烧强度，适合燃煤太好、燃烧过分强烈的锅炉；正塔形配风及倒塔形配风都是沿高度方向逐渐改变二次风的量，前者底部风大，上部风小，希望燃烧提前，火焰中心下降，适合易燃煤；后者恰恰相反，希望先稳定着火，然后再充分燃烧，适合较差的煤。

一台锅炉采用何种配风方式，要根据燃用煤种的特性、燃烧器的特性，结合燃烧调整试验来确定。

(四) 直流燃烧器着火特性

直流燃烧器的工作过程包括如下几部分：

(1) 煤粉气流卷吸高温烟气而被加热的过程；

(2) 射流两侧的补气及压力平衡过程；

(3) 煤粉气流的着火过程；

(4) 煤粉与二次风空气的混合过程；

(5) 气流的切圆旋转过程；

(6) 焦炭的燃尽过程。

上述几个过程虽然有先后顺序或某几个过程同时进行，但各过程之间的相互影响是十分显著的。

1. 主气流卷吸高温烟气的过程

从燃烧器喷口射出的气流仍然保持着高速流动。由于气流的紊流扩散，带动周围的热烟气一道向前流动，这种现象叫“卷吸”。由于“卷吸”，射流不断扩大，不断向四周扩张。同时，主气流的速度由于衰减而不断减小。正是由于射流的这种“卷吸”作用，将高温烟气的热量源源不断地运输给进入炉内的新煤粉气流，煤粉气流才得到不断加热而升温，当煤粉气流吸收足够的热量并达到着火温度后，便首先从气流的外边缘开始着火，然后火焰迅速向气流深层传播，达到稳定着火状态。

2. 邻角气流的撞击点燃作用

在切圆燃烧炉中，四股气流具有“自点燃”作用。即煤粉气流向火的一侧受到上游邻角高温火焰的直接撞击而被点燃。这是煤粉气流着火的主要条件。背火的一侧也卷吸炉墙附近的热烟气，但这部分卷吸获得的热量较少，此外，一次风与二次风之间也进行着少量的过早混合，但这种混合对着火的影响不大。

3. 煤粉气流接受辐射加热

煤粉气流着火的热源部分来自炉内高温火焰的辐射加热，但着火的主要热源来自卷吸加热，占总着火热源的60%～70%。

4. 热源不足时的着火

当煤粉气流没有足够的着火热源时，虽然局部的煤粉通过加热也可达到着火温度，并在瞬间着火，但这种着火不能稳定进行，即着火后还容易灭火。这样的着火极易引起爆燃，因而是一种十分危险的着火工况。

5. 煤粉气流从着火到燃尽的各阶段

煤粉气流在正常燃烧时，一般在距离喷口0.5～1.0m处开始着火，在离开喷口1～2m的范围内，煤粉中大部分挥发分析出并烧完，此后是焦炭和剩余挥发分的燃烧，需要延续10～20m甚至更长的距离。当燃料到达炉膛出口处时，燃料中98%以上的可燃物可以完全燃尽。

(五) 四角切圆燃烧的气流偏斜

采用四角燃烧方式的锅炉，运行中容易发生气流偏斜而导致火焰贴墙，引起结渣以及燃烧不稳定现象，邻角气流的撞击是气流偏斜的主要原因：射流自燃烧器喷口射出后，由于受到上游邻角气流的直接撞击，撞击点愈接近喷口，射流偏斜就愈大；撞击动量愈大，气流偏斜就愈严重。

燃烧器的高宽比（h_r/b）对射流弯曲变形影响较大。射流自喷口射出后仍然保持着高速流动，射流两侧的烟气被卷吸着一道前进，射流两侧的压力就随着降低，这时，炉膛其他地方的烟气就纷纷赶来补充，这种现象称为“补气”。如果射流两侧的补气条件不同，就会在射流两侧形成压差。向火面的一侧受到邻角气流的撞击，补气充裕，压力较高；而背火面的一侧补气条件差，压力较低。这样，射流两侧就形成了压力差，在压力差的作用下，射流被迫向炉墙偏斜，甚至迫使气流贴墙，引起结渣。燃烧器的高宽比值愈大，射流形状愈高而薄，其“刚性”就愈差，因而，射流愈容易弯曲变形。

在大容量锅炉上，由于燃煤量显著增大，燃烧器的喷口通流面积也相应增大，所以喷口数量必然增多。为了避免气流变形和减小燃烧器区域水冷壁的热负荷，将燃烧器沿高度方向拉长，并把喷口沿高度分成2～3组，每组的高宽比不超过6，相邻两组喷口间留有空档，空档相当于一个压力平衡孔，用来平衡射流两侧的压力，防止射流向压力低的一侧弯曲变形。

(六) 假想切圆直径

炉内四股气流的相互作用，不仅影响气流偏斜程度，也影响假想切圆直径；而切圆直径又影响气流贴墙、结渣情况和燃烧稳定性。此外，还影响汽温调节和炉膛容积中火焰的充满程度。当锅炉实际燃用的煤质比设计的变化较大时，切圆直径的调整十分重要。

当燃烧器多层布置时对切圆直径的影响较大。上层气流不断被卷吸到下层气流中，加上气流受热膨胀的影响，使气流容积流量增大，旋涡直径相应增大，一般可使实际切圆直径膨胀到假想切圆直径的 7～8 倍。

当切圆直径较大时，上游邻角火焰向下游煤粉气流的根部靠近，煤粉的着火条件较好。这时炉内气流旋转强烈，气流扰动大，使后期燃烧阶段可燃物与空气流的混合加强，有利于煤粉的燃尽。切圆直径过大，也会带来下述的问题：

（1）火焰容易贴墙，即火焰靠向水冷壁，引起熔融灰粒遇到冷的水冷壁后黏结于水冷壁上，造成挂焦和结渣；

（2）着火过于靠近喷口，容易烧坏喷口；

（3）火焰旋转强烈时，产生的旋转动量矩大，同时因为高温火焰的黏度很大，在到达炉膛出处时，残余旋转仍然较大，这就使炉膛出口烟温分布不均匀程度加大，因而既容易引起较大的蒸汽热偏差，也可能导致过热器结渣，还可能引起过热器超温。

在大容量锅炉上为了减轻气流的残余旋转和气流偏斜，假想切圆直径有减小的趋势，对于 300MW 锅炉，切圆直径一般设计为 700～1000mm。同时，适当增加炉膛高度或采用燃烧器顶部消旋二次风（一次风和下部二次风正切圆布置，顶部二次风和燃尽风反切圆布置），对减弱气流的残余旋转，减轻炉膛出口的热偏差有一定的作用，但还不可能完全消除。

当然，切圆直径也不能过小，否则容易出现对角气流对撞，火焰推迟，四角火焰的“自点燃”作用减弱，燃烧不稳定，燃烧不完全，炉膛出口烟温升高一系列不良现象，影响锅炉安全运行，同时会给锅炉运行调节带来许多困难。

三、旋流燃烧器

（一）旋流燃烧器原理和特点

旋流燃烧器的出口气流是旋转射流，气流旋转的情况有两种，一种是一次风和二次风都旋转，一种是二次风旋转而一次风为直流。按促使气流旋转的旋流部件的结构形式分类，一般有蜗壳型旋流燃烧器和叶片型旋流燃烧器两类。

蜗壳型旋流燃烧器又可以分为双蜗壳型旋流燃烧器和单蜗壳型旋流燃烧器两种。双蜗壳型旋流燃烧器旋流强度的调节幅度小，一、二次风的阻力大，煤粉在一次风气流中的分布不均匀，也是这种燃烧器的不足之处。单蜗壳型旋流燃烧器在一次风出口处装有一个蘑菇形扩散锥，在扩散锥后产生的回流区，这有助于煤粉气流的着火，但扩散锥处于高温烟气回流区，容易结渣或烧坏。因此，这两类燃烧器目前在我国大型机组上已经很少采用。

叶片型旋流燃烧器通过轴向叶片产生旋流，有很多种形式，但大多有以下特点：一次风为直流，二、三次风是旋转的，燃烧器中心有一根中心风管，中心风管外是一次风的环形通道，中心风管内可以设置油喷嘴。用拉杆轴向拉动二、三次叶轮或调整二、三次进风量，可改变叶轮与通道之间的径向间隙，从而改变旋转气流与直流气流的比例，从而达到调整二、三次风量与气流旋流强度的目的。一次风虽为直流，但可以用一次风壳上装设的舌形挡板调节，使一次风出口气流有一定的扩展。

旋流燃烧器的特点是气流的扩展角大，气流中心会产生回流区，可以卷吸来自燃烧室中心区域的高温烟气，加热煤粉气流的根部，对着火有利，具有自稳燃能力。同时，二次风与一次风相距很近，一、二次风的混合较早，对控制 NO_x 的生成不利。旋转射流的旋转效应消失得很快，最大轴向气流速度的衰减也很快，所以，旋流燃烧器的射程小、火焰短，对燃烧室的截面形状不要求是正方形或接近正方形，可以是较扁的矩形，有利于在锅炉后部布置空气预热器和送风机等辅助设备。常见的布置方式为前墙布置、前后墙对冲或错列布置，其中以对冲方式最为普遍。

（二）旋流燃烧器结构和布置方式

旋流燃烧器一般采用前后墙对冲布置方式，有的 W 火焰炉也采用旋流燃烧器。典型的前后墙布置旋流燃烧器如图 3-8 所示，分层布置，每台磨煤机带一层燃烧器。

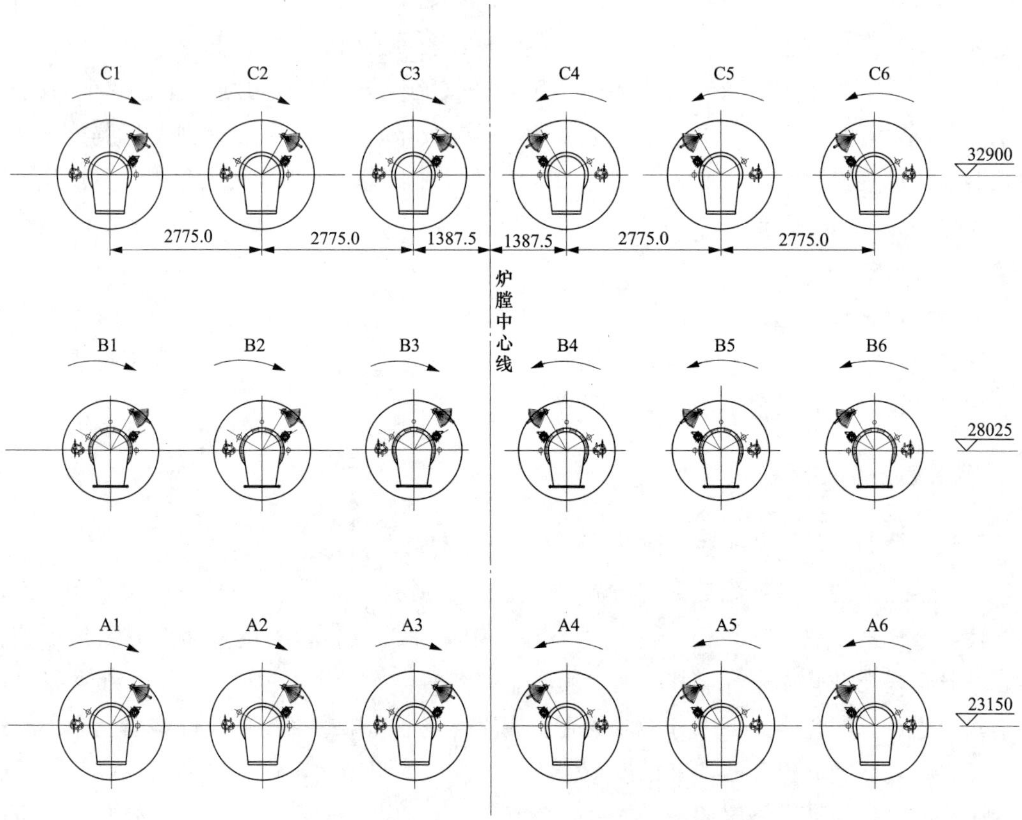

图 3-8　旋流燃烧器在水冷壁上的立面布置图

在布置旋流燃烧器的时候，气流的旋转方向很重要，如图 3-8 中燃烧器上方的弧形箭头所示，相邻的燃烧器气流旋转会互相影响，因此在组合时，每层燃烧器的旋转方向也是有区别的，甚至每只燃烧器的旋转方向也可能是不一样的。因为旋转方向不同，会影响煤粉火炬在炉膛内部的充满程度、燃烧特性等重要性能，燃烧器设计和生产厂家需要根据炉型、煤种等条件，具体设计旋转方向。

（三）旋流燃烧器配风方式

旋流燃烧器不像直流切圆燃烧器可以摆动火嘴，而是固定在水冷壁上。燃烧器的配风分成单个燃烧器配风方式和整体的锅炉燃烧配风方式。

单只燃烧器的配风采用典型的 MB 形式，即分为：一次风、二次风和三次风，分别通过一次风管，燃烧器内同心的二次风、三次风环形通道在燃烧的不同阶段分别送入炉膛，二次风和三次风都来自热二次风，只是功能不同。其中二次风为轴向可调式，旋流强度可调；三次风旋流强度不可调。燃烧器一次风入口附近的煤粉管道上布置有检修插板门，在检修状态可将燃烧器与送粉管隔离。

整体配风方式是指将二次风分配向每一层燃烧器的方式。一般来说，每一层燃烧器共用一个二次风箱，每个二次风箱两端进口处各有一个挡板调节阀，有几层燃烧器，就有几层二次风箱为其配风。通过试验，可以找出每一层的最佳配风方式，即挡板调节阀的开度，保证燃烧器性能满足需要。

（四）旋流燃烧器运行特性

燃烧器有多种调节手段，但在试运行期间的燃烧调整获得最佳性能后，在运行中不需要进一步的调整。在燃烧器的整个寿命期间，所有的二次风旋流调节器和挡板都固定在这个最佳位置，即使燃煤煤质在较大的范围内变化，燃烧器也能够获得最佳的性能。

在运行中可以结合煤种变化和磨煤机的投运组合，来调整各层燃烧器的二次风箱挡板调节阀的开度。有的炉型要求分层来操作，有的炉型不但可以分层操作，还可以单独操作每一个挡板调节阀。这种功能对于炉内发生火焰偏斜严重的工况时的调整比较实用。

通常在燃烧器经过大修之后，需要重新进行一系列的燃烧调整试验，才能获得燃烧器的最佳性能。

第四节 新型高效低 NO_x 排放煤粉燃烧器

低 NO_x 燃烧器的主要原理是通过对一次风进行浓淡相分离，对二次风进行分级配风，控制燃烧过程的温度和氧化还原性气氛，从而实现抑制 NO_x 的生成。

一、低氮燃烧原理

煤燃烧过程中 NO_x 的形成是一个非常复杂的过程，与煤种、燃烧方式及燃烧过程的控制密切相关。一般来说无烟煤燃烧时 NO_x 排放量最大，褐煤最小。

（一）NO_x 的生成机理

根据 NO_x 中 N 的来源及生成途径，燃煤锅炉中 NO_x 的生成机理可以分为三类：热力型 NO_x（T-NO_x）、燃料型 NO_x（F-NO_x）和快速型 NO_x（P-NO_x），其中燃料型占主导作用。另外，NO_x 中各组分的含量也不一样，试验表明：燃煤过程中生成的 NO_x 中 NO 占总量的 90%以上，NO_2 只占 5%～10%，如图 3-9、图 3-10 所示。

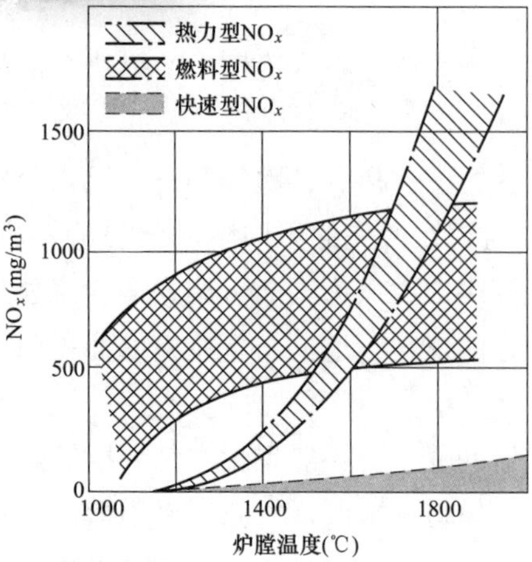

图 3-9 炉膛内不同类型的 NO$_x$ 的生成量与炉温的关系

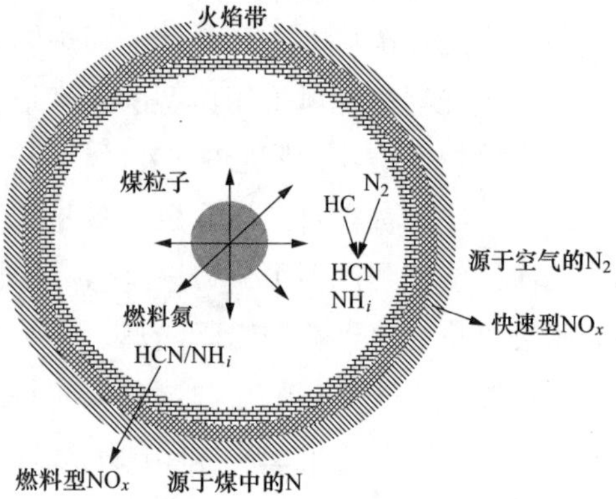

图 3-10 煤粒周围 NO$_x$ 的生成机理

1. 热力型 NO$_x$

热力型 NO$_x$ 是参与燃烧的空气中的 N$_2$ 在高温下氧化产生的，其生成过程是一个链式反应，又称捷里多维奇（苏联科学家 Zeldovich）机理：

$$O_2 \longrightarrow 2O \tag{3-3}$$

$$O+2N \longrightarrow NO+N \tag{3-4}$$

$$N+O_2 \longrightarrow NO+O \tag{3-5}$$

如果考虑到下列反应：$N+OH \longrightarrow NO+H$，则称为扩大的捷里多维奇机理。

由于 N-N（三价键）的键能很高，室温下，空气中的 N$_2$ 非常稳定，几乎没有 NO$_x$ 生成。但随着温度的升高，化学反应速率是按指数倍迅速增加的。实验表明：当温度超过 1200℃时，已经有少量的 NO$_x$ 生成，超过 1500℃时，温度每增加 100℃，反应速率将增加 6～7 倍，NO$_x$ 的生成量明显增加。但从总体来说，热力型 NO$_x$ 产生的反应速度要比燃烧时反应速度慢，而且温度对其生成起着决定性作用，当燃烧温度低于 1800K 时，热力 NO$_x$ 生成量极少；当燃烧温度高于 1800K 时，NO$_x$ 的生成量急剧升高。因此，在锅炉燃烧时可以通过降低火焰温度、控制氧气浓度以及缩短煤在高温区的停留时间来抑制热力型 NO$_x$ 的生成。

在实际燃烧过程中，由于燃烧室内地温度分布是不均匀的，在局部高温区可以生成大量的 NO$_x$，所以要避免出现局部高温区。所以，通常在燃烧过程中，热力型 NO$_x$ 可以不予考虑。

2. 快速型 NO$_x$

快速型 NO$_x$ 的生成机理目前尚存有争议。有人认为热力 NO$_x$ 和快速 NO$_x$ 都是有空气中的氮在高温下氧化而成，都遵循捷里多维奇机理。也有人认为快速 NO$_x$ 不同于捷里多维奇机理。

通常认为是由于燃烧过程中，煤炭挥发分中的碳氢化合物在高温条件下发生热分解，生成活性很强的碳化氢自由基（CH、CH_2）这些活化的CH_i与空气中的N_2反应形成中间产物HCN、NH和N等，再进一步氧化而形成的NO，实验表明这个过程只需60ms，故称快速型NO_x。

快速型NO_x只有在氧浓度低的时候才发生，它的生成速度很快，就在火焰面上形成，在燃煤锅炉中生成的量很少。所以要降低快速型NO_x的生成量，只要供给足量的氧气即可。

过量空气系数对于快速型NO_x的生成有很大影响。一般快速型NO_x的生成量在某一过量空气系数时有一个最大值（一般在0.7～1之间），即先随着过量空气系数的增加而增加，然后开始减少。温度和压力对其影响有限。

3. 燃料型NO_x

由燃料中的N氧化而生成的NO_x称为燃料型NO_x；燃料型NO_x是煤粉燃烧过程中NO_x的主要来源，占总量的60％～80％；燃料氮的转化率主要受到温度、过量空气系数和燃料含氮量的影响。

由于煤的热解温度低于其燃烧温度，因此在600～800℃时就会生成燃料型NO_x，而且其生成量受温度影响不大。

煤的N含量在0.4％～2.9％之间，在通常燃烧条件下，燃煤锅炉中只有20％～25％的燃料N转化为NO_x。

煤中绝大多数的N都是以有机N的形式存在，在燃烧过程中，一部分含氮的有机化合物挥发并受热裂解生成N、CN、HCN和NH_i等中间产物，随后再被氧化生成NO_x；另一部分焦炭中剩余氮在焦炭燃烧过程中被氧化成NO_x，因此燃料型NO_x又分为挥发分NO_x和焦炭NO_x。

对于挥发分NO_x来说，挥发分的析出量越大，生成的NO_x也越多。由于挥发分析出量与煤种及热解温度有关，煤的挥发分越高，热解温度越高，挥发分析出量就越大，因而挥发分NO_x也越高。着火区的含氧量增加，挥发分NO_x就增加；反之，含氧量降低，挥发分NO_x也就减少。因为煤粉释出氮并转变成NO_x需要一定的反应时间，若可燃组分在着火段停留时间较长，则生成的NO_x增加。

对于焦炭NO_x，影响因素更复杂一些。一般认为与焦炭的氮含量、氧含量和火焰温度等因素有关。

燃料型NO_x的生成机理见图3-11。由于燃料型NO_x生成量受燃烧过程中的空气量影响很大，常用过量空气系数（α）来表示燃烧过程空气量的多少，当$\alpha>1$时，表示空气过量，当$\alpha<1$时表示空气量不足，由图3-12可见，随着α的减少，燃料型NO_x的生成量逐渐降低。这对于研究和开发燃料型NO_x的控制技术相当重要。

燃料型NO_x不但与煤种有关，更重要的是与煤的燃烧方式有关，煤中的挥发分越低，燃烧时为了燃烧的要求，组织燃烧温度就越高，同时风量一般也越大，产生的原始的NO_x排放量也就越多。

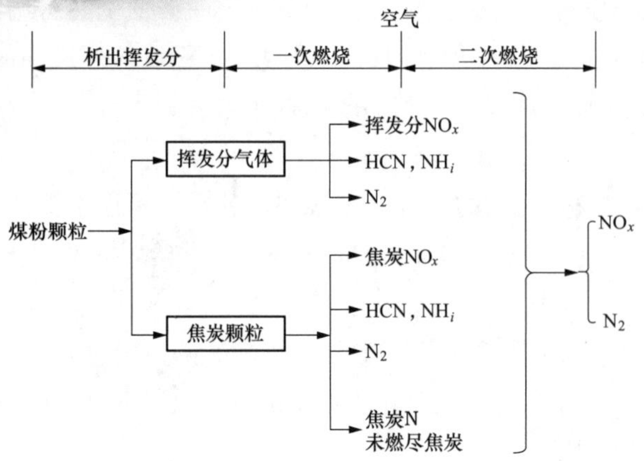

图 3-11 燃料型 NO_x 的生成机理

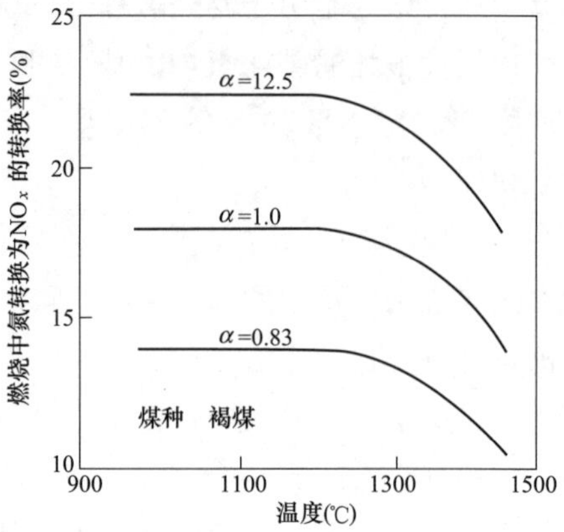

图 3-12 过量空气系数和温度对燃料型 NO_x 生成量的影响

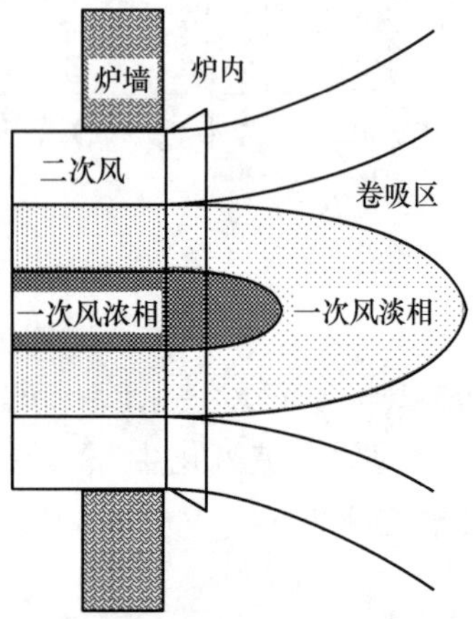

图 3-13 低 NO_x 燃烧器基本原理图

（二）燃煤锅炉的低 NO_x 燃烧技术

低 NO_x 燃烧技术就是根据 NO_x 的生成机理，在煤的燃烧过程中通过改变燃烧条件，合理组织燃烧方式等办法来抑制 NO_x 生成的燃烧技术（见图 3-13）。

如前面所述，在燃烧过程中，燃料型 NO_x，尤其是挥发分 NO_x 的生成量占的比例最大，因此低 NO_x 燃烧技术的基本出发点就是抑制燃料型 NO_x 的生成。

在燃烧过程中存在正反两方面的反应：

（1）燃料中的 N 受热裂解生成含 N 中间产物（N、CN、HCN 和 NH_i），再进一步被氧化成 NO_x；

（2）生成的 NO_x 被含氮中间产物（NH_i 等）还原成 N_2 的反应。

因此抑制燃料型 NO_x 的生成，就是如何设计出使还原反应显著优先于氧化反应的条件和气氛。

除此之外，抑制热力型 NO_x 生成也能在一定程度上减少 NO_x 的排放量。一般来说抑制热力型 NO_x 的主要原则是：

（1）降低过量空气系数和氧气浓度，使煤粉在缺氧条件下燃烧；

（2）降低燃烧温度并控制燃烧区的温度分布，防止出现局部高温区；

（3）缩短烟气在高温区的停留时间。

显然，上述原则与煤粉炉降低飞灰含碳量、提高燃尽率的原则相矛盾，因此在设计开发低 NO_x 燃烧技术时，必须全面综合考虑。

综合分析可知，燃烧温度越高，燃烧范围内氧浓度越高，在高温范围内燃烧气化滞留时间越长，产生的 NO_x 越多。因此在 NO_x 形成之前，用改变燃烧条件的方法，可降低 NO_x 的排放。采用的技术包括：改进已有的燃烧器，用新型低氮燃烧器替代原有燃烧器；空气分级燃烧技术；燃料分级燃烧技术；烟气再循环技术等。

1. 低过量空气燃烧

使燃烧过程尽可能在接近理论空气量的条件下进行，随着烟气中过量氧的减少，可以抑制 NO_x 的生成。这是一种最简单的降低 NO_x 排放的方法，一般可降低 NO_x 排放15%～20%。

实际锅炉采用低氧燃烧时，不仅降低 NO_x，而且锅炉排烟热损失也减少了，对提高锅炉效率有利；但锅炉内氧浓度不能过低（<3%），这样会增加不完全燃烧的损失，引起飞灰含碳量增加，燃烧效率下降。所以在锅炉设计时，应选取合理的过量系数，必须兼顾燃烧效率和有害物质排放。

2. 空气分级燃烧

绝大多数大型锅炉采用这种方法。它通过调整燃烧器及其附近区域或是整个炉膛区域内空气和燃料的混合状态，在保证总体过量空气系数不变的基础上，使燃料经历“富燃料燃烧”和“富氧燃尽”两个阶段，以实现总体 NO_x 排放量大幅下降的燃烧控制技术（见图 3-14）。

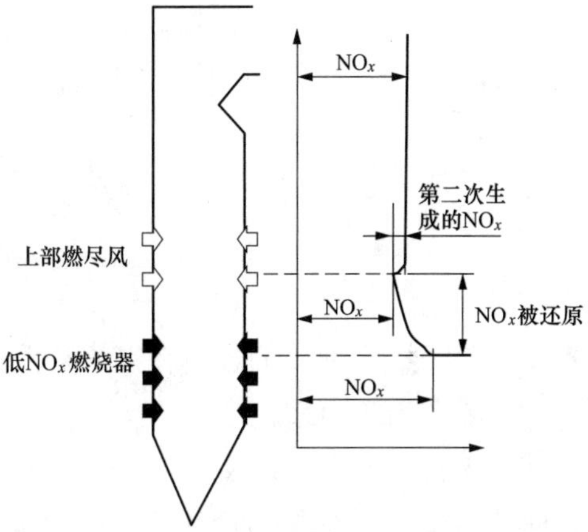

图 3-14 炉膛内竖向空气分级燃烧系统的布置及 NO_x 浓度分布

在缺氧富燃料燃烧阶段，由于氧气浓度较低，燃料的燃烧速度和温度都比正常过氧燃烧要低，从而抑制了燃料型 NO_x 和热力型 NO_x 的生成，同时由于不能完全燃烧，部分中间产物如 HCN 和 NH_3 等会将部分已生成的 NO_x 还原成 N_2，从而使燃料型 NO_x 的排放量也有所降低。

然后在富氧燃烧阶段，燃料燃尽，但由于此区域的温度已经降低，新生成的 NO_x 十分有限。因此总体上 NO_x 的排放量明显减少。

合理分配两级燃烧的过量空气系数是影响 NO_x 排放控制效果的关键因素。经验表明：富燃料区的过量空气系数如果太低，粉煤不易点燃而且燃烧也不稳定；如果太高，NO_x 的生成量会上升，一般取 0.8 左右。

所以，锅炉低氮燃烧总的技术路线，可以根据分级燃烧实现的区域和方式，可大致分为通过燃烧器设计实现空气分级、通过加装一次风稳燃体实现空气分级和通过炉膛布风实现空气分级三种方式。

3. 燃料分级燃烧技术

在空气分级燃烧技术中，煤粉先进行的是富燃料燃烧，不利于点燃和稳定燃烧，为此燃料再分级燃烧技术采用的是另外一种思路，即煤粉先经过完全燃烧，生成 NO_x，然后再利用燃料中的还原性物质将其还原，从而减少 NO_x 排放，也称为“再燃烧”或“炉内 NO_x 还原”。

与空气分级燃烧技术相似，燃料再燃烧技术可通过燃烧器实现燃料分级和炉膛内燃料再燃两类。

通过燃烧器实现燃料分级燃烧：其原理就是在燃烧器内将燃料分级供入，使一次风和煤粉入口的着火区在富氧条件下燃烧，提高了着火的稳定性，然后再与上方喷口进入的再燃燃料混合，进行再燃。

炉膛内燃料再燃：炉膛内燃料再燃法将整个炉膛分成了主燃区、再燃区和燃尽区三个部分，见图 3-15。

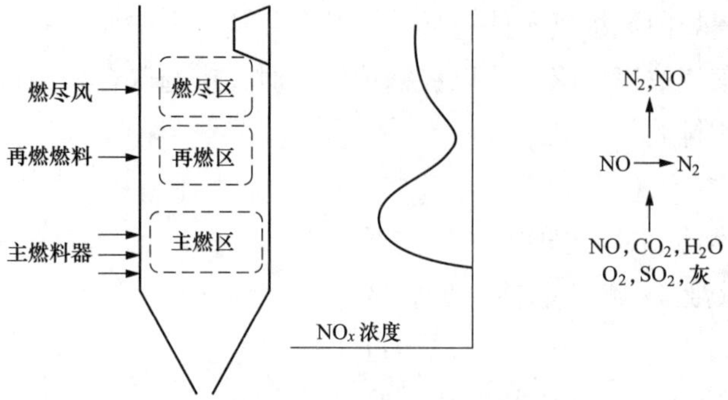

图 3-15　炉膛内燃料再燃技术示意图

在主燃区，约 80%的燃料在富氧条件下点燃并完全燃烧，此处的过氧空气系数保持大于 1，生成一定的 NO_x。

其余燃料在再燃区送入，与主燃区生成的烟气和未燃尽的煤粒混合，形成还原性气氛，此处的过氧空气系数小于 1，燃料中的 C、CO、烃以及部分还原性氮，将 NO_x 还原成分子氮。

炉膛内燃料再燃烧的反应过程如下：

$$2NO+2C \longrightarrow N_2+2CO \tag{3-6}$$

$$2NO+2CO \longrightarrow N_2+2CO_2 \tag{3-7}$$

$$2NO+2C_mH_n+(2n+0.5m-1)O_2 \longrightarrow N_2+2nCO_2+mH_2O \tag{3-8}$$

最后在再燃区的上方通入过量空气（火上风），使总的过量空气系数大于 1，使未燃烧的燃料完全燃烧，因此称为燃尽区。但由于此时的温度已经降低，NO_x 的生成量不大。

燃料再燃烧法的再燃燃料可以选用煤粉、天然气或燃料油等。由于炉膛再燃区往往比较狭小，燃料的停留时间也比较短，因此，再燃燃料需要容易着火，如果选用煤粉，通常采用高挥发分的煤种，且磨制成超细粉，这样会增加成本。所以采用天然气再燃比较多，一是工艺简单，二是天然气杂质氮少，本身燃烧不会增加 NO_x 的生成，是比较有效的二次燃料。

4. 烟气再循环技术

将一部分燃烧后的低温烟气再返回燃烧区循环使用，或与空气混合后送入炉内的方法。由于这部分烟气的温度较低（140～180℃）、含氧量也较低（8%左右），因此可以同时降低炉内燃烧区温度和氧气浓度，从而有效地抑制了热力型 NO_x 的生成。这种方法特别适用于燃用含氮量少的燃料。对于燃气锅炉最为显著，可以降低 20%～70%；对于燃油和燃煤锅炉，效果要差些。在燃用着火困难的煤种时，受到炉温降低和燃烧稳定性降低的限制，不宜采用。

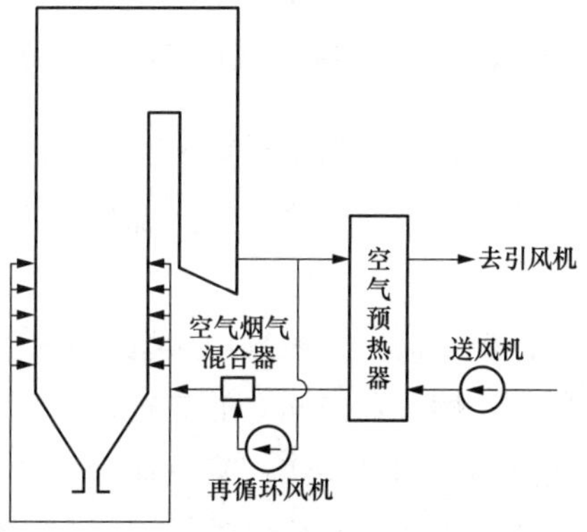

图 3-16 烟气再循环系统示意图

循环烟气可以直接喷入炉内，也可以用来输送二次燃料，或与空气混合后掺混送入炉内，最后一种方法应用较多。

烟气再循环系统示意见图 3-16。

烟气再循环技术存在显著的缺点：

(1) 该方法需要添加配套设备如风机、风道等，使系统变得复杂并增加了投资；

(2) 由于热力型 NO_x 在燃烧锅炉中生成比例小，所以该方法对降低总 NO_x 排放的效果也相对较小；

(3) 采用烟气再循环技术虽然降低了燃烧温度和氧气浓度，但也从而会造成飞灰中含碳量增加，会导致锅炉热效率下降。

5. 浓淡相燃烧

低 NO_x 燃烧器设备投资低，NO_x 降低效果好，是世界各国的大锅炉公司广泛使用的 NO_x 控制技术，世界各国也分别开发出了不同类型的低 NO_x 燃烧器，NO_x 降低率一般在 30%～60%。

新型低氮燃烧器的原理：通过在燃烧器附近区域形成一个还原区，尽可能降低着火区氧的浓度，适当降低着火区的温度，达到最大限度地抑制挥发性氮形成 NO_x。还原区外为高氧区，燃烧过程在高氧区随着气流和煤焦在炉膛内的循环扩散继续进行直至完全燃尽。

综上所述，单一低 NO_x 燃烧技术往往不能满足实际要求，目前在先进的燃煤锅炉系统中，通常把各种低 NO_x 燃烧技术结合起来使用，以实现最低的排放量和最佳的经济性。

在实际工程中，如仅采用低 NO_x 燃烧器，排放量减少率在 50%以内，如果同时采用烟气循环、分段燃烧等方式，其排放能力还要低。因此往往将以上几种技术结合起来形成一套低 NO_x 燃烧系统，以使 NO_x 排放量降到最低（见图 3-17）。

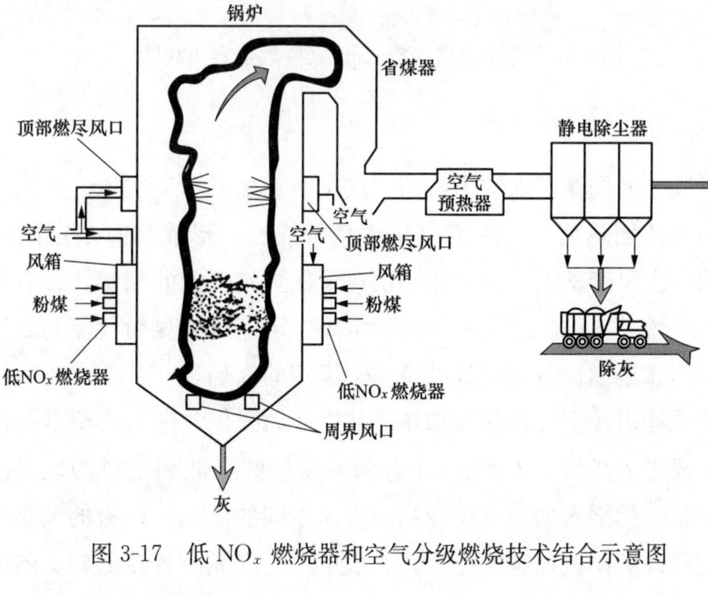

图 3-17 低 NO_x 燃烧器和空气分级燃烧技术结合示意图

二、典型带中心风的LNASB低NO_x旋流式燃烧器

下面以三井巴布科克LNASB低NO_x旋流燃烧器为例进行简单介绍。其对NO_x抑制性能的调节是通过改变燃烧器的化学当量来实现的：即调节燃烧器和燃尽风之间的风量比例。

该燃烧器的配风采用典型的MB形式，即分为一次风、二次风和三次风。分别通过一次风管，燃烧器内同心的二次风、三次风环形通道在燃烧的不同阶段分别送入炉膛。其中二次风为轴向可调式，旋流强度可调；三次风旋流强度不可调。燃烧器一次风入口附近的煤粉管道上布置有检修插板门，在检修状态可将燃烧器与送粉管隔离。低NO_x轴向旋流式燃烧器示意图见图3-18、图3-19。

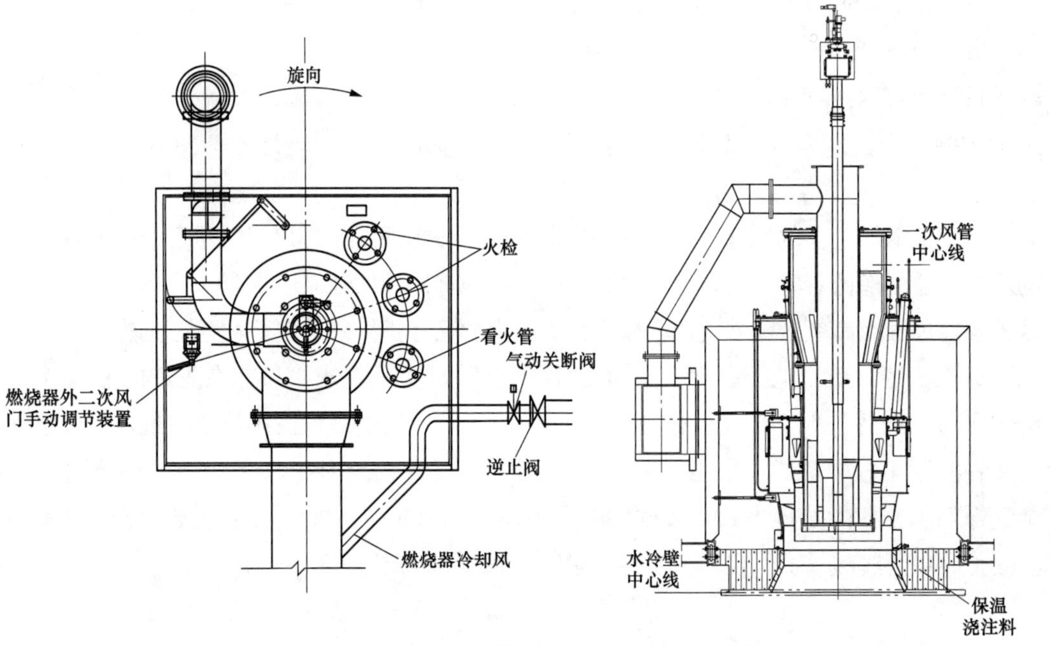

图3-18　有中心风的旋流低NO_x燃烧器正视图

（一）结构及布置

空气被分成三股经燃烧器送入炉内，即一次风、二次风和三次风。一次风由一次风机提供，经过空气预热器加热后，进入磨煤机中携带煤粉，形成具有一定温度的风粉混合物，经由燃烧器的一次风管送入炉膛。在一次风管靠炉膛一侧的端部，设有铸造的煤粉浓缩器，用以在煤粉气流进入炉膛之前对其进行浓缩。浓缩后的煤粉气流与二次风、三次风相互配合，以保证在靠近燃烧器喷口处维持一个稳定的火焰。

二次风和三次风均由经空气预热器加热的热二次风提供，通过燃烧器内同心的环形通道在燃烧的不同阶段进入炉膛，有助于烟气NO_x总量的降低和燃料的燃尽。燃烧器的二次风挡板用以调节每个燃烧器的二次风量和三次风量间的比例，挡板的调整杆穿过燃烧器面板，可以在燃烧器外部调整挡板的位置。二次风和三次风由各自的旋流器叶片产生必要

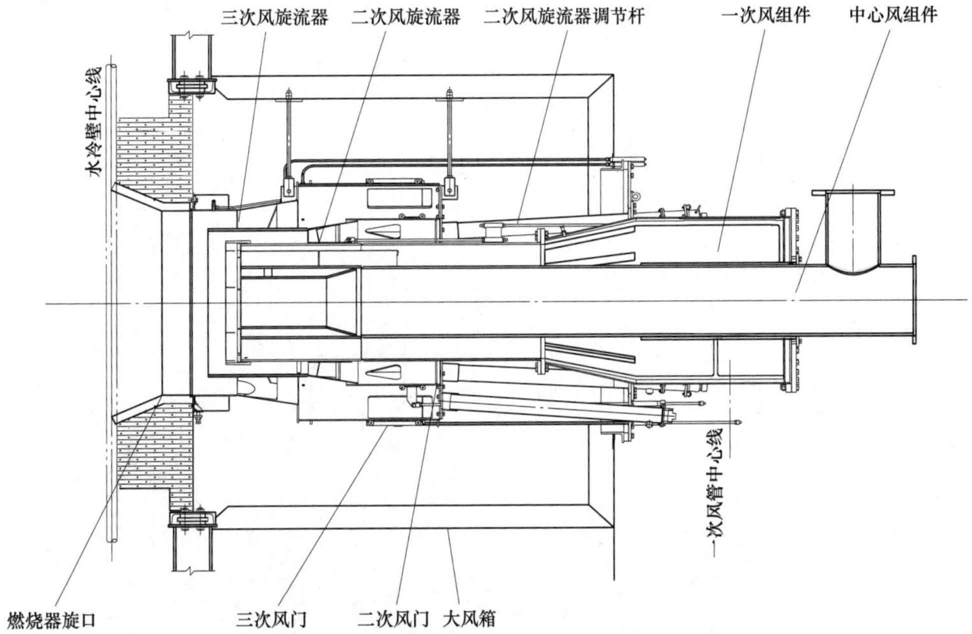

图 3-19 有中心风的旋流低 NO_x 燃烧器剖视图

的旋转，二次风的旋转强度可以通过调节旋流器的轴向位置进行调整。

除了这三种风之外，燃烧器还有一个中心风通道（中心风管），其内部布置有油枪和点火装置，还有一根油火焰检测器的光缆线。中心风管向燃烧器中心供给适量的热二次风（又称中心风），它可以稳定油火焰，防止油火焰冲刷中心风管和油燃烧器旋流器。中心风通过中心风管流过油枪、油喷嘴和旋流器，以防止油滴和粉煤灰沉积在中心风管。

旋流燃烧器在水冷壁上的对冲布置示意见图 3-20。

（二）二次风组件

燃烧器二次风在一次风管和二次风室之间形成的环形通道内流动。二次风通过风室上的三角形狭槽进入环形通道，风量通过调整风室挡板的位置控制。二次风旋流器装在一次风管的外侧，使气流在进入炉膛之前产生必要的旋转。

圆柱形二次风室组件装在一次风管和二次风喷口上，再用螺栓固定在三次风室背部端法兰上。一块吊耳焊接在风室组装法兰的顶部，分摊部分燃烧器质量，吊耳通过螺杆和夹板连接到风箱内侧的钢梁上。

二次风室上有 6 个三角形开孔，可以让气流从风箱进入二次风室和一次风管之间的环形通道。进入燃烧器的二次风量通过调整二次风室挡板在这些三角形开口上的轴向位置进行调节。挡板是一个套筒，为了易于移动而带有转轮，套筒的位置由两根调整杆调节。调整杆直接接到挡板上并延伸穿过燃烧器面板，挡板的位置可以在燃烧器前面调整，随后锁定其位置。为了限制挡板朝前的位移量，二次风室外侧焊有挡板的制动块，二次风室法兰则限制着挡板朝后位移。限制挡板朝前的位移，是为防止完全挡死 6 个开口，这样就保证了在燃烧器停运期间维持着一股冷却气流。

二次风旋流器装在二次风喷口组件上的锥形环形通道上，叶轮固定则在与燃烧器轴线

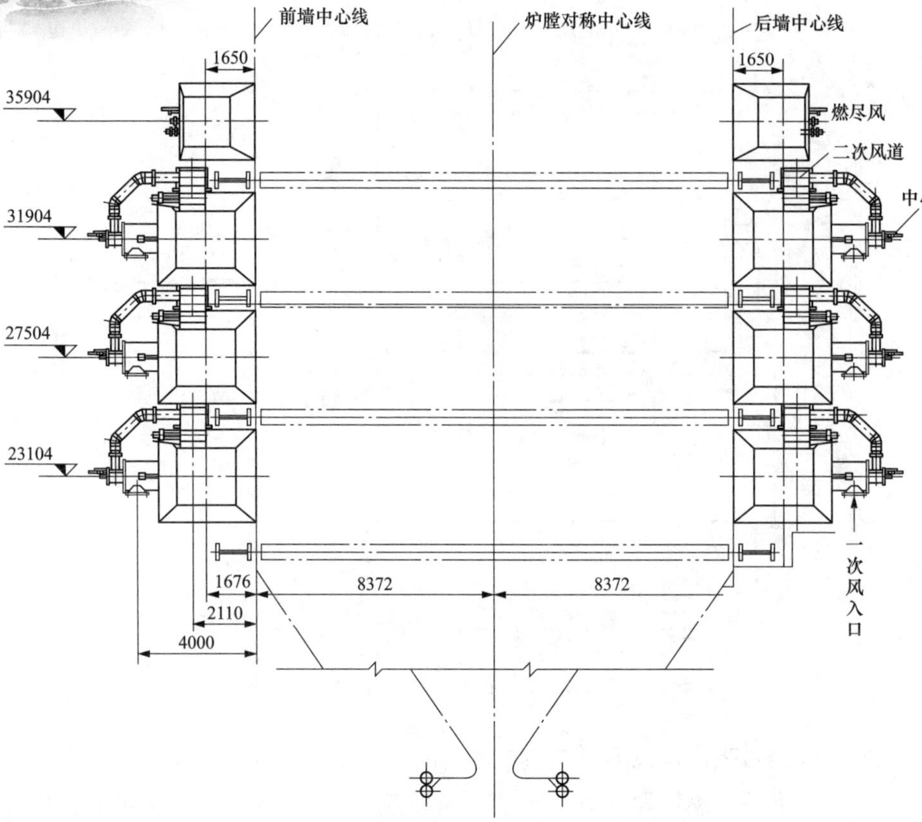

图 3-20 旋流燃烧器在水冷壁上的对冲布置示意图

预定的角度上。旋流器沿着一次风管外侧的转轮移动，前移顶点位置正好与锥形段前沿吻合，这样全部气流都可旋转。旋流角度可利用穿过燃烧器面板的调整杆调整，通过锥形段内叶轮的伸缩还能够优化二次风的旋流强度，将其置于朝炉膛最前的位置，旋流强度最大。旋流器的位置经试验后得到确定，那么调整杆即用压盖螺母锁定在它的位置上，在日常运行中不再需要调整。

（三）三次风

燃烧器的三次风通过三次风挡板和三次风旋流器从风箱进入炉膛助燃，三次风旋流器装在二次风喷口的外侧，由三次风锥体形成的环形通道中，以使三次风进入炉膛之前产生必要的旋转。

三次风锥体、喷口和与二次风喷口组件同心焊接的三次风室焊接在一起，锥体内设置有一个固定的旋流器。三次风挡板组件包含安装在三次风室上的操作齿轮传动装置，三次风通过三次风和二次风组件之间的环形通道流动。

三次风组件由三段组成，一个平行段（三次风室），上有开口，允许气流从风箱进入三次风锥体；在炉膛一侧是锥体的锥形段和一个较短的直段。一块安装板由 4 块焊接的板型撑脚焊接在较短的直段上，在垂直和水平的中心线上每边一块。这种安排的目的是允许喷口能自由膨胀，组件内没有过大的应力产生。3 套调整螺栓可以对三次风锥体进行校正，保证三次风锥体和喷口与燃烧器喉口同心。锥体部分提供了设置旋流器的空间，旋流器的叶片以与燃烧器轴线事先确定的角度焊接到锥体和二次风喷口上，亦即它们的位置是固定的。在锥体的顶部装有一个吊耳，通过它将其与二次风室组件相同的方式连接到风箱内侧的钢梁上。

三次风锥体组件安装板固定到喷口的背面板上，两板之间保持密封，以防止有部分三次风旁通旋流器而从环绕燃烧器喉口的间隙中喷射出来，并因此影响火焰的稳定性。密封由围绕三风锥体直段圆周上的密封片构成。

三次风挡板装在三次风室外环绕一周，这个挡板可以是前后滑动的，与已经介绍过的二次风挡板具有相同的功能和操作方式。旋转式挡板三次风室上开有一些槽形开口，旋转挡板遮盖或开启槽口，控制空气进入三次风锥体形成三次风，同时空气也通过它进入二次风室。定位点装在三次风室的外表面，便于安装三次风挡板的操作齿轮传动装置，这个操作齿轮借助于一个挡板驱动杆接到燃烧器面板上的动操纵器上。

（四）中心风管组件

中心风管装在 LNASB 燃烧器的轴心上，通过它可以直接向火焰根部供给中心风。燃料油枪和点火器贯穿中心风管，用以点火和稳定煤粉火焰。中心风要求具有下述功能：

（1）在燃烧器中心供给足够的风量，以形成一个稳定的油火焰，并防止油火焰冲刷中心风管和油旋流器。可通过中心风管提供流经点火器、油枪和油旋流器的一股连续气流，防止油滴或粉煤灰沉积在中心风管中。

（2）中心风管延长到一次风管喷口，并由焊在中心风管外侧的法兰与蜗壳的端盖板螺栓连接，一块保护板（卷制）套在中心风管外侧以防止蜗壳内煤粉的磨损。防磨板延伸出蜗壳内蜗杆遮盖的区域，并由焊接在中心风管外侧的国定板和制动块保持它的位置。这些制动块也焊接在保护板的一端，这样允许板的自由端随温度变化膨胀和收缩。中心风管的剩余部分不要这种保护，因为一次风离开蜗壳后就平行于中心风管流动，磨损或减弱了。

（3）中心风管炉膛的一端焊接有中心风喷口，喷口的内部固定着一个同心的文丘里组件，用于为油燃烧器提供准确的风量。文丘里组件是一个从中心风管内径至文丘里直段内径的锥形体，用鳍片固定在中心风管内。

（4）带有法兰的中心风入口管段，与中心风管轴线成 90°焊接在端部，与中心风管成一整体。中心风管外端由法兰与一块盖板螺栓连接，用与油枪、点火器推进器安装法兰组件的螺栓连接。安装法兰开孔与填料压盖配合，以允许油枪和点火器推进或退回。中心风管的端部法兰还装有火焰监视器的观察孔盖。

三、典型中心给粉低 NO_x 旋流燃烧器介绍

另外一种低 NO_x 燃烧器也有广泛的应用，即中心给粉低 NO_x 旋流燃烧器，这种燃烧器的结构相比 LNASB 式带中心风的燃烧器更为简单，调试也更为方便。典型产品如北京志源恒通科技有限公司和哈尔滨工业大学燃烧工程研究所研制的新型低 NO_x 排放燃烧器，下面作一介绍。

为了进一步降低 NO_x 排放，解决径向浓淡旋流煤粉燃烧器存在的中心扩锥磨损问题，提出了新型的旋流煤粉燃烧器——中心给粉旋流煤粉燃烧器。从一次风输粉管道送来的煤粉被集中到燃烧器的中心，经一次风喷口喷入炉膛。喷入位置正对燃烧器的中心回流区中

心部分。穿越中心回流区的煤粉量增加，煤粉的穿越时间延长，使煤粉在还原性气氛下燃烧，延长煤粉在还原性气氛中的停留时间，可有效控制燃料型 NO_x 的形成。在一、二次风出口处安装扩口，推迟一、二次风的混合，有效降低 NO_x 排放。二次风通过二次风道进入燃烧器后分成两部分，由于二次风被分成了内、外两部分，因而形成了分级燃烧，与中心给粉相结合，实现了低 NO_x 排放。

中心给粉旋流燃烧器在结构上按圆周大小分四层，由内到外分别是中心支架组件、一次风、内二次风、外二次风。在中心支架上，固定着 3 个半径逐渐减小的喇叭状圆环，被称作浓缩环。浓缩环是实现煤粉浓淡分离的核心部件，通过由粗到细的 3 个浓缩环通道之后，一次风携带的煤粉被浓缩出来，在燃烧器的中心区域富集，形成浓相区域，持续进行富煤粉燃烧，抑制 NO_x 生成。燃烧器结构如图 3-21 所示。

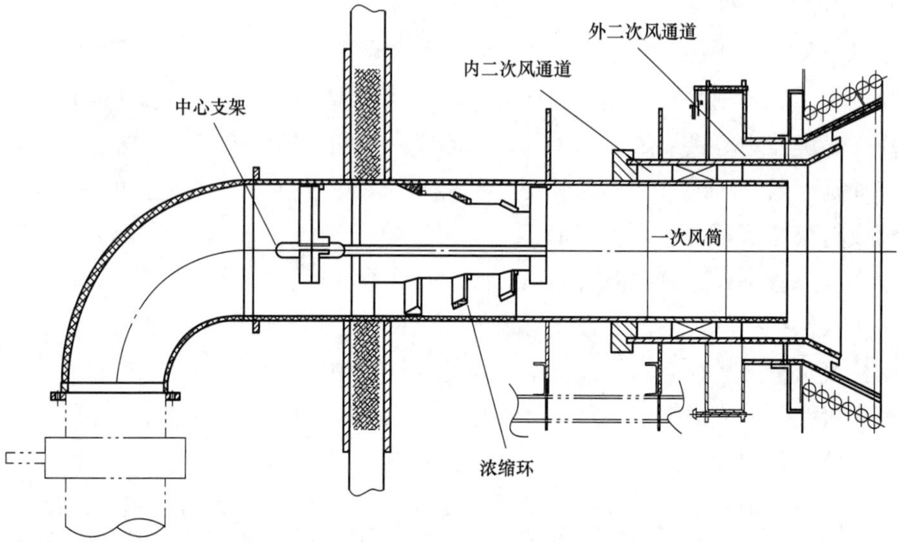

图 3-21　中心给粉低 NO_x 旋流燃烧器

浓缩环在煤粉气流中受到长期冲刷，磨损十分严重，因此要采用耐磨损的材料来制作。在每次计划检修中必须要检查，发现有变形、损坏和脱落的浓缩环，一定要及时更换，保证其浓缩效果。

这种燃烧器的油枪组件布置在燃烧器的旁边，用以点火和低负荷稳燃。

（一）中心给粉旋流燃烧器气固流动特性对 NO_x 排放的影响

因为中心给粉旋流燃烧器煤粉喷入位置正对中心回流区的中心部分，增加了穿过中心回流区的煤粉量，并延长了煤粉在回流区的停留时间。使煤粉在还原性气氛中燃烧，延长在还原性气氛中的停留时间，可有效抑制 NO_x 的形成。图 3-22 体现了煤粉颗粒在中心区域的浓缩情况。

（二）中心给粉旋流燃烧器可以形成合适的中心回流区

图 3-23 所示为中心给粉旋流燃烧器的射流结构，图 3-24 所示为中心给粉旋流燃烧器温度分布。从图 3-24 中可知，中心给粉旋流燃烧器形成稳定的回流区，有利于煤粉稳定燃烧及氮氧化物的降低。图 3-25 可以看出，中心给粉旋流燃烧器中心回流区为低氧还原

性气氛区，有利于抑制燃料型 NO_x 的形成。二次风分成了内外旋流二次风两部分，通过调节风门挡板开度，可改变二次风分级燃烧的程度。浓淡燃烧与二次风分级燃烧相结合，可实现最大限度的低 NO_x 燃烧。中心给粉燃烧器燃烧区域 NO_x 浓度分布如图 3-25 所示，由图可见，中心给粉燃烧器 NO_x 生成量远低于作为对照物的强化点火双调风燃烧器。

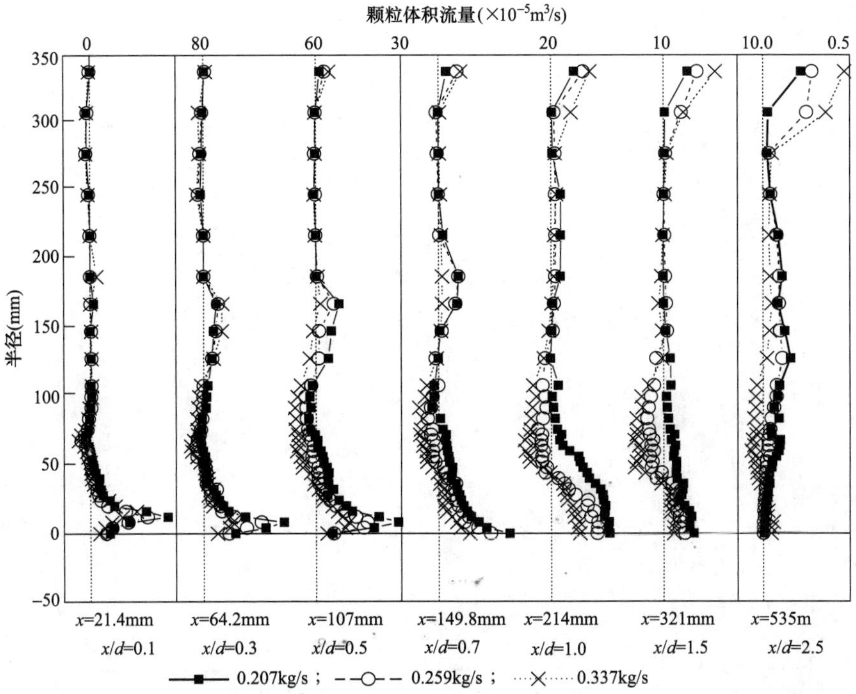

图 3-22 三种二次风风量下中心给粉燃烧器颗粒体积流量分布

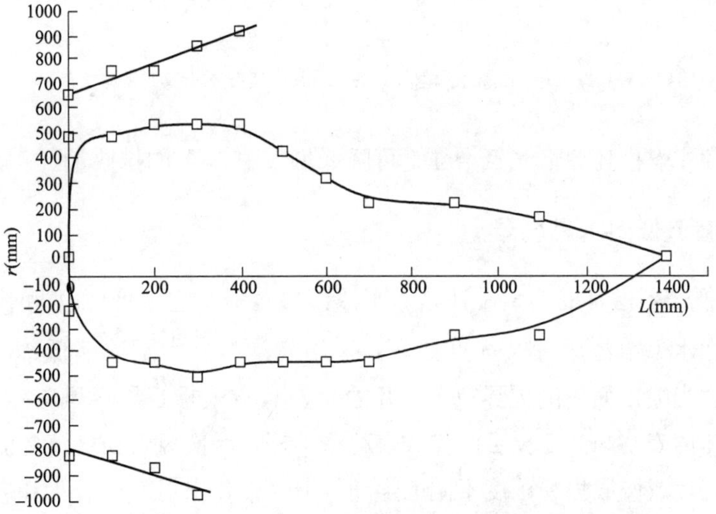

图 3-23 中心给粉旋流燃烧器射流结构

（三）布置燃尽风实现炉内整体分级燃烧

在燃烧器上方，可以布置燃尽风喷口，实现炉内轴向空气分级燃烧，降低了主燃区过

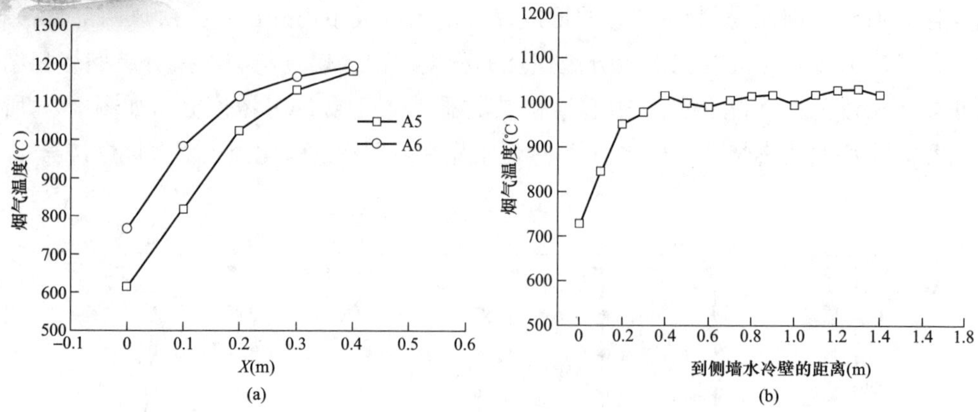

图 3-24 600MW 锅炉 A5 燃烧器和 A6 燃烧器温度分布

(a) 沿射流方向；(b) 沿径向方向

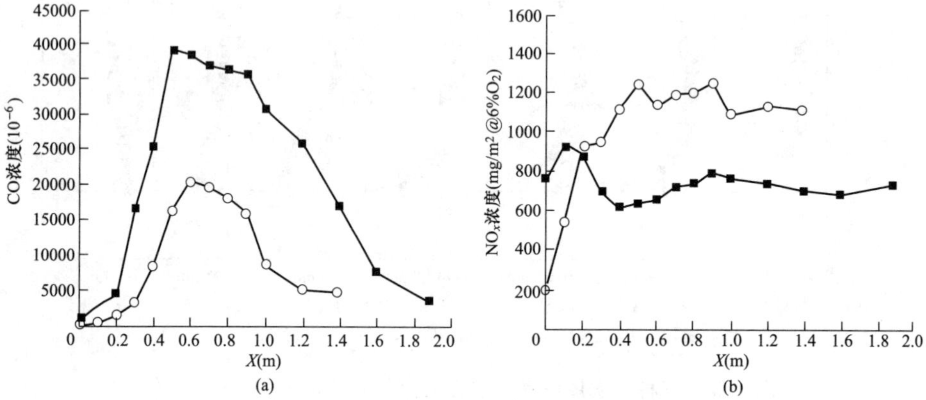

图 3-25 在燃烧器区域 CO、NO_x 浓度分布

(a) CO 浓度分布；(b) NO_x 浓度分布

—■— CFR 中心给粉燃烧器；—○— EL-DR 强化点火双调风燃烧器

量空气系数，使主燃区还原性气氛增强，可降低烟气中 NO_x 的排放量。

四、典型直流低 NO_x 燃烧器

直流 NO_x 燃烧器通常的典型设计是水平浓淡燃烧器，它在低 NO_x 和控制结焦方面具有较好的效果。水平浓淡原理及优点如下：采用高浓缩比水平浓缩低 NO_x 煤粉燃烧器，喷口周围保留适当喷口面积的周界风，采用合理布置方式推迟周界风向一次风内的混入。在一次风喷嘴体内安装高浓缩比百叶窗式煤粉浓缩器，一次风煤粉气流在流经百叶窗浓缩叶片后被分离，形成两股煤粉浓度不同的煤粉气流，强化出口气流着火和燃烧，并利用燃料水平分级燃烧原理有效降低着火初期的 NO_x 生成量。针对主燃烧器区域长期处于低过量空气系数的还原性气氛下，一次风设计中采用偏置型周界风喷口，在一次风出口背火侧设有较大出口动量的侧二次风，运行时利用各自独立的风门控制装置调整得到合适喷口周界冷却风量，以便在喷口投运和不投运时保证充分周界风冷却风量，防止喷口高温变形或

烧坏，同时还可防止喷口结渣，进一步强化水冷壁附近的氧化性气氛，并强化"风包粉"的特性，达到同时防止结渣和水冷壁高温腐蚀。

煤粉百叶窗浓缩器具有非常优异的气固流动和煤粉浓缩特性，其具体表现为：

(1) 浓缩器具有优异的低流动阻力特性，局部阻力系数小于 2，并具有高的煤粉浓缩比，浓缩率可达 1.4～1.8 以上；

(2) 在保证高浓缩比的条件下，浓淡喷口出口气流流量分配更为均匀，浓淡一次风风量比在 1.0～1.2 以内；

(3) 浓缩器叶片相互搭配结构得到进一步的优化，使浓缩器内气固流动特性和出口气流速度分布更为合理，有效减轻对易磨损部位的冲刷强度和叶间局部阻力损失；

(4) 制造工艺进一步简化和成熟，在煤粉管道上的布置更为自由。百叶窗煤粉浓缩器的主要设计参数见表 3-3。

表 3-3　　水平浓淡分离煤粉直流低 NO_x 燃烧器部分参数

浓缩器叶片数（个）	3	浓缩器空截面风速（m/s）	21
浓缩器浓淡风比	1.1	浓缩器浓缩率（%）	1.6

水平浓淡分离煤粉直流低 NO_x 燃烧器结构示意见图 3-26、图 3-27，其安装位置见图 3-28。

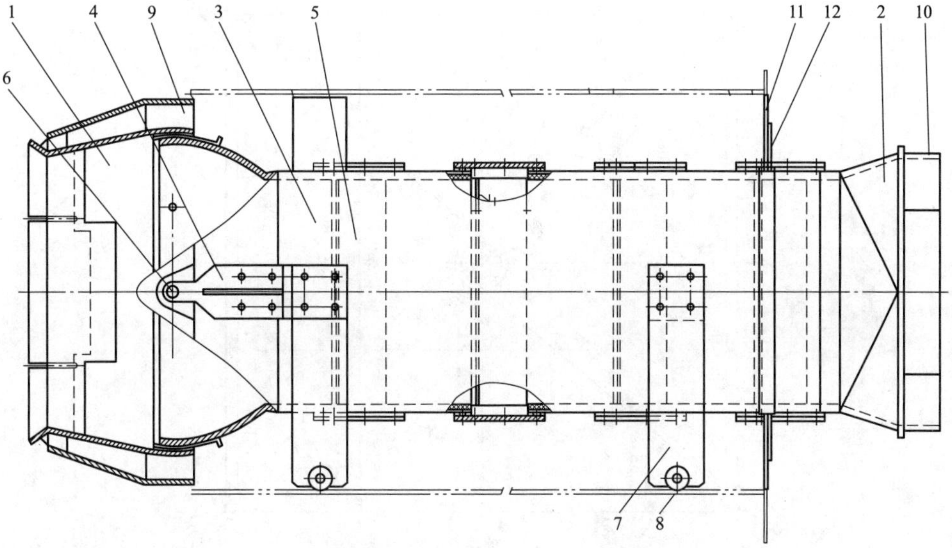

图 3-26　水平浓淡分离煤粉直流低 NO_x 燃烧器结构示意图

1—摆动火嘴；2—方圆节；3—煤粉燃烧器外护板；4—摆动火嘴轴支撑板；5—固定百叶窗叶片；6—摆动火嘴轴；7—滚轮支撑板；8—滚轮；9—周界风通道；10—一次风圆管；11—二次风箱壳板；12—风箱密封板

图中左侧为一次风喷口，在炉膛水冷壁开孔处，右侧通过方圆节与一次风管道连接。从一次风管道来的煤粉，通过浓缩叶片的阻挡，将煤粉颗粒逐级甩向下方，在锅炉的断面的水平方向上看，就是煤粉完成了水平向的浓淡分离，靠近炉膛中心的是浓相，靠近水冷

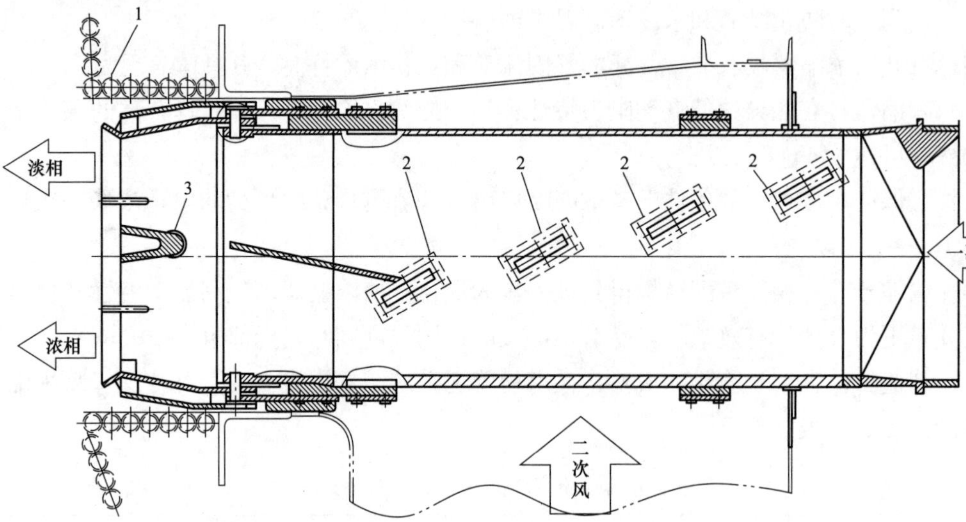

图 3-27　水平浓淡分离煤粉直流低 NO_x 燃烧器俯视图

1—水冷壁管；2—百叶窗浓缩器叶片；3—钝体

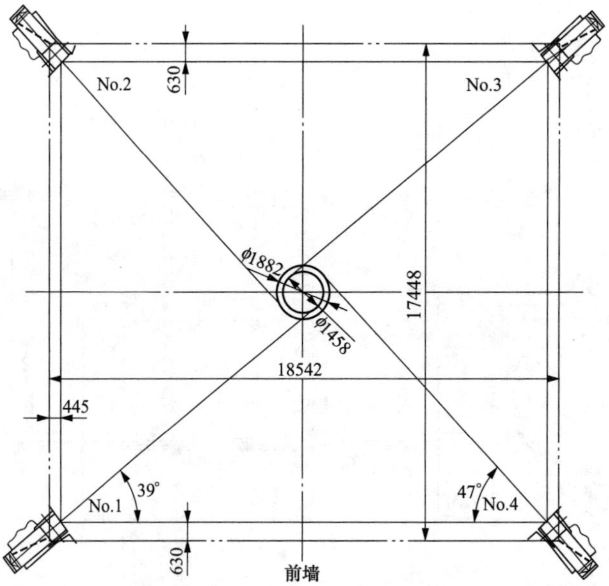

图 3-28　水平浓淡分离煤粉直流低 NO_x 燃烧器安装位置俯视图

壁方向的是淡相，符合抑制 NO_x 生成机理，实际应用效果也是较为显著的，满足国家有关排放标准的要求。

一般来说，这种百叶窗式浓缩叶片被固定在燃烧器的一次风道内，安装的角度预先计算好，不可调节。

第五节 燃 油 系 统

一、概述

燃油系统在锅炉燃烧系统中占有重要位置。在煤粉锅炉发展的早期，点燃煤粉的设备主要是由燃油系统来完成的。除了点火的功能外，燃油系统还有助燃的作用。燃油系统主要由储油区、炉前燃油平台和油燃烧器、伴热吹扫系统等组成。常用的油品主要是轻柴油，也有部分锅炉采用重油，也有的采用天然气，本节以应用广泛的轻柴油为例，介绍燃油系统的主要设备。

（一）储油区

储油区主要布置燃油储罐、油泵、卸油设备、管道和消防系统。燃油储罐一般采用钢制结构，分为浮顶式储罐和固定顶储罐，储存用于燃烧的柴油。

油泵的作用是将储油罐中的燃油通过管道输送至各台锅炉，保证整个系统具备适当的压力，有助于雾化燃烧。在不投油的工况下，燃油要保持循环状态，随时备用。

卸油设备用来接驳油车（船）的放油口，保证密封性，导电性，通畅不易堵塞。

消防系统是储油区的重要设施。按照我国消防法律的要求，燃油储罐区域是重点防火区域，其整体布置、消防系统的选择和运行，都需要执行强制标准，经过验收合格才能投入使用。一般来说，要配备灭火系统，包括储罐内泡沫灭火设备和油区的泡沫没火设备。另外还需要配备消火栓和消防砂，在储罐周围布置防火围堰等。

管道主要是供油管道、回油管道和蒸汽伴热/吹扫管道。通过这些管道，将燃油送往锅炉处进行燃烧。

（二）炉前燃油平台

炉前燃油平台是用于分配从油库里来的燃油，将其输送到每一个油枪处。一般来说包括截止阀、调节阀、滤网、流量计、湿度计、压力表等（见图 3-29）。

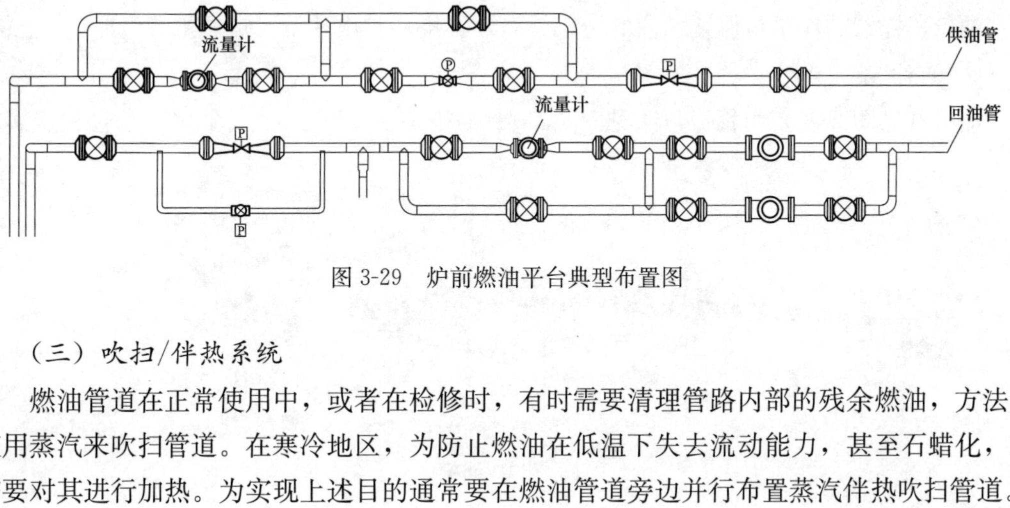

图 3-29 炉前燃油平台典型布置图

（三）吹扫/伴热系统

燃油管道在正常使用中，或者在检修时，有时需要清理管路内部的残余燃油，方法是使用蒸汽来吹扫管道。在寒冷地区，为防止燃油在低温下失去流动能力，甚至石蜡化，就需要对其进行加热。为实现上述目的通常要在燃油管道旁边并行布置蒸汽伴热吹扫管道。

二、燃油系统工作原理

燃油主要采用轻质柴油，通过机械或蒸汽将燃油加压雾化，喷射到锅炉内，采用明火点燃后进行燃烧。火电厂燃油系统正常工作，需要实现几个功能：雾化、点火、吹扫。

（一）保证雾化

由于空间所限，燃油在锅炉内燃烧的时间非常短，要求燃油的雾化效果必须良好，否则会由于燃烧不完全而导致残油沉积在尾部受热面上，尤其是回转式空气预热器的蓄热元件上，经过长时间高温引起自燃，造成所谓“尾部烟道再燃烧事故”，严重者会烧毁空气预热器。

燃油雾化一般靠的是机械雾化。即利用燃油泵提供的压力，使燃油雾化。有的燃烧器是要靠蒸汽雾化，或者用压缩空气作为动力，实现雾化。所以一定要保证供油系统有适当的压力，或者保证雾化蒸汽的压力和温度。

（二）防止火灾

燃油分配平台装备有速断阀门，在 MFT（锅炉灭火保护）时要实现可靠断油，或者要进一步实现尽快卸油，避免在意外的情况下，燃油无法切断，或者在充满高压燃油时，发生了泄漏，这种情况下容易发生火灾。

（三）吹扫

在正常使用时，油枪灭火后，立即要投入蒸汽吹扫，将油枪内的残余的燃油吹入炉膛，避免因长期积油引发火灾。在油枪意外卡涩，无法退出的工况下，也要维持吹扫，防止油枪被烧坏。

（四）点火

油枪伸入炉内点火位置后，立即进高能点火枪。高能点火枪在脉冲高电压下放电，油枪随后喷出油雾，被电弧引燃，实现油枪点火。稳定着火的油枪可以继续点燃煤粉。

三、油枪燃烧器

油枪燃烧器的作用是保证燃油的稳定、高效燃烧。它由油枪、点火枪等组成。

（一）油枪

油枪（见图 3-30）由稳流罩（见图 3-31）、油枪头（见图 3-32、图 3-33）、油枪金属软

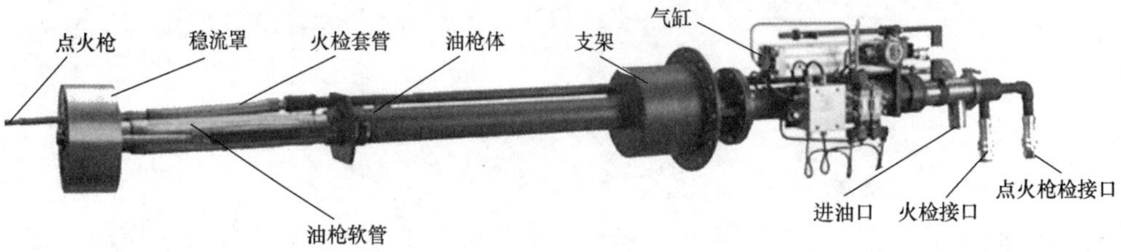

图 3-30　油枪

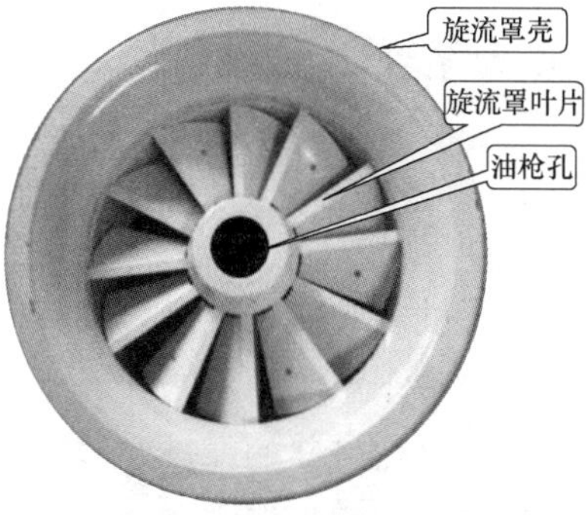

图 3-31 油燃烧器稳流罩

图 3-32 油枪头组件总成

管、油枪体等组成。稳流罩又称旋流罩，起重要的稳定燃烧作用，旋流罩有一个圆柱形的外壳，内部是涡扇状的叶片。中间留有供油枪头伸出的圆孔。在油枪工作时，油枪头从旋流罩中间伸出来，喷出油雾，二次风经过叶片喷出，产生强烈的旋转，使空气和油雾充分混合，产生稳定的燃烧。油枪金属软管的作用是方便油枪实现上下摆动。气缸的作用是实现油枪的进退功能。油枪只有在点火和稳燃的时候，由气缸执行机构将其推入炉膛，在锅炉正常运行时，气缸将油枪组撤出炉膛，防止烧毁油枪。

油枪头的结构比较复杂，一般包括垫片、导流孔、旋流片、雾化片和锁紧螺母等。油枪头的主要作用就是使油雾化，形成满足着火要求的油雾。

（二）点火枪

在油枪组中，另一个重要设备就是高能点火枪。高能点火枪发出点火脉冲，将油雾点燃。火焰检测器用来确认点火成功与否。如果点火成功，就撤出点火枪；点火失败，就启动吹扫程序，准备下一轮点火操作。

（三）微油枪

微油枪是为了节约燃油而开发的一种点火和稳燃设备（见图 3-34）。微油枪燃油流量通常只有每小时零点几吨，比普通油枪每小时一点几吨的流量要小很多，因此越来越多地应用在了燃烧器的节油改造工程中。微油枪通常需要加强雾化，保证容易点火燃烧，必要时需要加热热风来助燃。有的微油点火枪并不直接点燃一次风煤粉火炬，而是在一次风风道里燃烧，通过逐级点燃一次风的方式来点燃煤粉。

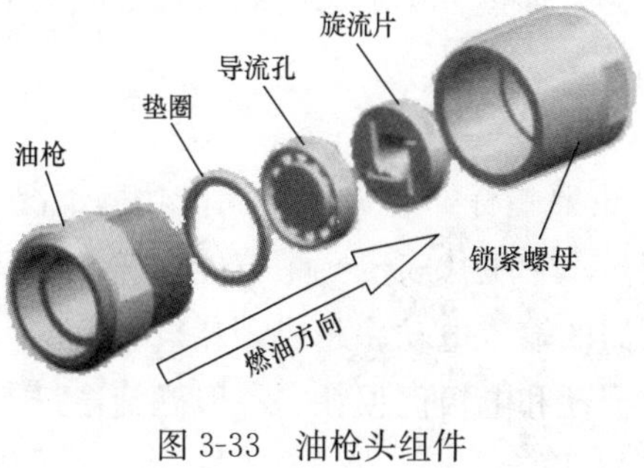

图 3-33 油枪头组件

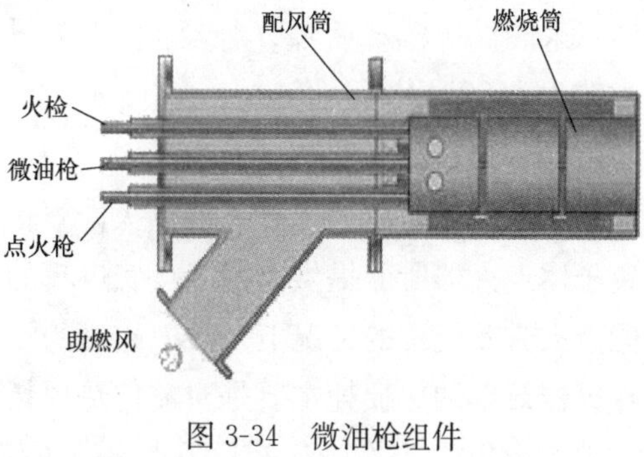

图 3-34 微油枪组件

第六节 等离子点火系统

一、概述

大型工业煤粉锅炉的点火和稳燃传统上都是采用燃油或天然气等燃料来实现的，随着世界性的能源紧张，原油价格不断上涨，火力发电燃油愈来愈受到限制。因此锅炉点火和稳燃用油被作为一项重要的指标来考核，为了减少油（天然气）的耗量，传统的做法是提高煤粉的磨细度，提高风粉混合物和二次风的预热温度，采用预燃室燃烧器，选用小油枪点火等，但是，这些方法已到了尽头，若要进一步减少燃油到最终不用油，必须采用与传统上完全不同的全新工艺，这种工艺应既可保证提高燃烧过程的经济性，又可以改善火电厂的生态条件——等离子煤粉点火燃烧器应运而生，它采用空气等离子体作为点火源，甚至可点燃挥发分较低的（10%）贫煤，实现锅炉的冷态启动而不用一滴油。燃煤机组使用等离子点火装置优点有以下几个方面。

（1）降低燃煤锅炉在机组启、停及低负荷稳燃时的助燃油用量。

（2）提高环保效益：在使用助燃油期间未燃烧完全的燃油会进入电除尘及脱硫设备中，此时如果投运电除尘及脱硫装置将会对两者造成极大的损害。使用等离子点火装置代替助燃油时可正常投运电除尘及脱硫设施，降低污染物的排放。

（3）降低尾部烟道再燃烧风险：由于不使用助燃油，因此不会造成未燃烧完全的燃油附着在空气预热器蓄热元件上导致着火的问题。

等离子体点火器的作用是产生高温的空气等离子体，其关键技术及主要性能指标如下。

（一）放电电弧的稳定技术

等离子体具有不稳定性。所以等离子体发生器的最关键的技术之一就是如何得到持续稳定的电弧等离子体。不稳定的等离子体导致等离子体发生器熄弧、煤粉火炬熄灭；稳定控制性能不佳的产品可能会产生无缘无故的熄弧故障。因此，电弧等离子体的稳定控制技术至关重要。目前，国内外应用的主要技术分磁旋稳弧技术和气旋稳弧技术两大类。

（二）等离子体功率

等离子体功率是等离子体发生器的一个重要指标。因为它直接关系点火能量的高低，一般地，功率越大，等离子体温度越高，点火就越容易，可点燃的煤种挥发分也就越低。燃油点火的优势就是点火功率大，出力为每小时 100kg 油枪（微油点火油枪）的电功率当量大约为 1160kW。

（三）等离子体效率

效率是衡量等离子体点火器点火能量的另一个重要指标，它关系相同电功率情况下，等离子体点火器所能提供的用于点燃煤粉的有效能量；它也代表了一个节能指标，在提供相同点火有效能量的情况下，效率越高的点火器所需的输入电功率越小，耗电量更低。降低点火器效率的热损耗主要是对流传热损耗、水冷损耗和电极区损耗。一般磁旋稳弧点火器的效率为 70%左右，气旋稳弧点火器可以高达 90%以上。

（四）阴阳电极寿命

电极寿命是等离子体点火器另一项非常重要的技术指标。大型锅炉冷态启动一次到满负荷运行一般要十几小时以上，助燃稳燃时间也要数小时到数十小时，而新机组调试期间由于锅炉频繁启停，燃烧器连续点火稳燃时间则更长，达上百小时，如果电极寿命不够长，频繁更换电极无疑大大增加维护工作量，甚至造成停炉，影响锅炉的安全稳定运行。因此阴阳电极寿命成为各产品技术性能的标杆，也是当今等离子点火技术研发关注的目标。目前市场上使用的等离子体点火器的典型产品阴极寿命为 100h 以上，阳极寿命为 500h 以上。

（五）产品设计

外形和结构是等离子体点火器产品设计的重要一环，等离子体点火器的结构复杂程度决定了其使用和维护的工作量和难易度。同时，它结构越复杂必然会导致等离子体发生器外形尺寸的增加，从而给等离子体发生器与其他装置设备的配合带来困难，限制了等离子体发生器的使用场合。因此，结构越简单，外形尺寸越小，对等离子体点火配合方式越有利，维护量越小。

（六）点火过程

等离子体煤粉燃烧器的作用是将高浓度煤粉加入等离子体射流尾焰，煤粉被迅速加热、挥发分挥发和燃烧，产生一级火焰；一级火焰中未完全燃烧的煤粉和高温燃烧产物与二次风室风粉混合，燃烧放大产生二级火焰；如此逐级放大后点燃全部煤粉。

煤粉中炭颗粒的燃烧和燃尽是秒量级的，而煤粉中挥发分的析出和燃烧是毫秒量级的，由此可见，在燃烧器中点燃的主要是挥发分，而炭颗粒只能在炉膛中才能完全燃烧。因此煤粉挥发分含量、煤粉浓度、温度、风速等都是等离子体点燃煤粉的关键参量。如何在燃烧器的有限空间内使得煤粉火焰充分燃烧放大，同时又保证燃烧器壁面不超温结焦，是燃烧器设计的关键之一。

煤粉中挥发分的析出是与加热温度、加热时间、单位体积能量密度等变量密切相关的，图 3-35 所示为煤粉热解时挥发分的析出量与加热温度和时间的曲线图。

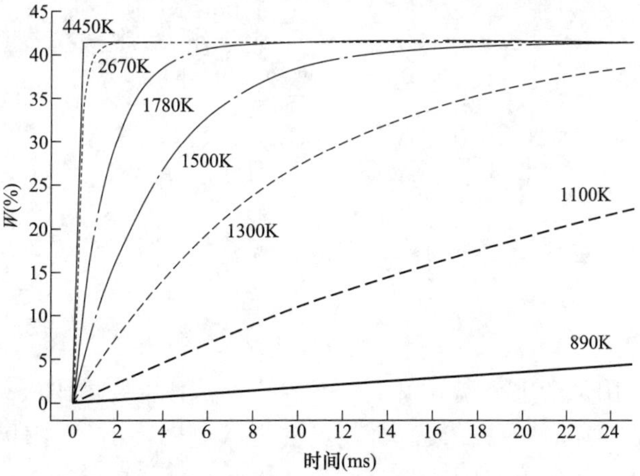

图 3-35　煤粉热解曲线图

图中可见，温度越高，能量越集中，加热时间越长，煤粉挥发分析出越快，析出量越大。因此，等离子体点燃煤粉的方式，有利于煤粉挥发分快速析出，对点燃起着至关重要的作用，采用高能量密度、几千度高温的等离子体电弧直接跟煤粉接触，点燃的效果要远远高于经过管道散热的等离子体射流尾焰和热空气加热方式。

下面介绍两种典型等离子点火装置。

二、DLZ-200 型等离子点火装置

（一）DLZ-200 型等离子点火装置结构原理

目前国内市场绝大多数锅炉使用的都是国电烟台龙源公司生产的等离子体点火系统，该系统引进俄罗斯技术，采用磁旋控制的非转移弧等离子体发生器，电流为 300A 左右，功率为 100kW，阴极实际使用寿命一般为 100h 左右，阳极寿命为 500h 左右，由于磁场线圈的存在，结构较为复杂，因此散热大，热效率低，外形尺寸大，但它是国内首家实现工业应用的等离子体点火产品，产品制造技术相对成熟，目前占据了国内 90%以上的市场。

下面以 DLZ-200 型等离子点火装置为例介绍其工作方式。等离子点火装置利用直流电在空气介质气压的条件下接触引弧，并在强磁场下获得稳定功率的直流空气等离子体，该等离子体在燃烧器的一级燃烧筒中形成 $T>5000\text{K}$ 的梯度极大的局部高温区，煤粉颗粒通过该等离子火核受到高温作用，并在 0.001s 内迅速释放出挥发分，并使煤粉颗粒破裂粉碎，从而迅速燃烧。如图 3-36 所示。

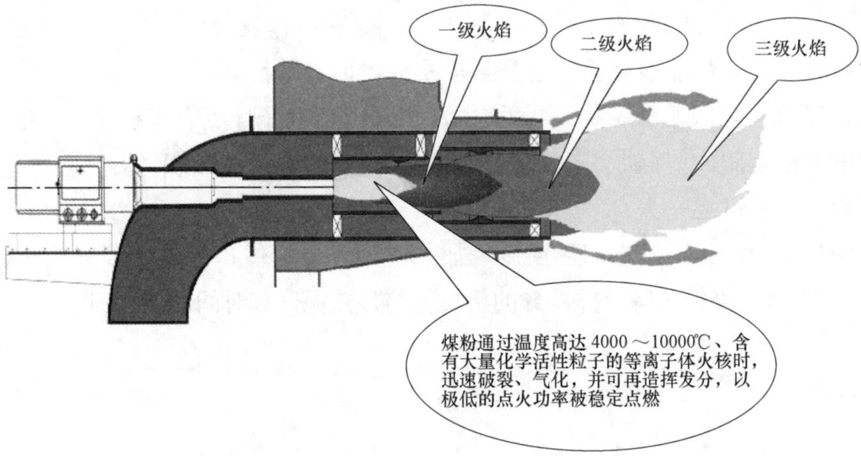

图 3-36　等离子燃烧器工作原理示意图

等离子点火装置要包含三大系统，分别为等离子发生器系统、等离子整流系统、热控在线监测系统。

1. 等离子发生器

等离子发生器是用来产生高温等离子电弧的装置，其主要由阳极组件、阴极组件、线圈组件三大部分组成，还有支撑托架配合现场安装（见图 3-37）。阳极组件与阴极组件包括用来形成电弧的两个金属电极阳极与阴极，在两电极间加稳定的大电流，将电极之间的空气电离形成具有高温导电特性等离子体，其中带正电的离子流向电源负极形成电弧的阴

极，带负电的离子及电子流向电源的正极，形成电弧的阳极。线圈通电产生强磁场，将等离子体压缩，并由压缩空气吹出阳极，形成可以利用的高温电弧。

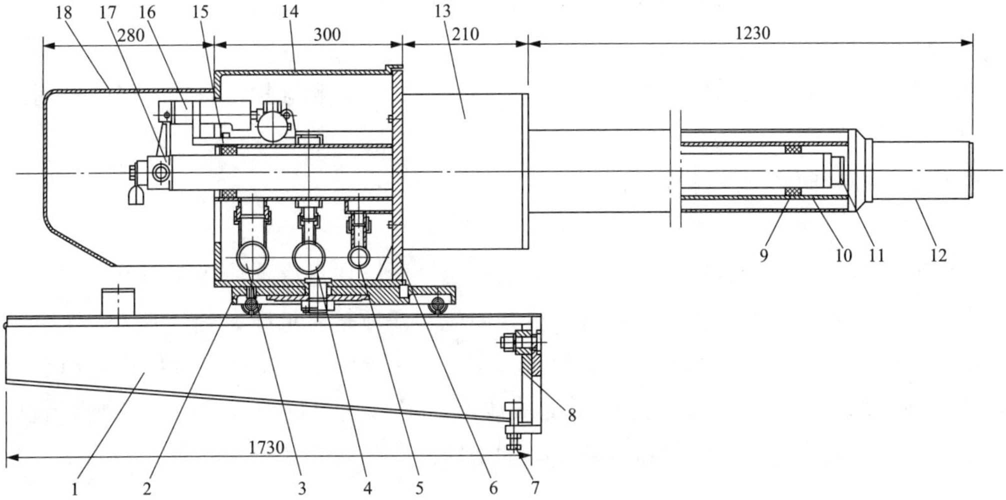

图 3-37 等离子发生器

1—托架；2—小车；3—载体风接口；4—冷却水进口；5—冷却水出口；6—线圈支架；7、8—螺栓；9—前磁环；10—阳极支架；11—阴极头；12—阳极头；13—稳弧线圈；14—前部罩壳；15—伺服电动机；16—进退连杆；17—阴极支架；18—尾部罩壳

2. 等离子整流系统

等离子整流系统是用来产生维持稳定的离子体电弧的直流电源装置，其基本原理是通过三相全控桥式晶匣管整流电路，将三相交流电源变为稳定的直流电源，经过平波电抗器滤波后，给等离子体发生器供电。主要由大功率直流调速器、直流平波电抗器、交流接触器、PLC 控制模件等元器件组成。

3. 热控在线监测系统

热控在线监测系统的主要部件有：等离子火焰检测系统、等离子发生器参数测点、等离子点火装置远程控制系统，主要实现监视、报警、程控、逻辑保护等控制功能。

（二）DDZ 系列等离子点火装置发生器的运行和维护重点

阴极、阳极是发生器的主要部件，且都是导电元件，直接影响等离子体的稳定性，所以对阴、阳极的维护十分重要。阴极头（电子发射头），为易损件，根据不同电流的大小、材质、发生器规格，寿命长短不一，如发现等离子多次拉弧不成功，或经常断弧，应对其检查与更换。

1. 阴极

阴极由阴极导管（又称阴极支架）和装在其末端的阴极头组成。正常烧掉的阴极头表面光滑，呈暗金黄色。若表面粗糙，有银白色的麻点，则证明阴极头或阳极有漏水的地方，应通水检查，检查的方法是抽出阴极导管，接上进回水管，打开冷却水阀至规定值，检查阴极漏水的地方，如果从密封垫向外漏水则紧固阴极头，如从阴极头的其他地方漏水，需更换阴极头。如果阴极头没有漏水的地方，肯定是阳极漏水，检查的方法和处理办法见后面对阳极维修。

更换阴极头时要用专用工具，防止阴极导管变形和密封面的损坏，如果阴极头烧损面光滑，颜色发黑，则证明压缩空气含油，应在系统内加装滤油装置，加强滤油。

2. 瓷环

在阴极导管装入之前，应对瓷环前、后支撑环进行检查和维护，瓷环有三个作用：

（1）绝缘。

（2）给阴极导向和起支撑作用。

（3）把载体风变成旋流气体。

它的好坏直接影响本装置的安全和电弧的稳定，所以在每次换阴极头时都应对其进行检查和维护，检查的内容：瓷环的位置是否在原位、瓷环是否洁净、瓷环是否损坏等。瓷环的维护：保持瓷环的洁净尤其重要，因为瓷环一但受到污染，它的绝缘电阻要就下降，拉弧时易被击穿，击穿时阴极将对阳极支架放电，阳极支架将被烧毁，整个装置就要报废，所以要经常对瓷环进行擦拭以保持瓷环的洁净。

3. 阳极

阳极由阳极支架和阳极头组合而成。阳极是主要的导电元件，工作环境比较恶劣，易污染，在拉弧过程中，阴极、阳极处在短路状态，阳极喉口处起弧易烧损，阳极由不同材料焊接而成，焊缝处，因不同材料的膨胀系数不同，易开焊漏水。阳极的污染和损坏将影响电弧的稳定，因此在每次更换阳极头时应进行维护和检修。重点检查阳极喉口处的烧损情况，以及是否漏水，如烧损严重、漏水，则表现为起弧困难，经常断弧，阴极头烧损处不光滑，阴极头寿命和阳极寿命大大降低。阳极安装完后一定要检查接口处是否漏水。确定没有漏水的地方，把点火器推动或摇到点火位置。阳极上的进水和回水口大小不一样，但是发生器支架上的进水管接口和载体风管接口的大小一样，注意不能装反。

4. 冷却水

等离子点火装置冷却水系统对发生器的正常运行十分重要，如冷却水量不足极易烧损阳极和稳弧线圈。因此在点火前应对发生器冷却水管道、阀门、仪表、开关进行检查，保证其压力、流量正常。

三、XCC 等离子点火系统

与 DDZ 系列等离子发生器通过阴极往复运动来拉出电弧的原理不同，还有一种等离子发生器的阴阳极是固定不动的，典型设备如徐州燃控科技生产的 XCC 系列等离子发生器。这种发生器有鲜明的特点：其阴极和阳极的位置是相对固定的，没有拉弧的过程，而是采用高频引弧器，引弧速度快，1s 建立电弧，能够快速投用，引弧时阴极不受损伤，不易氧化，所以系统比较简单，寿命也较长。另外，由于采用了内置小线圈磁稳弧技术，等离子弧稳定性强，不易断弧。同时，在燃烧器弯头前设计了扩压降速段，类似飞机的冲压发动机，风粉存在速度差，在煤粉速度低、空气速度高的流场内，燃尽率有所提升，适用于 $V_{ad}>15\%$ 的煤种，对煤质、煤量变化不敏感。

XXC 系列等离子点火装置主要由等离子发生器、等离子工作气体系统、冷却水系统、控制系统、电源系统、图像火焰检测系统、风粉在线监测系统、壁温在线监测系统等组成，如图 3-38 所示，其中等离子发生器是系统的核心设备。

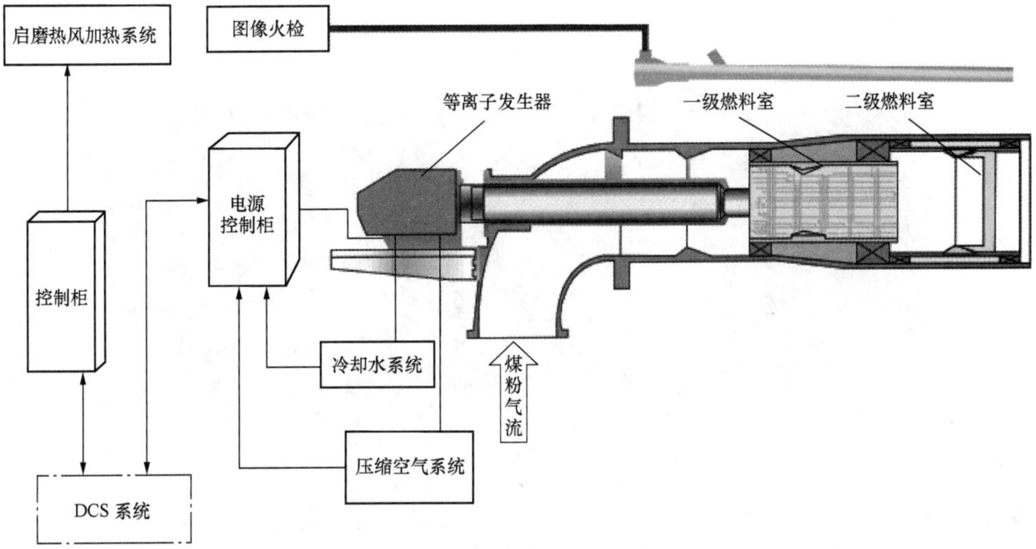

图 3-38 XCC 系列等离子点火装置系统图

1. 等离子发生器

XCC 系列等离子发生器系统如图 3-39 所示，图 3-39（a）中 1、3、4 为载体风和冷却水系统管道，2 为电源系统，5 为阴极。图 3-39（b）中显示的是载体风经过进气环后，被电离形成等离子体，从阳极喷出电弧的过程。图中等离子发生器前腔进气环为中界线，左边为阳极，右边为阴极；电子在电场力作用下从阴极表面飞出后，飞向阳极，并最终落在阳极表面回到电路中去；电子在飞行过程中将碰到的氧气分子撞成负氧离子和电子，被撞出的电子在电场力作用下继续向阳极飞去，因此很多空气中的氧变成 4000～6000℃高温等离子体。

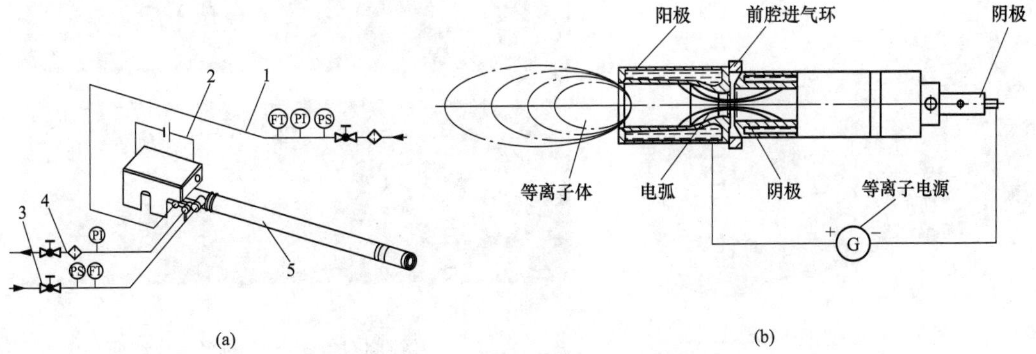

图 3-39 XCC 系列等离子发生器系统图

（a）系统图；（b）引弧原理图

串联在阴极回路上的变压器耦合到等离子电源的正负极之间，由电路产生高频高压脉冲将阴阳极之间的空气间隙击穿；出厂检验能击穿 5mm 间隙，阴阳极实际间隙为 2mm。图 3-40 所示为电路实物图。呈螺旋型的铜板线圈是变压器，提供合格的工作电压。

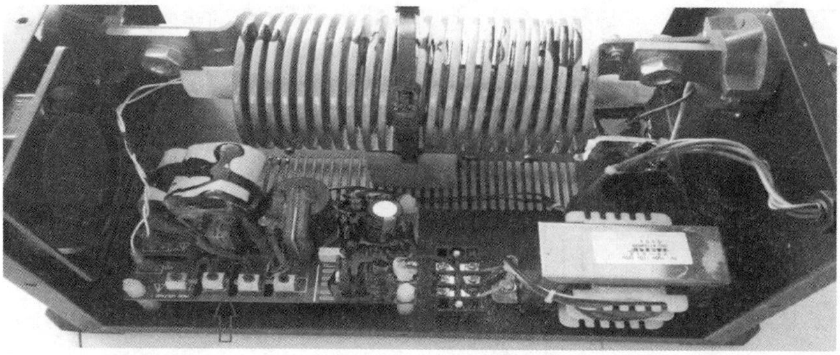

图 3-40　XCC 系列等离子发生器电路设备图

2. 阴极

XCC 系列等离子 100kW 型发生器采用深杯形阴极头，阴极寿命≥500h；200kW 以上的阴极头采用环形大面积烧蚀的方式，通过磁旋弧和气压波动装置，弧根在电极表面高速旋转，烧蚀慢，阴极寿命≥200h。

3. 磁旋弧技术

图 3-41 所示为磁线圈，呈圆筒形，装在等离子发生器的出口位置，直径仅 ϕ80mm，长 150mm。等离子体穿过磁线圈时，经过磁场作用，等离子体向中心汇集，一方面使得点火能量更加集中，另一方面保护线圈和周围的设备免受等离子体的损坏（见图 3-42）。

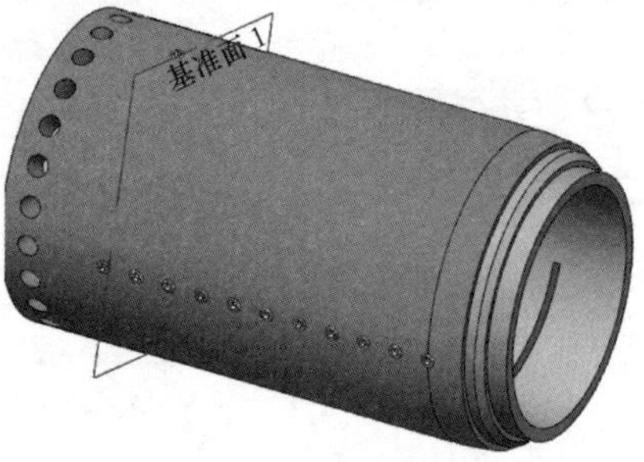

图 3-41　磁线圈外形图

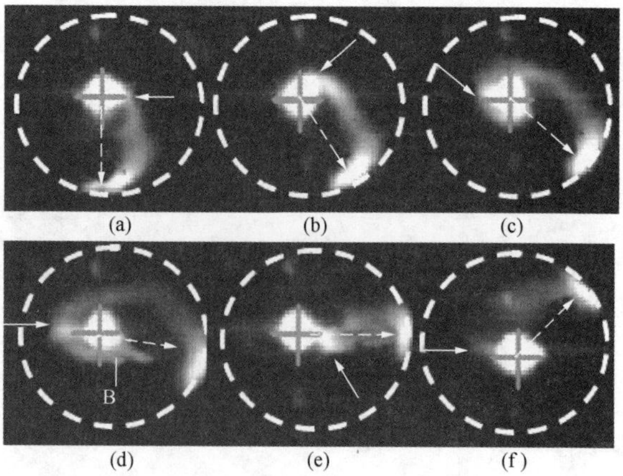

图 3-42　磁线圈对等离子体的聚集作用原理图

思考题

1. 煤粉燃烧 NO_x 产生机理有哪几种?
2. 高效低 NO_x 燃烧器有哪些种类?
3. 等离子点火技术的原理是什么?

第四章

制　粉　系　统

第一节　制粉系统概述

制粉系统是大容量电站煤粉锅炉的重要组成部分，是为锅炉燃烧系统输送合格细度燃料及部分助燃风的系统，同时为了制粉系统自身的安全稳定运行，还配备了密封风系统、消防系统以及排渣系统。

一、锅炉制粉系统的任务

锅炉制粉系统的主要任务是为锅炉燃烧提供煤粉以及部分助燃空气的设备及系统。该系统的主要作用如下：

（1）提供锅炉燃烧所需的煤粉。

（2）制备一定数量的煤粉以满足锅炉各负荷对燃料的需求。

（3）制备具有合格细度和干燥出力的煤粉，确保锅炉可以安全的燃烧。

（4）制备具有符合锅炉燃烧所需温度的燃料。

（5）制粉系统为锅炉燃烧提供锅炉燃烧所需的合格细度、干燥出力、发热量的煤粉。

（6）提供制粉系统自身需要以及锅炉燃烧所需的风。

（7）密封风保护了磨煤机磨辊轴承不被风粉混合物所磨损。

（8）密封风保护了磨煤机碳晶环不被风粉混合物所磨损。

（9）密封风保护了磨煤机动态分离器（如有）轴承不被风粉混合物所磨损。

（10）密封风保护了给煤机不被磨煤机的热风反串引起皮带烧损。

（11）提供符合锅炉良好燃烧要求的一次风量及风压，确保锅炉的燃烧可以控制。

（12）制粉系统对风的要求较高，主要有两类：①密封风，为制粉系统设备安全提供保护，防止吹损；②冷、热混合一次风，不但可以携带制粉系统制备出的煤粉，又可为锅炉燃烧提供一定量的氧量。

（13）排出制粉系统的异物；原煤自输煤皮带进入原煤仓，经给煤机称重后进入磨煤机，由于原煤中存在不易磨碎的异物，不排出将会对磨煤机安全、稳定运行产生影响，因此在磨煤机渣室下部设置排渣门，排渣门出口设置人工排渣或自动排渣系统。

将原煤制备成一定细度的煤粉，是制粉系统磨煤机设备的最主要任务；称重进入磨煤机的原煤并为磨煤机提供细度合格的煤粉，是制粉系统给煤机设备的最主要任务；为携带磨煤机磨出的煤粉进入炉膛燃烧的一次风，是制粉系统一次风机的最主要任务；保护磨煤机磨辊轴承、炭精环、动态分离器不被含粉热风损坏，是制粉系统密封风机的最主要任务；保护磨煤机不被异物损坏，是制粉系统排渣系统的最主要任务。

二、锅炉制粉系统原理及分类

制粉系统的主要作用就是为锅炉燃烧过程提供合理细度、充足数量的煤粉以及助燃物中的一次风。

（一）煤粉的性质

1. 煤粉的细度

煤粉细度的概念：是指煤粉经过制粉系统后被破碎的程度，但需要通过科学的试验方法进行测量。一般指的是试验时留在筛子上的煤粉占试验煤粉的质量百分比。

煤粉细度的表示方式：

$$R_x = a/(a+b) \times 100\% \tag{4-1}$$

式中　a——留在筛子上的煤粉质量，kg；

　　　b——通过筛子落下的煤粉质量，kg。

当筛子孔径不变的情况下，留在筛子上的煤粉越多，细度越大，煤粉越粗，当筛子孔径不变的情况下，留在筛子上的煤粉越少，细度越小，煤粉越细，着火点越低，更有利于点燃；煤粉越粗，着火点越高，越不利于点燃。一般常说的 R90 是指孔径为 90μm 的筛子，而所说的 10%（R90）是指煤粉通过孔径为 90μm 的筛子煤粉为 90%，不通过的留在筛子上的为 10%。

煤粉细度的意义：煤粉细度对锅炉效率有很大的影响，这是因为煤粉过粗将会导致着火时间延后（一般认为，从燃烧器出口至炉膛出口煤粉需要 2～3s），煤粉过粗将会导致着火点延后，无法在炉膛内全部或部分点燃，使得锅炉燃烧不完全、飞灰含碳量高、炉膛火焰中心提高、尾部二次燃烧概率高；而煤粉过细会增加制粉系统的电耗（同样影响机组的能耗指标），增加磨煤机的磨损。

煤粉细度的合理选择：设计单位在设计初期就对燃料进行了分析，磨煤机厂按照燃料分析结果设计了磨煤机，调试单位根据设计单位和磨煤机厂给出的指标对煤量、煤粉细度和磨煤机电耗进行合理调试，得到最经济的运行方式。

煤粉细度见表 4-1。

表 4-1　　煤粉细度表

筛号（每厘米长的孔数）	6	8	12	30	40	60	70	80
孔径（筛孔内边长）（μm）	1000	750	500	200	150	100	90	75
煤粉细度 R_x	R1	R750	R500	R200	R150	R100	R90	R75

煤粉经济细度：机械未完全燃烧损失和制粉系统的电耗之和为最小时的细度称为经济细度（见图 4-1）。煤粉细度的调整手段一般有两种：调整分离器及系统通风量。

2. 燃煤的水分

燃煤水分过高，会造成制粉系统干燥出力不足，干燥出力不足可能造成磨煤机满煤、

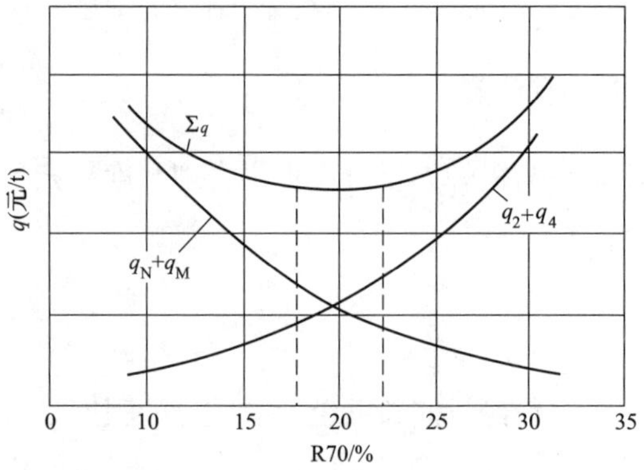

图 4-1 煤粉经济细度

q_2—排烟热损失；q_4—机械不完全燃烧热损失；q_N—磨煤机电能消耗；q_M—制粉设备金属消耗；Σ_q—煤粉经济细度

煤粉管道内结块，煤粉输送困难及着火推迟、火焰中心延后等问题。水分过低时，磨煤机及出口温度易过高，造成煤粉易在磨煤机内部、出口粉管、燃烧器处自燃甚至引起爆燃，也有可能引起火焰中心提前，所以煤粉中水分的高低应根据制粉系统及燃烧系统可靠性及制粉系统的经济性综合考虑。

3. 煤粉的爆燃性

当可燃的煤粉以一定的浓度分散在空气中，遇到适当的燃点，就会发生燃烧并迅速传播，导致不可控制的连续燃烧，发生煤粉爆燃。

影响煤粉爆炸及其强度的因素有：

（1）挥发分含量。挥发分 V_{daf} 高，产生爆炸的可能性大。

（2）煤粉细度。煤粉越细，爆炸危险性越大。

（3）气粉混合物浓度。危险浓度为 1.2～2.0kg/m^3。在运行中，从便于煤粉输送及点燃考虑，一般还较难避开引起爆炸的浓度范围。

（4）煤粉沉积。制粉系统中的煤粉沉积，往往会因逐渐自燃而成为引爆的火源。

（5）气粉混合物中的氧气浓度。浓度越高，爆炸危险性越大。

（6）气粉混合物流速。流速低，煤粉有可能沉积；流速过高，可能引起静电火花，所以气粉混合物流速过高、过低对防爆都不利。一般气粉混合物流速控制为 16～30m/s。

（7）气粉混合物温度。温度高，爆炸危险性大。因此，运行中应根据 V_{daf} 高低，严格控制磨煤机出口温度。

（8）煤粉水分。过于干燥的煤粉爆炸危险性大。对煤粉水分的控制要根据挥发分 V_{daf}、煤粉贮存与输送的可靠性以及燃烧的经济性综合考虑确定。

4. 煤的可磨性

我国标准规定：采用哈德格罗夫氏法测定哈氏可磨系数 HGI。测定方法是：将经过空气干燥，粒度为 0.63～1.25mm 的煤样 50g，放入哈氏可磨性试验仪中旋转 60 转进行破碎。施加在钢球上的总作用力为 284N，将所得的煤粉进行筛分，根据筛余量的多少计算哈氏可磨性指数 HGI：

$$HGI=13+6.93\times G71$$

式中，G71 表示通过孔径为 0.071mm 筛的试样质量。

我国动力用煤的可磨性系数一般为 HGI＝25～129，通常认为 HGI＞86 为易磨煤，HGI＜62 为难磨煤。

（二）锅炉制粉系统的主要设备及简介

（1）给煤机：主要由电动机、减速机、落煤管、壳体、检修人孔门、照明装置、驱动滚筒、被动滚筒、张紧滚筒、刮板装置、防止跑偏、称重装置、上、下插板门、皮带等部件组成。

（2）磨煤机：主要由电动机、壳体、减速机、碾磨装置、检修人孔门、润滑系统、液压加载系统（如有）、弹簧装置、分离器、平台等部件组成。

（3）煤粉管道：主要由输粉管道、可调缩孔、燃烧器入口插板门、补偿器、支吊架等部件组成。

（4）密封风机：主要由电动机、壳体、叶轮、轴承箱、密封风管路、风门挡板等部件组成。

（5）一次风机：主要由电动机、壳体、叶轮、轴承箱、送风管道、液压缸等部件组成。

（三）锅炉制粉系统的分类

锅炉制粉系统可分为直吹式和中间储仓式两类，直吹式制粉系统，是指原煤经磨煤机磨成粉后，直接由燃烧器吹入炉膛燃烧；而中间储仓式制粉系统，是将磨煤机磨好的煤粉存储在煤粉仓中，然后根据锅炉负荷的需要，由给粉机经燃烧器送入炉膛燃烧。不同的制粉系统宜配置相应的磨煤机类型，直吹式制粉系统一般配用中速或高速磨煤机，而中间储仓式制粉系统均配置低速磨煤机。随着火力发电厂机组容量和参数的提高，锅炉制粉系统逐步均采用了直吹式制粉系统。

1. 直吹式制粉系统

由于直吹式制粉系统（见图 4-2）中磨煤机的煤粉直接送入炉膛内燃烧，因此，在运

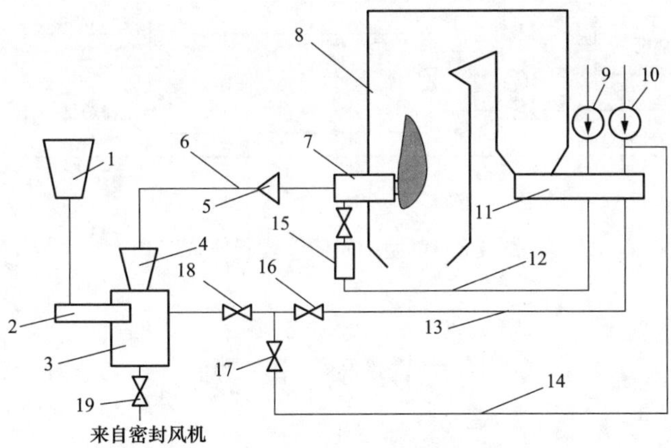

图 4-2　典型直吹式制粉系统

1—原煤仓；2—给煤机；3—磨煤机；4—煤粉分离器；5—可调缩孔；6—煤粉管道；7—燃烧器；8—锅炉；9—送风机；10—一次风机；11—空气预热器；12—二次风管道；13—一次热风管道；14—一次冷风管道；15—二次风风箱；16—热风挡板；17—冷风挡板；18—一次风门；19—密封风门

行中任何时刻锅炉的燃料消耗量等于磨煤机的制粉总量。

直吹式制粉系统的工作流程：原煤经原煤仓，由给煤机送入磨煤机碾磨成粉，由一次风送入分离器，粗粉返回磨煤机继续碾磨，细粉则被送入燃烧器，进入炉膛燃烧。

直吹式制粉系统优点：结构简单，设备部件少，输粉管路阻力小，因而输粉系统的电耗小。直吹式制粉系统被大机组锅炉广泛采用。

2. 中间储仓式制粉系统

磨煤机磨出的煤粉先储存于煤粉仓中，锅炉燃烧用的煤粉通过给粉机由煤粉仓中取用，这种制粉系统称为中间储仓式制粉系统（见图 4-3）。

中间储仓式制粉系统的工作流程：原煤经原煤仓，由给煤机送入磨煤机碾磨成粉，由一次风送入分离器，粗粉返回磨煤机继续碾磨，细粉则经细粉分离器、煤粉仓、螺旋输粉机、给粉机后被送入燃烧器，进入炉膛燃烧。

中间储仓式制粉系统的优点：燃料供应的可靠性高、磨煤机可处于经济运行工况、输粉管路不易磨损，燃料调节时滞小等优点。

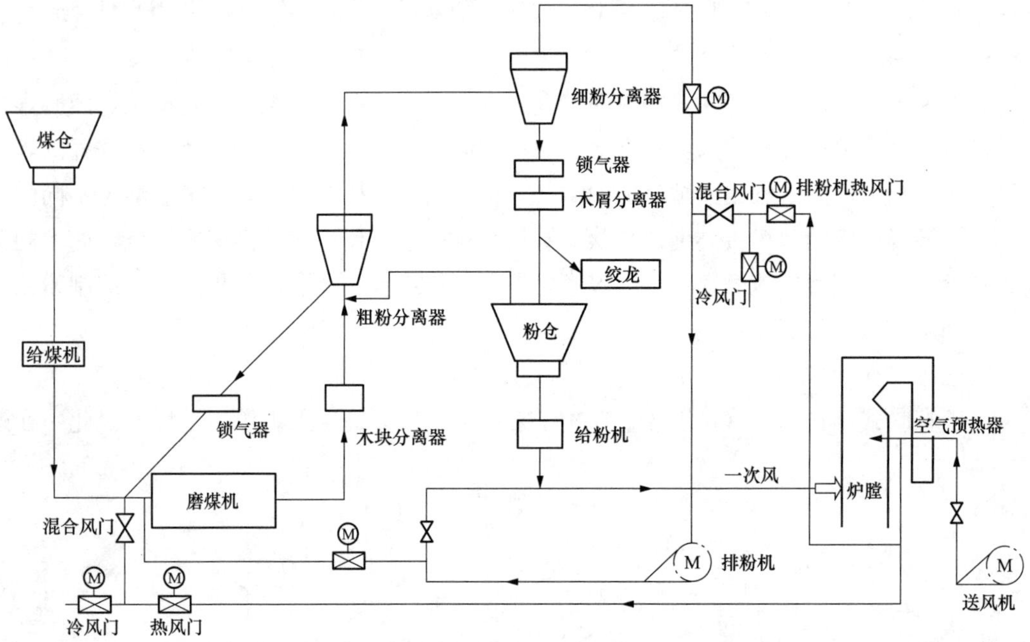

图 4-3　典型中间储仓式制粉系统

第二节　磨　煤　机

磨煤机是锅炉重要辅机之一。

煤在磨煤机中被磨制成煤粉，主要是通过压碎、击碎和碾碎三种方式进行。其中压碎过程消耗的能量最少，研碎过程消耗的能量最大。各种磨煤机在制粉过程中都兼有上述的两种或三种方式，但以何种为主则视磨煤机的类型而定。

一、磨煤机的分类

磨煤机的型式很多，按磨煤工作部件的转速可分为三种类型，即低速磨煤机、中速磨煤机和高速磨煤机。

（一）双进双出磨煤机的工作原理

双进双出磨煤机是在单进单出钢球磨煤机基础上发展起来的，既可被应用于仓储式系统，也可被应用于直吹式系统。

双进双出磨煤机具有两个完全对称的粉磨回路（见图 4-4），其工作原理：原煤通过能自动控制速度的给煤机进入落煤管，靠重力的作用落入输送装置的下方，被旋转的绞笼送入磨煤机的筒体，旋转的筒体内装有一定量的钢球，把原煤研磨成煤粉。

一次风从磨煤机两侧的落煤管进入磨煤机，进入磨煤机的一次风将原煤和煤粉进行干燥，并将碾磨好的煤粉输送到磨煤机上方的分离器中，不合格的粗煤粉返回磨煤机内重新碾磨，合格的细粉被送到锅炉燃烧，或被储存到粉仓中。

双进双出磨煤机不是通过给煤机来调节控制出力，而是靠调整通过磨煤机的一次风量进行控制。在运行中双进双出磨煤机无论负荷如何，磨内风煤比始终保持不变。这就是说在给定负荷下，如果想增减磨煤机出力，只需增减一次风量即可实现，这是双进双出磨煤机的独有特点。因此双进双出磨煤机响应锅炉负荷的调节时间较短。但是恒定不变的磨煤机内风煤比在低负荷情况下会导致输粉管道内的煤粉流速过低。为保证煤粉输送的通畅，通过附加风量（称作旁路风）保证煤粉的正常输送。

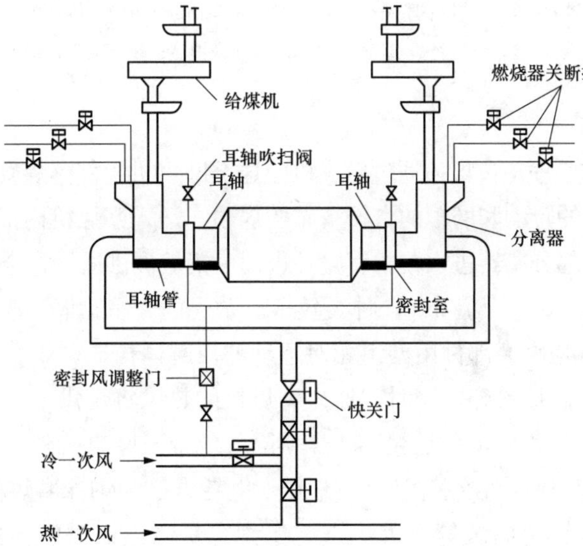

图 4-4 典型双进双出磨煤机结构示意图

（二）低速磨煤机

主要指滚筒式钢球磨煤机，一般简称钢球磨或球磨机（见图 4-5）。它是一个转动的圆柱形或两端为锥形的滚筒，滚筒内装有钢球。滚筒的转速为 15～25r/min。工作时筒内的钢球不断地撞击和挤压煤块，将煤块磨制成煤粉。然后由通入滚筒内的热风将煤烘干并将煤粉送出，经分离器分离后，一定细度的煤粉被送入煤粉仓或直接送入煤粉燃烧器。钢球磨笨重庞大、电耗高、噪声大；但对煤种的适应范围广，运行可靠，特别适宜于磨制硬质无烟煤。

钢球磨的主要缺陷是容易发生烧瓦，轴瓦烧坏是筒式钢球磨煤机的常见故障．其后果极为严重，通常这类事故多发生在试运行或安装投产不久的运行中。烧瓦的主要原因包括润滑油的质量及特性，轴颈与工作瓦间的接触好坏、间隙大小、加工精度、轴颈线速度的大小、载荷轻重、冷却水量多少和轴颈温度高低等。

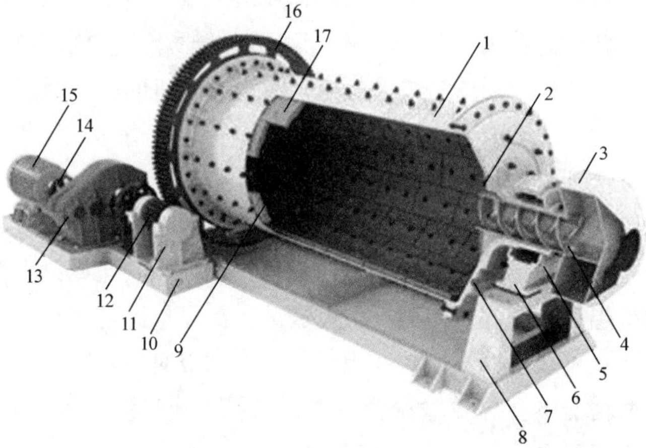

图 4-5 典型钢球磨

1—筒体；2—石板；3—进料器；4—进料螺旋；5—轴承盖；6—轴承支座；7—侧端盖；8—基座；9—花板；10—驱动座；11—过桥轴承座；12—小齿轮；13—减速机；14—联轴器；15—电机；16—大齿圈；17—大衬板

（三）中速磨煤机

中速磨煤机的工作原理是：煤粉通过给煤机输送至磨煤机顶部落煤管落入磨煤机，通过磨煤机传动盘带动衬瓦的转动和磨辊的自转来碾磨煤粉。送入磨煤机内部的一次风携带细度合格的煤粉自磨煤机顶部分离器进入输粉管路，进而为锅炉提供适量、合格细度的煤粉。

中速磨煤机转速为 50～300r/min，种类较多。常见的有平盘磨、碗式磨、E 型磨和辊式磨。它们的共同特点是碾磨部件由两组相对运动的碾磨体构成。煤块在这两组碾磨体表面之间受到挤压、碾磨而被粉碎。同时，通入磨煤机的热风将煤烘干，并将煤粉送到碾磨区上部的分离器中。经分离后，一定细度的煤粉随气流带出磨煤机外，粗颗粒的煤粉返回碾磨区重磨。中速磨煤机具有设备紧凑、占地小、电耗省（为钢球磨煤机的 50%～75%）、噪声小、运行控制比较轻便灵敏等显著优点。在大容量燃煤锅炉中碗式中速磨煤机用得较多。

（四）高速磨煤机

高速磨煤机主要由高速转子和磨壳组成，高速转子转速为 500～1500r/min。常见的有风扇磨（见图 4-6）和锤击磨等。在风扇磨中煤块受到高速转子的高速冲击与磨壳碰撞，以及煤块之间互相撞击而被磨碎。这种磨煤机与煤粉分离器组成一个整体，结构简单，紧凑，初投资省，特别适用于磨制高水分褐煤和挥发分高、容易磨制的烟煤。但是风扇磨部件磨损快，连续运行时间较其他磨煤机都短，且不适于磨制硬质煤种。

随着机组容量和参数的逐步提高，大型火力发电厂大多采用中速磨煤机。因此本章节重点对中速磨煤机进行介绍。中速磨煤机按照结构的不同又可以分为辊—盘式、辊—碗式、HP 磨、辊—环式等。

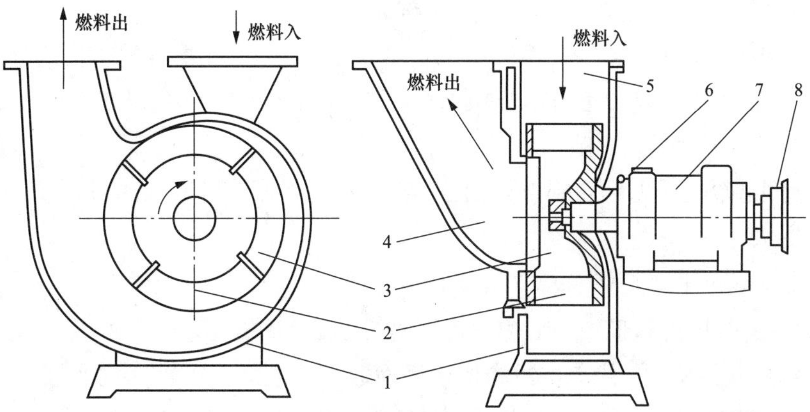

图 4-6 风扇磨煤机

1—机壳；2—冲击板；3—叶轮；4—燃料进口；5—出口；6—轴；7—轴承箱；8—联轴器

二、常见中速磨煤机结构

（一）辊—盘式中速磨煤机（又称平盘磨煤机）

中速平盘式磨煤机的碾磨件主要由 2～3 个锥形辊与圆形平盘组成，故简称为平盘磨，见图 4-7（a）。

平盘磨煤机的组成：电动机、减速机、磨辊、磨碗、折向门、分离器、风室、加载缸、排渣系统、液压加载系统、润滑油系统、密封风系统。

平盘磨煤机的工作原理：电动机带动减速机旋转，减速机传动平盘磨盘转动。磨辊安装在辊轴上，磨辊为自转。通过液压加载或弹簧为碾磨增加碾压力。磨好的煤粉被吹入磨煤机的热一次风携带至磨煤机顶部分离器，煤粉细度合格的煤粉继续进入输粉管路，煤粉细度不合格的煤粉被分离器分离出来，重新参与碾磨过程。

（二）辊—碗式中速磨煤机（又称碗式磨或 RP 型磨煤机）

RP 型磨煤机由于其磨盘为碗状得名，属于滚压式磨煤机，一般分为浅碗型和深碗型，见图 4-7（c）。国内中速磨煤机一般采用浅碗型，即 RP 型磨煤机。RP 型磨煤机的碾磨件主要由 2～3 个锥形辊与碗形磨盘组成。

RP 型磨煤机一般由电动机、减速机、磨辊、磨碗、折向门、分离器、风室、加载缸、排渣系统、液压加载系统、润滑油系统、密封风系统构成。

RP 型磨煤机工作原理：在工作时，电动机带动减速机旋转，减速机传动磨盘转动，磨辊安装在辊轴上，磨辊为自转。通过液压加载或弹簧为碾磨增加碱压力。磨好的煤粉被进入磨煤机的热一次风携带至磨煤机顶部分离器，煤粉细度合格的煤粉继续进入输粉管路，煤粉细度不合格的煤粉被分离器分离出来，重新参与碾磨过程。

（三）HP 型磨煤机

HP 型磨煤机由 RP 型磨煤机发展而来，与 RP 型磨煤机不同的是，其加载主要依靠外置弹簧。其碾磨件由 3 个锥型磨辊和磨碗组成。

HP 型磨煤机一般由电动机、减速机、磨辊装置、磨碗装置、分离装置、风室、加载装置、排渣系统、润滑油系统、密封风系统构成。

HP 型磨煤机工作原理与 RP 型磨煤机基本相同，与 RP 型磨煤机不同之处在于：

（1）RP 型磨煤机采取的是与给煤机给煤率联锁自控的电液控制方式；而 HP 型磨煤机采取的是外置弹簧加载方式。

（2）RP 型磨煤机采取蜗轮蜗杆传动方式，HP 型磨煤机采取减速机传动方式，HP 型磨煤机出力更大。

（四）辊—环式中速磨煤机（又称 MPS 磨煤机）

MPS 型中速磨煤机属于外加力型辊盘式磨煤机。MPS 型磨煤机中 M 代表磨煤机；P 代表磨辊为钟摆式结构；S 代表碗式结构；后面数字代表磨盘中径。如北京电力设备总厂生产 ZGM95、ZGM123 等类型磨煤机均由 MPS 型磨煤机发展而来，见图 4-7（d）。

MPS 型磨煤机一般由电动机、减速机、传动盘、磨辊装置、分离装置、风室、加载装置、排渣系统、润滑油系统、密封风系统构成。

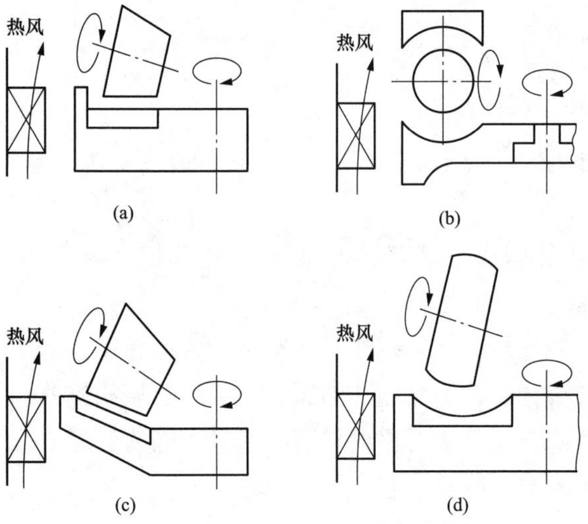

图 4-7 中速磨煤机类型简图

（a）平盘磨煤机；（b）E 型磨煤机；

（c）碗式磨煤机；（d）辊式磨煤机

MPS 型磨煤机工作原理是电动机通过主减速机驱动磨盘旋转，磨盘的转动带动 3 个磨辊（120°均布）自转。原煤通过进煤管落入磨盘，在离心力的作用下沿径向甩向磨盘周边，均匀进入磨盘辊道，在磨辊与衬瓦之间进行碾磨。碾磨压力通过磨辊上部的压架及 3 个拉杆传至磨煤机基础，磨煤机壳体不承受碾磨力。碾磨压力由液压系统提供，可根据煤种进行调整。碾磨压力及碾磨件的自重全部作用于减速机上，由减速机传至基础。3 个磨辊均分布于磨盘辊道上，并铰固在加载架上。压架与磨辊支架通过滚柱可沿径向作倾斜 12°～15°的摆动，以适应物料层厚度的变化及磨辊与磨盘瓦磨损时所产生的角度变化。

三、磨煤机辅助系统

（一）分离器

中速磨煤机一般在磨煤机顶部与输粉管路之间装分离器（见图 4-8），目前国内中速磨煤机采用静态离心式分离器较多。近年来，为了确保燃烧与磨煤机电耗之间的经济性，动态分离器逐步得以发展应用。

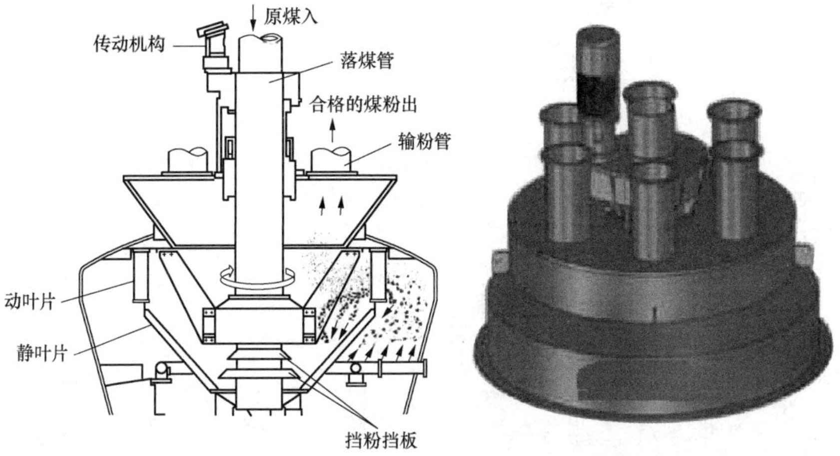

图 4-8　分离器简图

静态分离器有一个圆柱形或圆锥形壳体，与中速磨煤机碾磨区相连。上部沿圆周均匀布有多个折向挡板。气粉混合物在经过碾磨后经过折向挡板，粗粉在离心力和重力作用下回落至碾磨区继续进行碾磨，细粉经输粉管路进入炉膛。折向挡板通过外部执行器可进行挡板角度的调整，用以调节煤粉细度。

动态分离器是电动机通过减速机传动转子叶片转动，细度合格的煤粉通过叶片间隙进入输粉管，细度不合格的煤粉通过离心力和叶片的撞击回至碾磨区继续进行碾磨。动态分离器一般采取变频器形式控制转速，从而控制煤粉细度。

（二）减速传动部分及其润滑系统

中速磨煤机用减速机（见图 4-9）包括如下部件：齿轮箱输出轴联轴器下部装有组合型斜面液压推力轴承，滑块表面粗糙度低于 0.005mm。该种减速机既起到减速传动作用，又起到支撑磨煤机大部分载荷的作用。由于减速机承受着碾磨力和碾磨件的垂直与水平方向力，因此大型减速机采取组合焊接结构，中、小型采取整体铸钢结构。大容量中速磨煤机的减速机上盖上设有输出轴推力瓦座，借助推力盘承受磨煤机碾磨件的动载荷和静载荷，推力盘的直径较大，仅略小于磨盘节圆直径，这样有利于消除来自磨盘的振动、平衡轴向弯矩。每台减速机一般设有 12 块推力瓦，为使每块推力瓦间的油膜能有足够的承载力，一般采用 40℃时运动黏度为 320mm^2/s 极压润滑油，以确保传动部件即使在极高的静压下也能充分的润滑。

图 4-9　减速机

采用蜗轮、蜗杆传动的磨煤机减速传动部分：减速箱内蜗杆两端的滚动轴承由减速机内润滑油自润滑；蜗轮的主轴下部为推力轴承，靠减速机内润滑油自润滑；上部为导向轴承，依靠齿轮泵供油润滑。

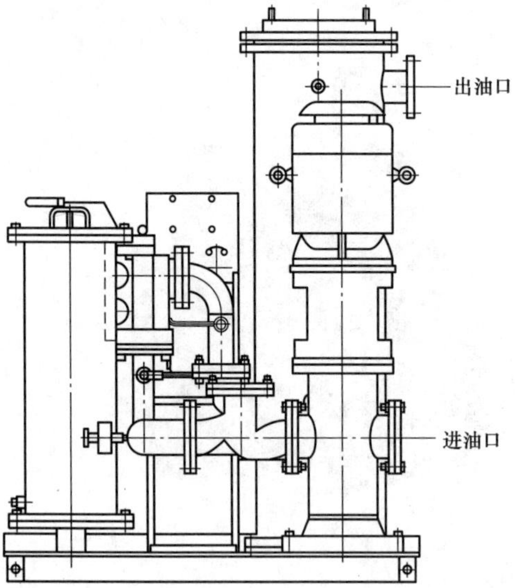

图 4-10　润滑油站

为了给减速机提供足够流量的润滑油，一般都设有润滑油系统，润滑油系统由油泵、滤网、冷油器、阀门、压力表、压力变送器等组成，而加热器一般设在减速机上。为保护油泵和减速机，一般设置低速运行与高速运行两种模式，起泵时首先低速运行，待油温达到 2℃以上后切换至高速运行。润滑油站见图 4-10。

（三）加载系统

加载系统主要分液压加载系统和弹簧加载系统，是为碾磨件增加碾磨力实现高效碾磨煤粉的作用。

液压加载系统又分为定加载和变加载两种模式，变加载为系统常规加载状态，定加载为非常规加载状态。定加载工况下加载力不变，变加载工况加载力随煤量和煤质变化而变化，通过煤量信号转化为 4～20mA 电流信号，传送至放大板，放大板将电流信号传送至比例溢流阀，由比例溢流阀转化为 3.2～13.6MPa 的液动压力，液动压力由流量调节阀控制，分别送至每台液压拉杆的加载油缸，通过力的传递输送至液压拉杆。通过液压加载调整液压缸的工作压力，实现自动保压，控制煤粉细度在较小的范围内波动。

液压加载磨煤机的液压油站见图 4-11。

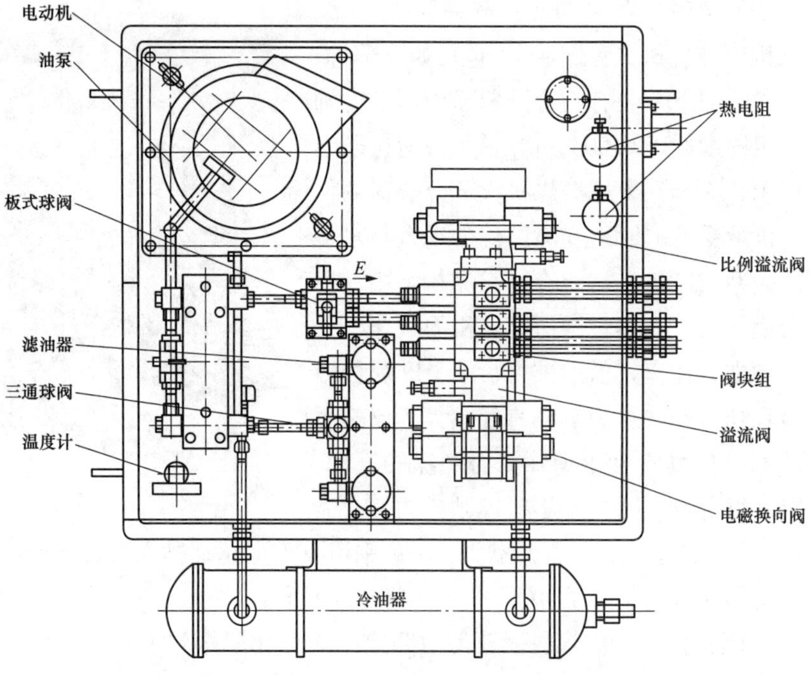

图 4-11　液压加载磨煤机的液压油站俯视图

弹簧加载系统无法调整加载力的大小，弹簧被安装在磨煤机机壳内（或外置），在磨煤机启动前将弹簧预紧力紧至设计值后锁定。在磨煤机碾磨中对磨盘和磨辊之间的煤层厚度要求较严格。当煤层厚度在其破碎能力范围内出力很高，当煤层厚度高于其破碎能力范围，则碾磨件易打滑，造成出力降低。

（四）密封风系统

制粉系统密封风是来自一次风母管或室外，由密封风机增压后输送至制粉系统。一般情况下为以下设备提供密封风：

(1) 给煤机密封风：冷却、保护皮带及其附加装置，防止磨煤机的热风粉混合物进入给煤机；

(2) 风门密封风：防止风道中的灰尘、杂物进入风门门板与门架造成卡涩；

(3) 磨煤机磨辊密封风：保护磨辊润滑油的清洁，防止磨辊轴承及其附件损坏，约占总风量的 50%；

(4) 磨煤机拉杆密封风（如有液压拉杆）：防止密封环之间积粉，约占总风量的 5%；

(5) 磨煤机机座密封（如正压运行）：防止一次风从转动的传动盘处泄漏。约占总风量的 45%；

(6) 磨煤机动态分离器动静密封（如有动态分离器）：防止煤粉通过旋转的动静间隙进入分离器驱动部的油池中，污染润滑油，约占总风量的 15%。

与一次风串联的正压磨煤机密封风机增压约 9kPa，负压运行的磨煤机密封风机增压约 8kPa；启动时密封风与一次风的压差值必须大于 2kPa；运行时密封风与一次风的压差值不得低于 1.5kPa。

密封风作为保证制粉设备安全的重要系统，需确保密封风压，否则将损坏设备。

（五）输粉管路、落煤管及其附属设备

落煤管是指给煤机出口至磨煤机入口之间的管路；输粉管是指磨煤机出口至燃烧间之间的管路，输送已辗磨至符合标准的煤粉。

输粉管路一般采用锰钢管，落煤管一般采用不锈钢管；要求具有耐磨性及防止冷、热裂性能。输粉管路内部要做防磨处理，弯头内部通常贴瓷片，防止磨损。

输粉管路上需安装可调缩孔，用于一次风、粉混合物的输出能力平衡调节（一次风压强调平），防止输粉管路的堵塞，造成的输粉管路燃烧事件。

输粉管路上需安装伸缩节（补偿器），用以防止锅炉热态时输粉管路膨胀造成拉裂。

（六）中速磨煤机常见缺陷及处理方法

中速磨煤机常见缺陷及处理方法见表 4-2。

（七）中速磨煤机检修工序及质量标准

中速磨煤机检修的工序较多，检修工序及对应的质量标准见表 4-3。

表 4-2　中速磨煤机常见缺陷及处理方法

问题	可能的原因	处理方法
磨煤机运转不正常	碾磨件间有异物	停机，消除异物，检查磨内部件是否脱落（注意：当磨煤机进入铁块等高硬度异物时，应及时消除否则会损坏碾磨件）
	磨盘内无煤或煤量少	落煤管堵塞
	导向板磨损或间隙过大	更换或调整间隙
	碾磨件损坏	更换
磨机一次风和密封风压差减小	蓄能器中氮气过少或气囊损坏	停磨和高压油站，充气检查蓄能器
	密封风机入口过滤器堵塞	清洗过滤器
	密封风管道止回阀门板位置不准确	将门板调至正确位置
	密封风管道漏气或损坏	修理或更换
	密封件失效	修理或更换
辊套断裂 运行期间分离器温度太低或太高； 分离器温度提高很快	密封风机故障	消除故障
	磨煤机运行出现过剧烈振动	消除振动来源
	停磨后机壳检查门打开过早，冷风激冷造成	避免磨辊受较大温差的影响；更换辊套
	一次风温度控制装置故障	将一次风温度转换为人工控制并消除故障
	一次风控制失灵	同上
磨辊油位低 磨辊油温度高	磨内着火 分离器温度大于 110℃	磨机应紧急停机，打开消防蒸汽阀门通入消防蒸汽直至温度降低
	密封件失灵	停机，修理或更换密封件，注油达规定油位
	油位低	停磨，加注油脂
	轴承损坏	停磨，更换磨辊轴承
刮板脱落 石子煤排量过多气动落渣关断门密封不严	磨辊密封风管道故障或磨穿	修理或更换
	紧固螺栓脱落或折断	重新紧固或更换螺栓
	紧急停磨或磨机刚启动； 煤质较次； 运行后期磨辊、衬瓦、喷嘴磨损严重； 运行时磨出力增加过快，一次风量偏少（即风煤比失调）	启动磨煤机和紧急停磨引起的石子煤增多属正常情况； 对于由于喷嘴喉口磨损引起的石子煤增多，应及时更换喷嘴； 重新调整一次风量
	气动落渣关断门密封面磨损； 气动落渣关断门关闭时卡有物体	检修时修理密封面或反复开关几次
一次风从机座密封处泄漏； 减速机推力瓦油池油温超过正常值	密封风量不够	检查密封风机
	密封磨损	更换密封
	供油流量不够	检查油泵流量，阀门是否节流，分油管是否堵塞
	冷油器冷却效果不好	检查冷却水阀门和冷却水量
	推力瓦面严重磨损	刮研或更换

续表

问题	可 能 的 原 因	处理方法
减速机推力瓦损坏	冷油器油中进水	检查冷油器内部铜管是否堵塞和结垢
	受机座密封处漏出的一次热风影响	处理漏风
	磨煤机频繁启、停或剧烈振动	避免磨煤机频繁启动和消除振动
	供油量少或断油时报警系统未报警	定期检查报警装置
	冷油器油中进水，润滑油不合格和长期使用变质	换油和使用润滑油按润滑油使用要求更换轴瓦
减速机噪声超过正常值；润滑油温过高	减速机内有杂物	取出异物
	轴承和齿轮磨损或损坏	更换轴承和齿轮
	联轴器找正不正确	检查找正情况
	联轴器传动销损坏	更换传动销
	没有冷却水	供给冷却水
润滑油温过低	冷却水太少	增加冷却水量
	冷却器内有空气	冷却器放气
	冷却器太脏	更换冷却器； 清洗或者更换脏的管路、部件
	加热器有问题	修理或更换加热器
	减速箱还没有预热到运行温度	稍等
	冷却水太多或太凉	减少冷却水量
润滑油压过低	过滤器阻塞	换向到清洁的过滤器，同时清洗或者更换滤芯及有关零件
	安全阀有问题	修理或者更换安全阀
	吸油管阻塞	清理吸油管
	油泵内吸进气体	检查吸油管道，修补漏洞
	润滑油温太高	（同上）
	油的黏性太低	检查油液黏度，必要时加注正确的油液
润滑油压过高	油泵有缺陷； 泵的驱动机构有缺陷	换向到备用泵，修理或者更换有缺陷的泵
	减速箱还没有预热到运行温度	稍等
	限压阀设置不当	校正限压阀的压力
	限压阀有缺陷	修理或者更换限压阀
	去往减速箱或者是减速箱内的润滑油管路阻塞	找出阻塞的管路并进行清理
滤网上聚集了明显的残渣	油液黏性太高	检查油液黏度，必要时加注正确的油液
	来自减速机构磨损产生的渣子	检查减速箱，有缺陷处进行修整
	润滑油太脏	滤油或换油
油耗太高	泵产生磨损的渣子	修理或者更换有缺陷的泵
	管路、连接处、阀或减速箱泄漏	紧固螺栓，再密封

表 4-3　　中速磨煤机检修项目表

检修项目	主要工序和内容
分离器折向门检修	折向门门板磨损剩原厚度的 1/3，或不均磨损而穿透更换折向门
分离器内锥体、外锥体和落煤管的支撑板检修	支撑板磨损后应贴板加固
回粉挡板检修	门板磨损严重或关闭不严时更换新门
导向装置检修	导向块表面磨损情况严重，无法调整间隙或调整后障碍运行，更换新导向板
铰轴装置检修	如果磨损严重、变形更换新件
机壳防磨护板检修	上下防磨护板磨损超过原厚的 1/2 时，予以更换
辊架防磨护板检修	防磨护板磨损超过原厚度的 1/2 时，予以更换
磨辊油位测量	检查油封、各丝堵处是否漏油。打开磨辊支架上的罩盖，测量油位，其油位必须在要求的最低油位之上，最高油位之下，否则必须补油或放油
辊套、衬板检修	测辊套磨损，其中心线处的磨损量达到辊套厚度的 35％～45％范围，可翻身使用。翻身以后可使用到剩余厚度 10mm。衬板随同辊套更换
磨辊油封检修	油封使用寿命 8000～20 000h，更换由使用情况和检修周期决定，当出现骨架变形、唇口磨损、唇口划伤时更换新油封
橡胶 O 形圈检修	一般使用寿命 8000～20 000h，更换由使用情况和检修周期决定
油封轴套检修	轴套表面不能磨损，如果磨损予以更换
磨辊轴承检修	出现磨损、点蚀、塑性变形、裂纹更换新轴承
旋转喷嘴间隙检修	检查旋转喷嘴与喷嘴外环的间隙处有无磨损，并清理间隙中异物
旋转喷嘴检修	喉口磨损严重，石子煤排量增多，更换新喷嘴
刮板装置检修	当刮板调整余量过小，更换新刮板
一次风室检修	检查是否积煤，每次启磨前或长期不运行的磨煤机一次风室内都不应积煤，以防止积煤自燃和启动时损坏刮板
机座密封装置检修	炭精环磨损后，造成一次风严重外漏时，进行更换
密封风管关节球轴承检修	当磨损严重，影响磨辊密封。更换轴承和套筒
拉杆加载装置检修	如果有损坏或磨损严重，必须及时更换
各处密封检修	如密封处有泄漏应及时进行处理
加载油缸装置检修	如有问题应及时进行处理
高压油站和润滑油站检修	如有问题应及时进行处理
螺栓、螺母、垫片检修	检修时拆卸过的螺栓、螺母，必须检查表面质量，方可确定是否再用。尼龙嵌件六角锁母使用次数不能超过 3 次，每次使用前必须检查尼龙部位。是否老化、松动、出现裂纹、掉渣，如果存在以上情况，更换新锁母。扳边止动垫片只能使用一次
齿轮油、磨辊油、液压油检修	油的使用、更换见《磨煤机润滑油脂一览表》，加入的油必须有合格证，其技术指标必须符合规定要求。加油时应用过滤精度 6μm 的过滤机过滤或加温后加入，温升不能太快、太高
粉管、弯头检修	磨损超过原厚的 2/3 时，予以更换
支吊架检修	变形部位调整，受力均匀

四、磨煤机检修流程及工艺要求

（一）检修前准备工作

确认磨煤机电源、密封风源、一次风源、消防蒸汽汽源全部切断，将液压加载系统停泵卸压，停止润滑油系统运行。对于可能存在切断不彻底的设备，要装设堵板，确保与运行中的系统可靠隔离。

将与磨煤机连接的管路拆除，做好位置记号，以便回装。

待磨煤机内温度降到≤50℃方可开始工作，打开磨煤机的人孔门及磨辊后部检修门、渣室检修门通风冷却。温度降低至30℃以下方可进入磨煤机内部进行检修。

（二）分离器的检修步骤、工艺方法

（1）切除与磨煤机连接的管道。用割炬切除磨煤机出口煤粉管道、落煤管，将拆除的旧管道吊下放至指定位置。

（2）拆除与分离器连接的管道。包括拆除密封风弯管，拆除分离器上部环形风管与磨辊连接的密封风摆动管，拆除消防蒸汽管道，在蒸汽进口管路法兰上加装堵板，以防杂物进入。

（3）拆除分离器上所有热工测点、电气接线等附属设备。

（4）在分离器下面装设4个32t千斤顶，将分离器顶起35～40mm，然后安装滚柱小车和6台3t规格的手拉葫芦，并拆除影响分离器吊出的栏杆，放置于指定地点。最后用对轨吊车及手拉葫芦将分离器吊起，平行移动到检修平台上。

（5）清理磨煤机本体、分离器内部的积粉和杂物。

（6）利用测厚仪分别测量分离器内锥体、支撑板、出口分叉管、给煤管等部位的厚度，局部磨损超过原厚度的2/3以上则应进行局部修补，60%以上部分磨损超过2/3厚度时应全部更换。

（三）磨辊的检修步骤、工艺方法

磨辊安装在磨煤机筒体内部，通过轴连接在支架上。检修磨辊需要先将磨辊取出来。

（1）调出磨辊。拆除磨煤机磨辊支架上的加压装置拉杆，松开侧板螺栓，将磨辊翻出来。然后装上磨辊起吊专用卡具，用检修电动葫芦将磨辊轻轻吊起，拆除该磨辊的固定支架，然后将磨辊吊置于指定地点。用上述方法将其余两只磨辊吊置于指定地点（磨辊内的油应趁热放出）。

放置磨辊时需水平放置，端盖向上，松开辊胎压环螺栓，取下螺栓弹簧垫片和保险片放置于指定位置。取下吊环，将拉拔辊胎装置的丝杆安装到吊环螺纹中。

（2）拆除辊胎。辊胎是安装在磨辊最外层的碾磨设备，长期运行后辊胎会严重磨损，必须再生修复，或更换新辊胎。先将拔辊胎的装置支顶架和千斤顶紧固到磨辊上，利用千斤顶将辊胎平稳地拔出，必要时可以将辊胎均匀加热膨胀后拔出。加热辊胎时，火焰喷嘴距离辊胎表面应是100～150mm，并在辊胎的外侧整个圆周均匀地加热到65℃左右，绝不允许使用大火剧烈加热升温，因为这样加热会引起辊胎脆裂、报废。

（3）拆除磨辊支架。拆除辊胎后磨辊作180°翻转，使磨辊支架朝上。松开轴头压板螺

栓，取下压板螺栓压板及衬瓦放置于指定地点。拆掉磨辊支架外侧填充螺栓，在该螺纹中拧入辊架拉拔装置的螺杆，装上辊架拉拔装置和千斤顶，利用千斤顶将辊架平稳拉出，必要时可用加热的方法将辊架拉拔出来，见图 4-12。

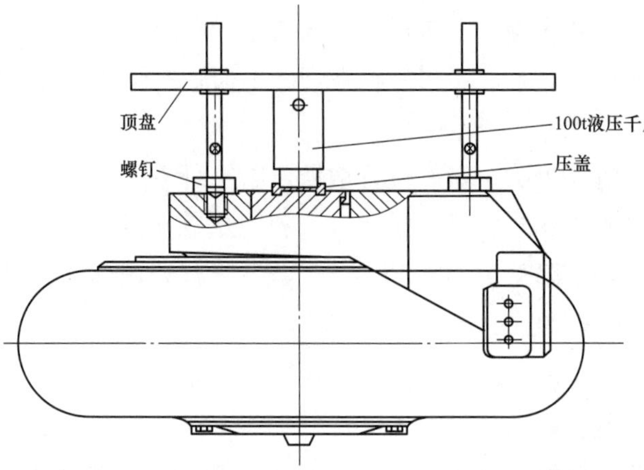

图 4-12 磨辊拆除支架示意图

（4）解体磨辊轴系统。松开并取下轴头透盖充填螺栓及垫片，在填充螺纹中拧入压紧螺栓，借助该螺栓将透盖顶出，取下并放置于指定点，再将密封环、油封、油封承压环和轴套分别取出放置于指定地点，松开滚柱轴承内套压圈的六角螺栓，将压圈、螺栓、垫片及保险片取下放置于指定地点。

利用吊车小心将磨辊翻身，即轴头朝下，放置于专用平台上。松开固定端盖螺栓，将螺栓、垫片和保险片取下放置于指定地点。在端盖的充填螺纹中拧入压紧螺栓，将端盖随同 O 形圈一起取下放置于指定地点，见图 4-13。松开端盖侧轴头压板螺栓，将螺栓、垫片和保险片取下置于指定地点。在辊壳上装上顶压轴头的专用螺栓杆、支架、千斤顶，利用千斤顶将辊轴连同滚柱轴承内套取出放置于指定地点，见图 4-14。

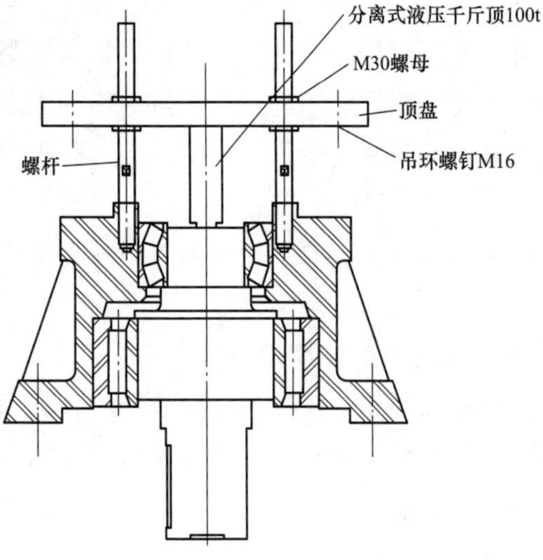

图 4-13 利用专用工具取出摆动轴承示意图

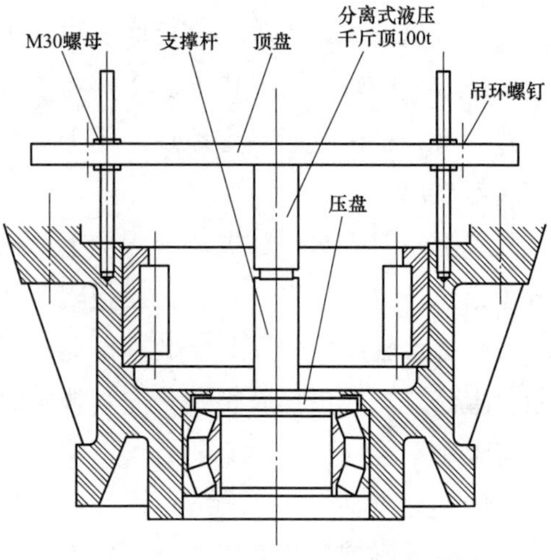

图 4-14 翻磨辊吊装示意图

用吊车将辊毂随同圆柱轴承外套及滚柱小心翻身置好；利用紧固专用装置将圆柱轴承外套连同滚柱一起取出置于指定地点，必要时可以用加热法，见图 4-15。

将磨辊分解出来的部件进行清理，检查，做好技术记录，确定这些部件能否继续使用。

（5）磨辊检修质量标准。磨辊轴承应无麻点、裂纹和环球等缺陷。轴套应无外伤、无压痕、无锈蚀，旋转表面十分光洁，圆度、同心度和圆锥度均应在允许误差范围内，油封等密封件应完整无损。

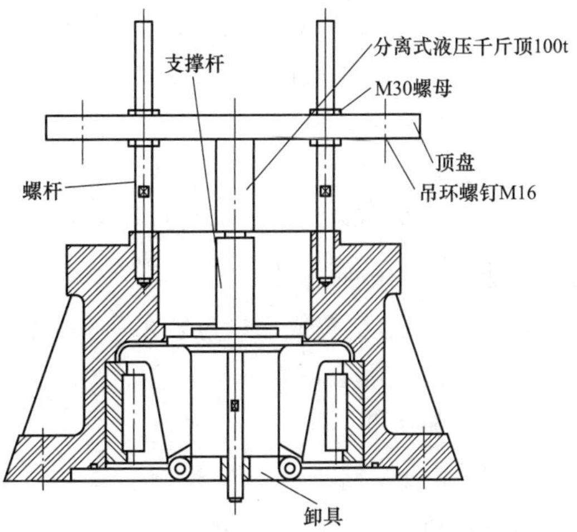

图 4-15 拆解轴承示意图

（6）轴承回装。检修现场一般采用加热装配法。将辊壳吊置于专用支架上，使摆动轴承侧朝上，加热辊壳使之膨胀。再将摆动轴承装入辊壳内，转动辊壳，使滚动轴承外套随同滚柱装入较热的辊壳内。再将辊轴随同滚柱轴承内套垂直装入壳内。用专用盖盖压辊壳和轴承，置于空气中自然冷却，然后做轴承灵活性检查。利用塞尺或压铅法测量轴承游隙。型号为 NU3196 和 24160B 的轴承，组装后游隙应分别小于 0.22mm 和 0.19mm。

（7）回装轴承总成。先将涂了密封剂的充填螺栓，拧入滚动轴承侧的螺孔内，密封螺孔。再将轴套加热到 80～90℃，装入磨辊轴，冷却后再把轴封 O 形圈涂上润滑脂，压装在辊轴与轴套之间。再将专用 O 形圈涂上润滑脂，装入辊壳内，接着回装透盖，将其紧固于辊壳上。合格标准：O 形圈无老化、损坏，透盖与滚柱轴承外套间隙为 0～0.40mm。

用专用压环将油封和油封承压环装入轴套和透盖之间，油封应完好无损，安装方向正确。压装时，油封中需注入黄油，不得损坏油封和油封支撑环。取下专用压环后，测量调整好密封环间隙，回装油封挡环并紧固好。

用吊车转动辊壳，使摆动轴承侧朝上，解除轴承安装止动装置，回装轴头压板。用涂过密封胶的充填螺栓密封摆动轴承侧压力油螺纹孔，再把涂了黄油的专用 O 形圈装入端盖槽内，回装端盖，用涂上铅粉和机油混合物的螺栓紧固端盖。

（8）磨辊润滑油腔室严密性试验。将所有的管孔堵住，充入洁净干燥的压缩空气，辊腔室应严密不漏气。试验压力为 0.2MPa，保持 10min，压降在 0.1MPa 以内为合格。需要注意试验压力不得超过 0.3MPa。

（9）注入润滑油。严密性试验合格后，充入磨辊润滑油。充油前应核验润滑油牌号、黏度值，测量中性值和清洁度等指标，确保各项指标合格。

（10）回装磨辊辊胎。将修复后的辊胎吊起，与辊壳对正后缓慢下落，待辊胎凸肩与辊壳接触后，检查和调整相对位置，缓缓装入辊壳。拆除专用工具，装回辊胎压环。检查防磨环，磨损超过 2/3 厚度时应更换。检查磨辊架磨损情况，并做好记录。辊架磨损不超过原厚度的 1/2，否则更换。

(11) 回装支架等设备。检查并测量风环和透盖之间的径向间隙，合格为 0.40～0.78mm，用涂了二硫化钼的螺栓将风环紧固。检查辊架后面的防磨板，磨损超过原厚度的 2/3 时应更换；检查磨辊密封风摆动管、短管内铜套，磨辊密封风摆动管磨损超过原厚度的 2/3 时应更换，密封风短接管内铜套磨损超过原厚度的 2/3 时应更换。

装复磨辊时应注意，所有的螺栓均应紧固至规定的力矩，且垫片和保险片完好，螺栓上应涂以二硫化钼、铅粉油等防咬合剂。辊架装复后，如要吊运磨辊，不得使用辊架外侧的充填螺纹中的吊环。

(12) 回装磨辊总成。用过轨吊将检修好的磨辊吊入磨煤机筒体内，先用磨辊固定架固定住，再用专用工具找正各只磨辊的倾斜度和同心度，标准为：向内竖向倾斜 15°，磨辊同心度不超过 3mm。

(四) 磨盘及衬瓦的检修步骤、工艺方法

将磨煤机内的磨辊及上部分离器等各部件全部解体吊出后，拆除磨盘上部盖罩，并将其吊出放置于指定地点，露出磨煤机的下部设备。磨煤机的磨辊检修和磨盘组件检修同时进行。

(1) 吊出磨盘组件。先测量喷嘴环与静环之间的间隙，做好记录。松开磨盘固定螺栓，然后用磨盘上的三个起吊吊耳和三根等长度的钢丝绳吊出磨盘及动环（也叫喷嘴环）组件，放置于指定地点，见图 4-16。解体检修喷嘴环（动环），磨损严重需更换。

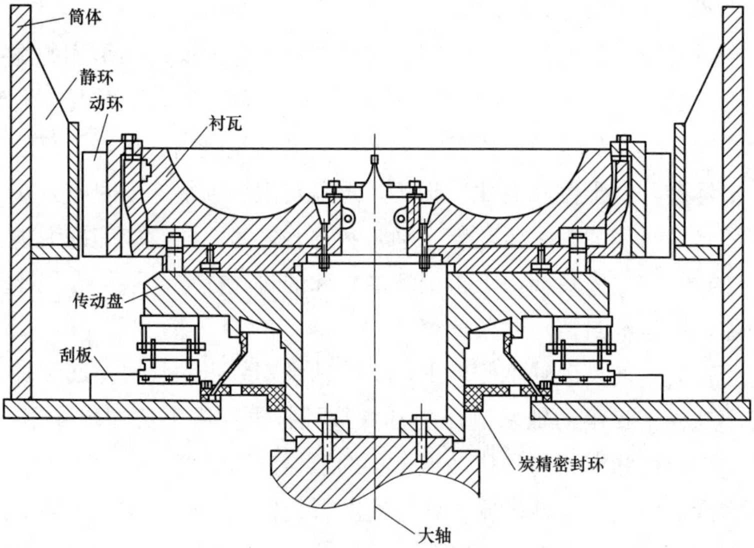

图 4-16 磨煤机磨盘及衬瓦装配断面图

(2) 静环检修。磨损不严重的可以修复，磨损严重的需更换。静环是被焊接在磨煤机筒体内表面上的，更换时必须用割炬割开。回装时，要调节动、静环间的间隙在 5～8mm 之间，高度方向上的相对误差不超过±2mm。

(3) 解体衬瓦。用吊车将磨盘翻身 180°，使衬瓦面朝下。将顶丝拧入螺孔，将第一块衬瓦（也叫衬板）顶起。如果顶不起来，可能的原因是煤粉渗透到了衬瓦之间的缝隙中，此时应清理衬瓦缝隙中的积煤，可以浇水浸泡衬瓦，使积煤疏松，清理之后再顶起衬瓦，用吊车吊走。搬运衬瓦要轻拿轻放，不允许和金属碰撞，也不允许用任何方式对衬瓦加热。用标准衬瓦样板检查拆下来的衬瓦的磨损程度。磨损量一般不超过原厚度的60%，残余厚度小于10mm时必须更换。辊胎翻边或翻新后也应更新衬瓦。按照同样的方法，依次拆除其余衬瓦。

(4) 回装衬瓦。用吊车将修复后的衬瓦吊入磨盘内，先将第一块衬瓦安装在有圆柱销的位置，然后依次安装其他衬瓦。根据衬瓦的高度决定衬瓦之间的安装顺序，其原则是使相邻的两块衬瓦的高度差最小。磨环内全部12块衬瓦的安装要求如下：

标记衬瓦厚度为H，由厚到薄厚度记为$H_1 \sim H_{12}$（即其厚度为$H_1 \geqslant H_2 \geqslant H_3 \geqslant H_4 \geqslant H_5 \geqslant H_6 \geqslant H_7 \geqslant H_8 \geqslant H_9 \geqslant H_{10} \geqslant H_{11} \geqslant H_{12}$），标记安装序号从1、2、3、4、5、6、7、8、9、10、11、12对应顺时针的安装位置，那么，厚度和安装位置序号之间有固定对应关系，如表4-4和图4-17所示。

表4-4　　安装顺序号与厚度H的对应关系表

位置编号	1	2	3	4	5	6	7	8	9	10	11	12
衬瓦厚度	H_1	H_2	H_4	H_6	H_8	H_{10}	H_{12}	H_{11}	H_9	H_7	H_5	H_3

其实，就是把其他衬瓦围绕第1块衬瓦按照一左一右的顺序安装好，保证衬瓦厚度的连续性和对称性。

合格标准：安装每块衬瓦时都要检查衬瓦底面与磨盘之间的间隙，间隙不得超过0.1mm；每块衬瓦装好后都要检查与前一块间隙的最大值不得超过1mm。全部装完后，逐块检查相邻两块衬瓦的圆弧面最低点高度差，其值不得超过2mm。螺栓紧固力矩280N·m。

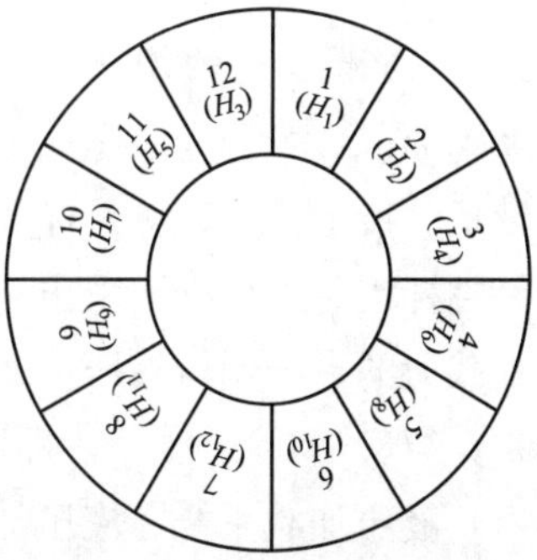

图4-17　中速磨煤机衬瓦在磨盘上的安装位置对应关系示意图

衬瓦间隙过大可以塞垫片。安装楔形螺栓时锤击压紧螺栓头部，螺母、套及蝶形弹簧的装配应符合图纸要求。在紧固过程中，要避免出现翘起松动现象，以免发生运行中断裂事故。

(五) 刮板和炭精密封环检修

(1) 刮板检修。解体检查刮板的磨损程度、刮板的连接牢固情况。回装修复后的刮板，调整间隙，应保证刮板与机壳上端面的间隙为(6±2.0)mm。刮板内侧与机座密封，刮板外侧一次风室内壁之间间隙均在10～15mm范围内。

(2) 炭精密封环检修。将渣室内部清理干净后，检查炭精密封环上圈的紧固螺栓是否有松动或缺失。检查动圈与轴的径向间隙，间隙超过3mm应进行调整或补焊。

组装新炭精密封环时，先将弹簧连接好，对准定位销块，逐一安装炭精密封环，安装完成后检查炭精密封环与轴接触情况，若炭精密封环与轴径向间隙大于0.20mm，则取出一块或数块炭精密封环，用锉刀修整，直至炭精密封环与轴紧紧抱住为止。组合完毕后转动一周，检查炭精密封环是否上下平齐、光滑无卡涩。需要注意炭精密封环的上圈与下圈不可装反，带导流槽的要装在上圈。

清理拆下的密封法兰盘，更换石棉布并涂上白铅油，安装时注意不要碰伤炭精密封环。装好后的炭精密封环与轴紧密接触，炭精密封环之间均不留间隙，严密无漏风现象。

（六）筒体、排渣门、冷却水系统检修

（1）检查筒体的磨损程度，筒体护板磨损大于2/3厚度时应更换。

（2）检查排渣门，更换排渣门盘根，更换门板变形严重的排渣门。

（3）检修油站冷却水系统，清理检查冷却器滤网，消除系统内管道的漏水点，清理管路内的淤泥和异物，清洗观察窗，检修阀门，确保无内漏。

（七）润滑油站、液压油站检修

（1）润滑油站检修。检查润滑油站油管路渗漏点，消除渗漏点；解体润滑油站滤网，清洗或更换滤网。

检修润滑油站齿轮泵，更换损坏部件。拆除润滑油站电动机地脚螺栓，移动电动机后取出机械密封，如果损坏，需更换同一型号的新机械密封。

化验油样，不合格时要使用滤油机滤油直至油质合格。否则应更换新油。

（2）液压油站检修。拆除液压油站上盖，将液压油站各部件清理干净，检查液压油站电动机与油泵连接处弹性梅花垫是否完好，更换损坏的零部件。

检查液压油站油管路渗漏点，消除渗漏点，检查油站齿轮泵，更换损坏的部件。

清洗或更换滤网，持续滤油并化验油质直至油质合格。否则应更换新油。

（八）加载装置的调整、油缸检修

磨辊加载装置分为液压加载系统和弹簧加载系统。加载装置主要设备包括拉杆、球面调心轴承、接近开关、测量标尺及拉杆连接套等，拉杆上部通过球面调心轴承连接于压架上，经拉杆密封由机壳上引出，拉杆下部连接的是液压缸或者是弹簧组件。使用液压缸来产生加载力的系统叫做液压加载系统，使用弹簧产生加载力的系统叫做弹簧加载系统，下面分别介绍。

（1）液压加载系统。液压加载系统的拉杆下部通过连接套与加载油缸连接为一体。拉杆上还装有可显示出磨煤机煤层深度及耐磨件磨损状况的测量装置，在磨煤机操作运行期间便可从外部了解上述情况。一般会配备3个加载油缸，对应于3个磨辊，在磨煤机的筒体上沿圆周方向互为120°，每个缸体上安装一个蓄能器，液压油缸的额定加载压力可达20MPa。检修主要项目是油缸的密封环和轴承是否损坏，并更换损坏的零部件。

液压加载系统有两种运行方式：一种是变加载运行方式，一种是定加载运行方式。变加载运行方式的加载力可以随着煤种和磨辊的情况来改变。定加载运行方式下，液压加载力无法调整。

检修液压加载系统时，主要检查液压油站，清洗和更换滤网，检查油站电动机和联轴器，检查液压油的品质，检查电磁阀动作是否灵活可靠，检查油站的冷却水系统。

（2）弹簧加载系统。有的磨煤机采用弹簧加载系统，拉杆下部与弹簧组合在一起，通过压缩后的弹簧提供加载力。弹簧加载系统的加载力一旦整定完成，无法做到及时调整，所以对煤种的适应性不如液压加载系统。

弹簧加载系统检修比较简单，主要检查弹簧是否疲劳或老化，有问题的弹簧更换即可。

（九）找中心

所有机务部分的检修内容完成后，需要将电动机和磨煤机连接起来。

（1）检查清理电动机基础。将原来的地脚垫铁清理好，放在台板的螺孔处，检查螺栓螺纹完好。

（2）吊装电动机。用电动葫芦吊装电动机，缓慢就位。

（3）电动机对轮找中心。在经过粗对正后，在对轮上架好百分表，手动盘车慢慢找中心；必要时增减电动机地脚所衬铜皮的厚度。调整电动机位置时，要用专用顶丝，严禁用大锤或手锤敲击电动机地脚。找中心合格后，旋紧所有联轴器柱销螺母，取下百分表及表架，安装防护罩。

合格标准：对轮中心轴向、径向偏差不大于 0.10mm，对轮间隙 5～7mm。

（十）试运

试运行包括 2 项内容，一是电动机空载试运行，另一项是带着磨煤机一起试运行。试运行要确认转动方向无误，各系统运转正常，保护传动正常。

（十一）现场清理

清理检查所有工具、备件和材料等物资，统计备品备件损耗情况，回收废油脂。检查所有保温油漆、标牌指示、防护设施正确齐全。

清理检修现场，做好现场卫生，将设备移交运行人员。

五、磨煤机离线、在线堆焊

磨煤机辊胎（也叫辊套）和衬瓦修复可以选择离线堆焊和在线堆焊两种方式进行，否则只能报废。离线堆焊是指将磨煤机的磨辊和衬瓦自磨煤机拆除后再堆焊修复的一种工艺；在线堆焊是指不拆除磨辊和衬瓦，就在磨煤机内完成堆焊修复的一种工艺。

为了确保堆焊的质量，在堆焊前需清理堆焊件上的煤粉物，露出金属光泽。对外表面着色探伤检查，看堆焊件是否有裂纹、铸造缺陷、局部磨损等异常，无异常时方可堆焊，在堆焊中要时常对堆焊件进行检查，整个堆焊过程中，采用喷雾冷却方式使堆焊过程的温度控制在 95℃以下，防止由于堆焊造成堆焊件裂纹。特别是在第一层堆焊时，更要保证无脱落，在堆焊过程中要及时清理焊接中产生的灰尘和飞溅物，防止由于焊接时不融合造成的脱落。

决定堆焊件使用时间的因素主要是堆焊焊丝和堆焊工艺，因此堆焊焊丝和堆焊工艺的好坏对磨煤机的检修周期起到了决定性的影响。

（一）磨煤机堆焊件、堆焊焊丝的技术要求

（1）堆焊焊丝的技术要求：送丝流畅，电弧稳定，并且无夹渣现象；飞溅小，烟尘小，熔敷率高于 85%；焊接过程无断弧现象，成型美观。

（2）堆焊效果。堆焊后堆焊层硬度可达 HRC60 以上，使用寿命能达到新工件使用寿命的 1 倍以上，堆焊后应力释放均匀，堆焊层抗冲击性和耐磨性好，修复后工件不变形。在可磨性系数不大于 HGI50 时，HP1103 磨煤机磨辊堆焊后使用寿命在 7000h 以上，ZGM123G 磨煤机磨辊堆焊后使用寿命在 8000h 以上，ZGM95G 磨煤机磨辊堆焊后使用寿命在7000h以上，MBF-24.0磨煤机磨辊堆焊后使用寿命在8000h以上，且堆焊后耐磨件磨损速率小于10mm/1000h，运行中无脱落现象。

（二）检测和验收

堆焊完成后需进行成分检测、外观检查、无损检查、金相检验和硬度检验。检测合格后才能验收。

（1）成分检测：焊丝熔敷金属中铌和钼的质量百分数含量（Nb+Mo）≥0.43%。

（2）金相检查：使用一批焊接材料进行堆焊时，应在首件耐磨件上进行腹膜金相检验，金相测点两点以上，自动堆焊耐磨件的金相组织类型应为莱氏体基体上分布着各向同性的共晶碳化物和二次碳化物，碳化物的面积含量达到60%以上。

（3）硬度检验：每一部件堆焊层的硬度测点不少于三处，每次测量三次取平均值。自动堆焊耐磨件的硬度值应达到洛氏硬度HRC60以上。

（三）离线、在线堆焊工艺要求总结

（1）将堆焊件表面清理干净，露出金属光泽。

（2）用着色剂将工件表面着色，检查工件是否有裂纹、铸造缺陷、局部磨损等异常，做好原始记录。如有铸造缺陷或局部磨损现象，则先进行缺陷或局部磨损的修复。

（3）做好堆焊过程中所需材料、备件的准备，按设备原图纸尺寸要求对堆焊件进行堆焊，尺寸符合图纸要求。

（4）堆焊设备质量保证措施：采用明弧自动堆焊修复焊接设备，应符合工业机械电器设备通用技术标准GB/T 5266.1—1996。每次开机前，检查设备的状态和安全情况；设备运行中，对设备的运行状况进行监控，遇到紧急情况进行应急处理；每日工作结束后，关掉电源，检查设备的各功能设置是否处于复位状态。

（5）焊丝应满足GB 10045—1988，使用前应抽检合格。

（6）为预防应力异常，堆焊过程中，采用喷雾冷却方式保证堆焊过程中设备的温度不超过95℃。

（7）堆焊过程保证措施：堆焊过程中，边焊边检查焊道的裂纹情况，有无过多气泡。堆焊后从整体上看焊道气孔应均匀分布。

（8）堆焊后的堆焊件堆焊层测试硬度达到HRC61±1。

（9）对现场的安装尺寸及位置进行核对；在堆焊过程中对各道工序严格把关，并做好记录。

（10）堆焊质量的验收方法：经堆焊后的辊套耐磨层焊接牢固，堆焊表面均匀平整，表面硬度高于或等于HRC60，堆焊后的堆焊件外形尺寸与原始设计数据偏差在2mm之内。

（四）注意事项

堆焊过程中应避免熔池过渡稀释；第一层必须建立横向裂纹，保持10～20mm的间隔以释放焊接内应力；焊层不得进行火焰切割及机械加工；堆焊的磨辊套与变位器应保持同心度；对于产生的焊瘤应及时清理平整。

第三节 给 煤 机

给煤机的作用是根据磨煤机负荷的需要调节给煤量，并把原煤均匀连续地送入磨煤机中，国内应用较多的给煤机有皮带式、刮板式、振动式等几种，其中刮板式和皮带式给煤机在大型锅炉中应用较多。

一、皮带式给煤机

（一）原理

在工作时，原煤从原煤斗下落到给煤机的输送带上，给煤机皮带在传动装置的带动下，将原煤传递到落煤管入口管处，原煤通过自重下落到磨煤机内。

在运行期间，可以通过检修门上的观察窗来观察给煤机的内部情况。给煤机入煤口的下端安装有煤层挡板，使通过挡板轮廓的煤流形成一个梯形截面，这种规则的煤流外形可以使称重系统得到最大的称重精度。

通过安装在返程皮带上的张力辊，使皮带保持一个不变的均匀的张力，在给煤机工作时，或停机时，通过转动给煤机入口侧控制门上的两个皮带张紧螺栓来进行张力调节。安装在皮带上的旋叶报警器用来检查皮带上有煤无煤。

给煤机的润滑除减速机采用润滑油浸浴润滑外，其余部位均采用润滑脂。给煤机内部的润滑点利用软管接至机体外，可以随时进行加润滑油脂工作。

（二）典型结构

给煤机由机体、输煤皮带及电动机驱动装置、清扫装置、控制箱、称重装置、皮带堵煤及断煤报警装置、取样装置和工作灯等部件组成，见图 4-18。

图 4-18 皮带称重式给煤机内部结构示意图

1—进料口；2—机内照明灯；3—张紧滚筒；4—进料端检查门；5—皮带张紧螺杆；6—张紧滚筒座滑轨；7—密封风进口；8—刮板链张紧螺栓；9—张紧链轮；10—清洁刮板链；11—给料皮带；12—张力滚筒；13—称重质量校块；14—驱动链轮；15—堵煤信号挡板；16—出料口；17—驱动滚筒；18—排出端检查门；19—皮带清洁刮板；20—断煤信号挡板；21—称重托辊；22—负荷传感器；23—支承跨托辊

称重式给煤机外形见图 4-19。

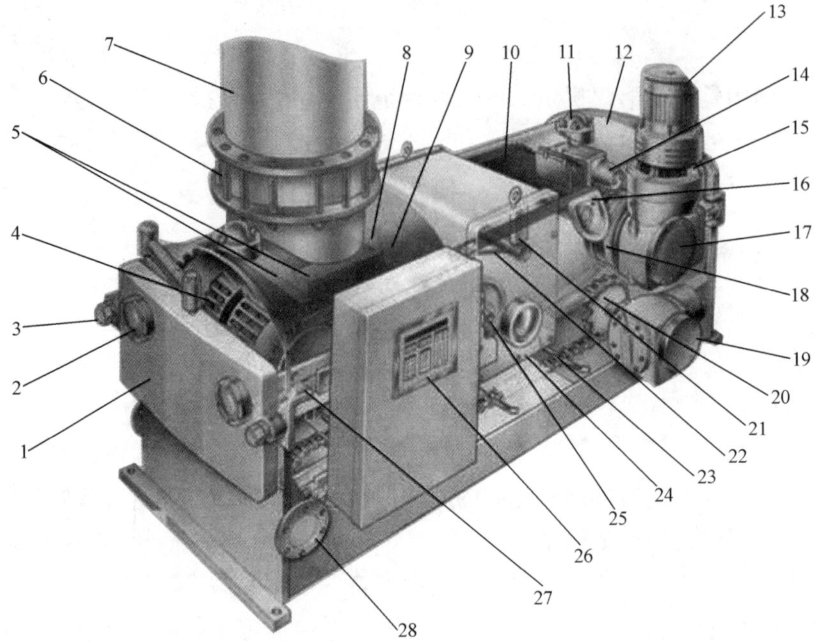

图 4-19　称重式给煤机外形图

1—端门；2—观察窗；3—端门锁紧装置；4—自洁式被动滚筒；5—入口煤层挡板；6—连接节；7—给煤机入口落煤管；8—煤流整形器；9—入口支撑盘；10—皮带；11—工作灯；12—NFPA 标准耐压壳体；13—皮带驱动电动机；14—旋叶报警器；15—皮带测速传感器；16—标定探头；17—皮带减速器；18—主动滚筒；19—清扫链电动机；20—清扫链驱动齿轮；21—高精度称重传感器；22—拉杆；23—清扫输送刮板；24—侧检修门；25—皮带张力滚筒；26—微机控制柜；27—皮带张紧机构；28—密封风入口

1. 给煤机本体

给煤机与煤流相接触的所有构件均采用 304 不锈钢制造。入煤口下皮带上部、后端及两侧均装有裙板，使煤不能散落皮带外面。入煤口的裙板是可以拆卸的，适用于杂物、大块煤的排除。安装于入煤口下端的整形板对煤流进行修整以形成均匀煤流截面，这样可最大限度地提高称重精度。

在给煤机的两端和每一侧面设置了检修门以便于维护检修，端门上的观察窗可在运行期间观察给煤机的内部情况，安装于每个端门上方的工作灯设计成可在给煤机的外部更换灯泡。

皮带、防爆灯罩、刮板视窗见图 4-20。

2. 皮带和驱动装置

皮带由位于出煤口附近的机械主驱动滚筒（见图 4-21）、入煤口端的开槽自洁式被动滚筒和在入煤口本身下方的支撑板进行支撑，中部返程皮带上装有张紧辊筒，以其恒定的重力张紧皮带，它与被动滚筒端面调整螺栓配合组成最佳张紧机构。皮带外侧设有柔性刮削器在将燃煤输送到出煤口之后连续清扫皮带的表面。

防止皮带跑偏是通过被动滚筒中间隆起而实现的，在隆起滚筒上转动的皮带将会自行

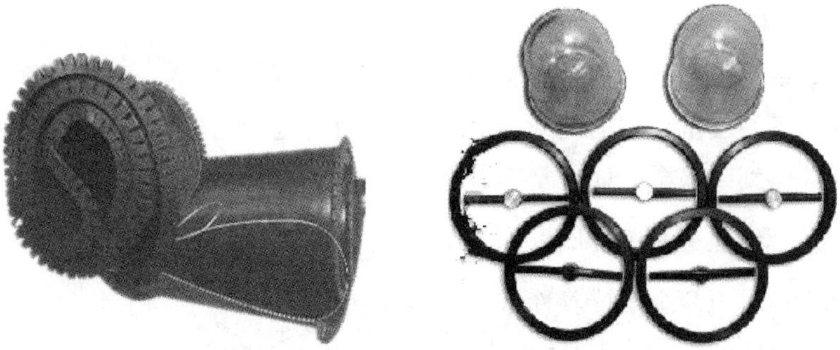

(a) (b)

图 4-20 皮带、防爆灯罩、刮板视窗

(a) 皮带；(b) 防爆灯罩、刮板视窗

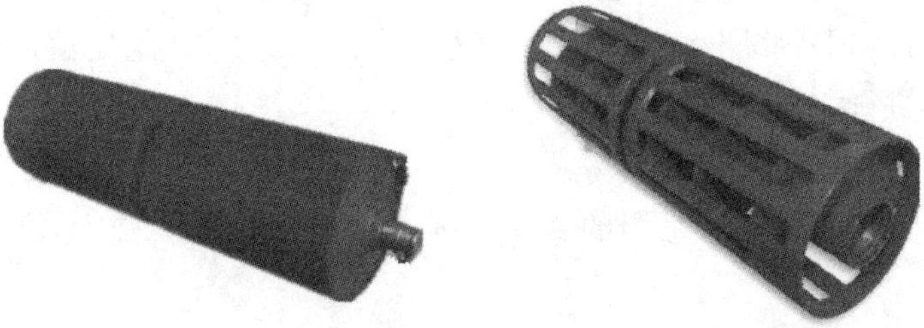

(a) (b)

图 4-21 驱动滚筒、张紧滚筒

(a) 驱动滚筒；(b) 张紧滚筒

对中到最高点及皮带轮的中心。为了便于皮带的更换和轴承的维护，所有的皮带滚筒和托辊都是易于拆卸的。

安装在皮带上的断煤报警器用来检查皮带上是否有煤还是无煤（见图 4-22）。

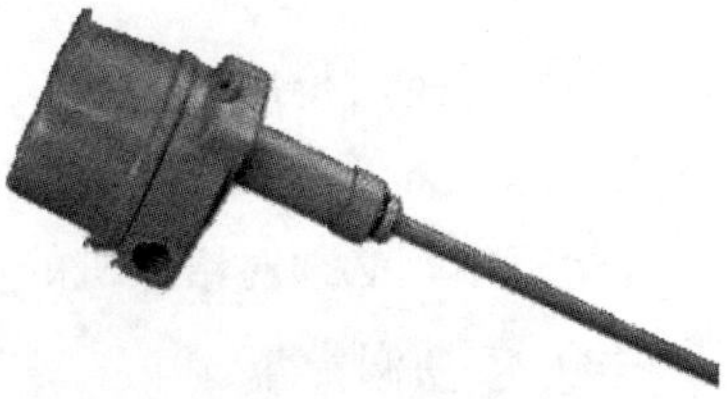

图 4-22 断煤报警器

3. 链条清扫装置

该装置由刮板链条组和驱动电动机、减速机组成（见图 4-23～图 4-25），用于对给煤机的底部进行自动清扫，这样会防止积煤妨碍皮带运行导致自燃。清扫装置由一个全封闭、无排风的电动机通过减速机驱动，其速度大约为 0.6m/min。

图 4-23 刮板链条

图 4-24 驱动电动机

图 4-25 减速机

（三）给煤机称重原理

给煤机称重系统由称重传感器、A/D 转换器、机械部分组成，其通过称重传感器测量单位皮带长度上煤的质量，同时通过测速传感器测出电动机转速并转换成皮带的转动速度，两者相乘即得到给煤率。计算公式为：

给煤率=单位质量(kg/m)×皮带速度（m/s）(kg/s)　　(4-2)

其中，称重信号由两个支撑着称重辊的称重传感器产生，其通过 A/D 转换成二进制数字信号。而称重辊两侧的称重跨距辊则精确地定义出了称重物料的皮带长度。两个传感器相加后减去毛重，其结果与跨距系数相乘（给煤机标定时得出），即可得到单位皮带上的物料质量。电动机的转速通过电动机轴相连的测速传感器发生的脉冲频率决定，这个信号通过转换电路转换成数字信号，它与速度系数（标定值）相乘即得到皮带速度。最后皮带速度与物料质量相乘后得出给煤率。然后这个结果与给煤率的设定值比较后得出误差信号对速度控制器进行控制。

根据上面，式（4-2）可以重新写成：

给煤率=跨距系数×(实时质量的 A/D 转换值−皮重系数)×速度系数×实时转速　　(4-3)

其中，跨距系数其为标定时试验得出，即：

跨距系数=两个砝码总重/(跨距长度×砝码总重的 A/D 转换值)　　(4-4)

皮重系数为标定时得出：

皮重系数=毛重的 A/D 转换值　　(4-5)

速度系数为标定时得出：

速度系数=皮带速度/电动机转速　　(4-6)

在运行中，必须对给煤机的称重性能定期进行校准。

（四）定期润滑

关于润滑点的编码位置请参见润滑图（见图 4-26）。皮带称重式给煤机润滑点统计见表 4-5。图 4-26 中数字对应表 4-5 中的润滑点编码。

表 4-5　　皮带称重式给煤机润滑点统计表

润滑点编码	名称	点数	频次
2	皮带驱动减速机	1 个润滑装置	每月
3	皮带驱动电动机		参见注意事项（1）
4	主动滚筒轴承	1 个润滑装置	每月
5	清扫驱动电动机	1 个润滑装置	参见注意事项（1）
7	清扫驱动减速机	1 个油位栓	
8	清扫驱动减速机	1 个润滑装置	每月
9	清扫链张紧装置	每侧 1 个	每月

续表

润滑点编码	名称	点数	频次
10	皮带驱动减速机	1个润滑装置	
11	被动滚筒轴承	每侧1个	每月
12	张紧辊轴承	每侧1个	每月
1	皮带驱动式减速机	按需要	参见注意事项(2),(3)
6	清扫传动装置减速机	按需要	参见注意事项(2),(3)

润滑注意事项：

(1) 有关润滑要求请参见电动机生产厂家的要求。

(2) 运行第一个月后排出减速机内的机油并重新填充，此后每六个月间隔或运行2500h进行一次换油，以先到者为准。

(3) 减速机配有一支油标以检查油位，油标位于减速机的顶部。松开油标可将其从减速机中抽出，其端部刻有油位标记。

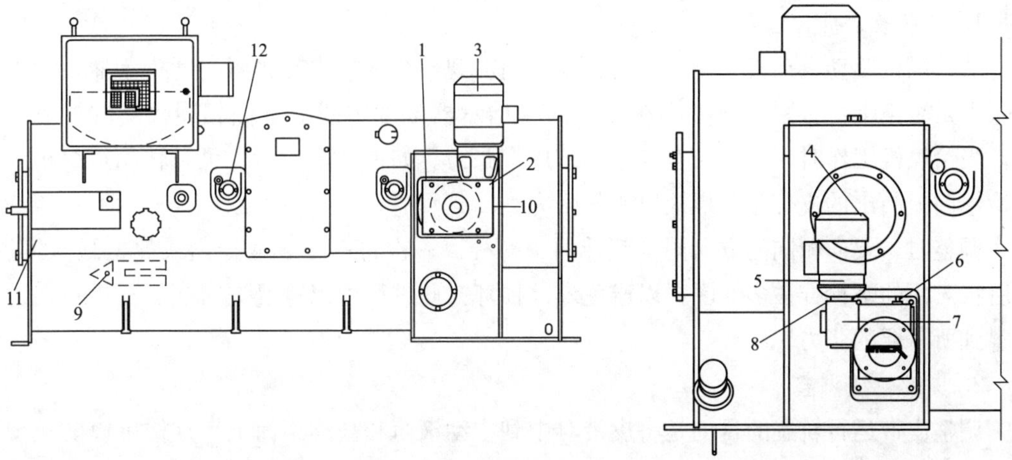

图4-26 润滑图

(五) 给煤机常见事故及处理

1. 给煤机断煤

现象：给煤量下降；自动情况下指令会增加；磨煤机出口温度升高，给煤机内温度升高；磨煤机料位下降；如果伴有密封风压降低，则原煤仓断煤。

处理：发生断煤时，首先解除自动，增加另一侧给煤机出力，维持磨煤机出力及负荷稳定，及时就地观察下煤情况并使用振打电动机使蓬在下煤口的煤落下，若无法恢复给煤，应降低磨煤机出力，并申请停磨煤机处理。

2. 皮带跑偏

现象：皮带严重跑偏时给煤机出力下降，指令增加；就地检查皮带偏斜；皮带与滚轮打滑。

处理：解除给煤机自动，降低给煤机转速，增加另一侧给煤机出力，调整调节滚轮皮带张紧螺杆（方法是顺时针调整偏向滚轮端的调整杆，另一侧则相反）。

3. 给煤机内着火

现象：给煤机温度升高；就地检查给煤机内有着火现象。

处理：解除给煤机自动，停止给煤机运行，关闭给煤机上插板及下插板，及时打开端门的观察窗，通入消防水灭火，严密监视火势。若发生磨煤机内着火，应迅速停止磨煤机运行并进行灭火。

4. 给煤机跳闸

现象：给煤机发跳闸信号。

处理：就地及时检查给煤机有无异常，强启一次给煤机（跳闸后必须进行给煤机复位）。

复位方法：

（1）点击给煤机变频器的复位按钮；

（2）送电进行复位。

（六）给煤机检修

1. 皮带张紧机构检修

从给煤机驱动电动机一侧的张紧辊检修门的观察窗观察皮带张紧高度指示器，检查皮带张力是否正常，张紧辊筒中心在张紧高度指示器刻度中线上下做相同幅度的摆动。因此，当给煤机工作时，可以很有效地调节皮带张力。如果必要的话，可以转动给煤机入口侧检修门上凸出的皮带张紧螺栓以调整张力。

调整时，要向相同的方向同样旋转两个螺栓。一次将一个螺栓拧紧或放松最多 4 圈，然后将对面的螺栓拧最多 8 圈，以避免螺纹损坏。此过程可以重复进行或反复进行，直到调整到所需要的张力。

2. 皮带轨迹调整

调整皮带运行轨迹的目的是将皮带对中到主动滚筒和被动滚筒上，这样可以防止皮带跑偏或从滚筒上脱落而造成损坏。同时保证了皮带平稳、连续地通过称重跨距，不对称重精度造成影响。

皮带轨迹的调整主要是靠调整带锥度的被动滚筒来实现的。皮带在带锥度滚筒上转动时将寻找最高点，即滚筒的中心，除非皮带是倾斜的。拧紧右侧的拉紧调整螺栓会使滚筒的中心线偏向左方，引起皮带在滚筒上向左移动，直到它再次对正到隆起中心。同样，拧紧左侧的拉紧螺栓将造成皮带向右侧移动。

3. 入煤口侧裙板和皮带支撑板调整

入煤口的侧裙板应该垂直安装，保持与皮带平行，不能与皮带接触。裙板和皮带表面之间的间隙必须在物料的方向上增加，防止物料陷落到裙板和皮带之间卡住，入口端的间隙应为 5～10mm，增加到出口端的 10～15mm。

皮带支撑板的侧面有几个安装孔，以便使它在不同尺寸的给煤机中使用。为了维持最佳的称重精度，必须保证正确的支撑板位置以便皮带平稳、连续地运行。

支撑板前沿与煤层挡板（整形板）对齐或稍稍超前一些。

4. 称重辊调整

为了获得精确的称重精度，每侧称重辊和两个称重跨距应在同一平面内，其平面度误差不大于±0.002 英寸（±0.05mm）。

5. 清扫传动装置

正常运行条件下，给煤机的底盘上只能在带翼链杆前面看到有少量的煤料积聚。过量的煤料堆积会使驱动系统过载，则必然运行不正常。需要检查可能的原因为：入口裙板间隙过大、皮带刮削器磨损或失效，以及密封空气流量调整不当。

清扫链需有一定的柔度，出厂时从链轮到托链板之间约有 50mm 的下垂量，随着使用时间增加。清扫链逐渐拉长，当下垂量超过 130mm 以上时应拆除一节链杆，以免过度下垂。

二、刮板式给煤机

（一）原理

煤从落煤管落到上台板，通过装在链条上的刮板，将煤带到左边并落到下台板上，再将煤刮至右侧落入出煤管送往磨煤机。

刮板式给煤机可以用煤层厚度调节板来调节给煤量，调节板越高，煤层越厚，给煤量越大，调节板越低，给煤量越小。另外，也可以用改变链条转动速度来调节给煤量。

优点：调节范围大，不易堵煤，密封性能较好，煤种适应性好，水平输送距离大，在电厂得到广泛应用。

缺点：链条磨损后，易造成“爬链”或被煤块卡死等问题。

（二）结构

刮板式给煤机主要由链轮、链条、刮板（见图 4-27、图 4-28）、上下台板、导向板、煤层厚度调节板及转动装置等组成。

（三）刮板机常见故障和检修

1. 刮板给煤机常见断链的原因

（1）卡链。给煤机刮板链在运行中突然被煤炭中的刚性物卡住，或在溜槽对口处错位，容易挂住刮板或连接环，此时会对刮板或链环产生很大的冲击力，致使断链。

（2）刮板链过紧。在刮板给煤机运行中不但增大了刮板链的初张力，也使刮板链磨损加剧，而且当刮板链被卡住，没有缓冲的余地，增大链环和刮板链的张力负荷，也容易造成断链。刮板链过松或者两根链条长短不一，导致刮板不平衡运行，在链轮处刮板链易发生跳齿，使连接环受到链轮齿的冲击，造成链环变形、断裂和刮板弯曲。

（3）刮板给煤机过载拉煤。或在超载情况下突然停机后没有清空溜槽上的煤炭，再次启动时增大了刮板链承受的初张力，特别是刮板链磨损到一定的程度后容易断链。

（4）磨损。刮板链严重磨损，强度降低，受冲击载荷的反复作用造成刮板链疲劳破坏，节距增大，新旧两条刮板链的链环节距不一样，使全部负荷均集中在一条链条上，以致断裂。刮板给煤机在使用过程中，基本上都是满负荷运载。时间久了，两链轮磨损严

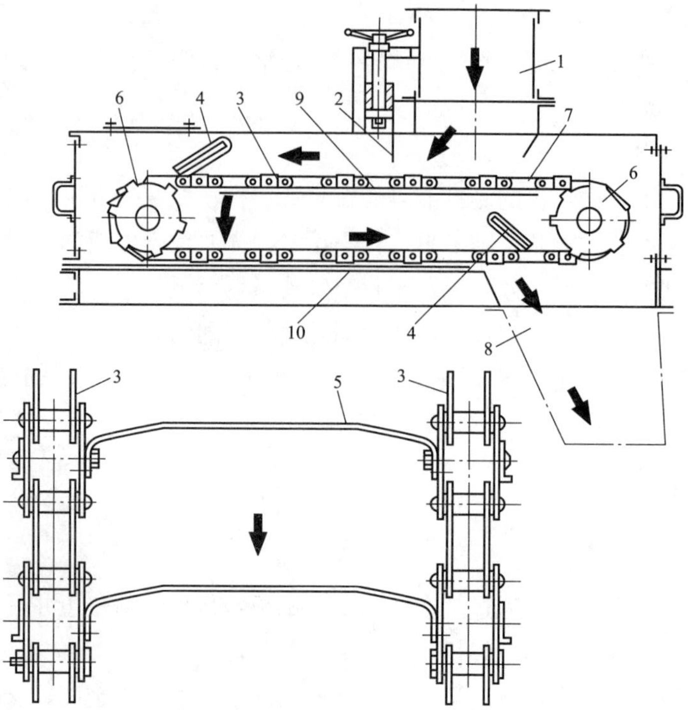

图 4-27 给煤机刮板示意图

1—原煤进口管；2—煤层厚度调节板；3—链条；4—挡板；5—刮板；
6—链轮；7—平板；8—出口管；9—上台板；10—下台板

图 4-28 刮板给煤机刮板

重，磨损程度不一样或两链轮不对称，导致两链受力不平衡，极易造成连接环被拉断。

(5) 断链。连接环无螺栓或在运行中螺栓丢失，造成连接环只有一侧受力，连接环容易折断造成断链。链环被井下水腐蚀，产生锈疤和脱皮，断面缩小，强度降低也容易造成断链。

(6) 工作面底板不平，工作面不直，溜槽底部浮煤多造成刮板给煤机链条受力不均和阻力增大，容易发生断链。

2. *解决办法*

及时调整链轮，使链轮的轮齿对称使用；当两链轮磨损程度不一致时，更换两链轮使两链受力平衡，两链在运转中刮板不斜。

坚持使用液力耦合器，空载启动以减轻链条所受冲击载荷；溜槽上煤较多时必须清空溜槽上的煤炭，在启动时减少链条的拉力，延长链条的使用寿命。

刮板链使用一个时期后，将链条拆下翻转后继续使用，调换水平刮板链环与垂直刮板链环的位置，利用改变其磨损部位的办法延长链条的使用寿命。

应使用长度一致，磨损程度差不多的刮板链，最好新旧两条刮板链对称使用，防止链条节距不一样。

防止刮板链过紧、过松，检查刮板链松紧程度最简单的方法是：反向点动机头电动机，拉紧底链，如果在机头出现 2 个以上完全松弛的刮板链环，需要重新紧刮板链。

刮板给煤机在使用过程中，必须平、直，即输送机铺得平，工作面成直线。刮板给煤机避免急弯；刮板给煤机溜槽底部不要有浮煤，有浮煤应及时清掉以减少刮板链在运行中的阻力。

三、电磁振动式给煤机

（一）原理

电磁振动式给煤机动力来自于激振器的吸引力和弹簧的弹力相互的作用，当激振器电磁线圈的电流经过单相半波整流，线圈在正半周内有电流通过，衔铁与铁芯之间便产生了一脉冲电磁力互相吸引，这时槽体向电磁线圈方向运动，同时激振器的主弹簧发生变形储存了一定的势能，在负半周线圈中无电流通过，电磁力消失，主弹簧释放能量，使衔铁和铁芯朝反方向离开使得槽体向前运动，由于电磁力和弹簧的弹力的交替作用，于是电磁振动给煤机作往复振动，因此供煤槽体中的煤粉沿槽体倾斜角连续不断地振动向下运动。通过控制器调节输出电流的高低，即可控制电磁振动给煤机的送煤量。

电磁振动式给煤机具有结构简单，体积小、质量轻、无电动机传动装置、不需润滑油等优点，使得运行维护的工作量较少，故障处理的方法也较为简单，运行维护成本也较低。

（二）结构

电磁振动式给煤机主要由振动器、减振器、弹簧等部件组成（见图 4-29）。

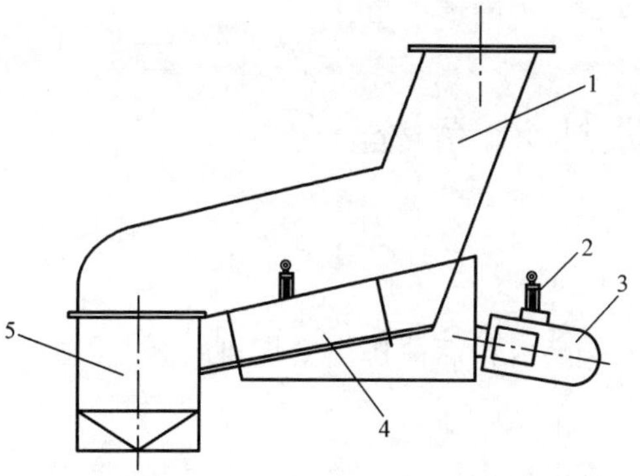

(a)

(b)

图 4-29　电磁振动式给煤机结构示意图

（a）结构示意图；（b）实物外观图

1—进煤斗；2—减振器；3—振动器；4—供煤槽；5—落煤管

(三) 给煤机检修

由于这类的给煤机功能部件调整有一定的规律，如果调整不好就会引起给煤机振动效率下降。同时给煤机的机构由于是振动式结构，其各类零部件在振动状态下容易产生松动，也对定位部件有损害。

1. 电磁振动式给煤机的调整

要使给煤机达到最佳的运行状态，必须使整个给煤机往复系统调整到弹性系统的固有频率。在调整之前，必须使得给煤机的各项部件达到正常状态。首先振动弹簧片的紧固螺栓必须要上紧，也就是紧固振动器压紧螺栓，平时的例行检查，需要对螺栓进行紧固处理，要注意的是紧固螺栓包括了铁芯的调整螺栓、固定螺栓。还包括了弹簧片的压紧螺栓。同时对于螺杆可进行必要的改造，如螺杆的螺纹过细，容易磨损滑牙，可以考虑换用压纹较粗的螺杆代替。还要与运行人员联系注意控制运行方式，防止给煤机发生空仓运行的情况，因为空仓时振幅过大，造成内部零件松脱损坏。

2. 常见问题

(1) 板弹簧的顶紧螺钉长期运转后有松动。

(2) 板弹簧发生断裂。

(3) 由于调整螺钉发生松动造成铁芯和衔铁之间的气隙大小有了变化。

(4) 其他各部位的螺钉有松动或脱落现象。

3. 解决办法

(1) 定期检查给煤机振动器的紧固螺栓，松动的螺栓要拧紧。

(2) 定期检查压板弹簧的压紧螺栓，松动的螺栓要拧紧。

(3) 定期检查振动器铁芯间隙是否在正常范围。

(4) 定期检查振动器的励磁线圈外表有无异常现象，励磁线圈在小修等停机时间应测量直流电阻值，及时检查有无匝间短路现象。

(5) 定期检查励磁线圈引线固定情况，是否出现磨损现象。

第四节 自动排渣系统

一、概述

磨煤机运行过程中，混杂在原煤中难以被碾磨成粉而被排出磨煤机的矸石、铁矿、石块、沙子等杂物统称为石子煤。

石子煤若不能被及时排出渣室，磨煤机将难以稳定运行，会影响机组发电能力，同时会造成磨煤机易损部件磨损加剧、基座密封损坏，增加磨煤机检修人工工时费用，降低磨煤机运行可靠性，降低机组运行可靠性、经济性。

从磨煤机中排出的石子煤的清运形式多种多样，常见的清运形式有人工手动排放，负压清运排渣系统、机械清运排渣系统等。

手动排渣和机械清运排渣系统多是将磨煤机排出的石子煤统一收集，利用汽车装载清运。负压排渣系统多是将石子煤排至捞渣机（或干渣机）内部，与炉膛底部的灰渣一同输送至渣仓后，集中清运。

人工排除石子煤方式劳动强度大，同时，人工排渣时煤粉会飘出到空气中，造成空气污染，所以人工排除石子煤的方式逐步被淘汰。

常见的负压石子煤排渣系统最大出力为8t/h，适用于排渣量较小的机组，在300MW机组制粉系统中广泛应用。常见的机械清运排渣系统出力为5～20t/h，适用于排渣量较大的机组，在600MW及以上机组制粉系统中被广泛应用。

二、封闭式石子煤机械清运系统

（一）概述

1. 石子煤清运系统的设备组成

石子煤清运系统主要由石子煤斗、刮板输送机（简称刮板机）、斗式提升机（简称斗提机）、石子煤储仓等组成，见图4-30。

每台磨煤机排渣管出口安装一台石子煤临时料斗，料斗上配套安装入口阀、出口阀和事故阀各一台，定期排出磨煤机产生的石子煤。

石子煤斗下依次安装石子煤刮板机一台（为一级输送设备），斗提机一台（为二级输送设备），石子煤储仓一台（为收集石子煤储放）。

石子煤刮板运输机布置在地面下方的廊道里，封闭管理，即清洁环保，又整齐美观。

2. 石子煤清运流程

石子煤的清运流程为：磨煤机产生石子煤→石子煤斗→刮板机→斗提机→石子煤储仓→汽车输送→厂外（掩埋或再次利用）。

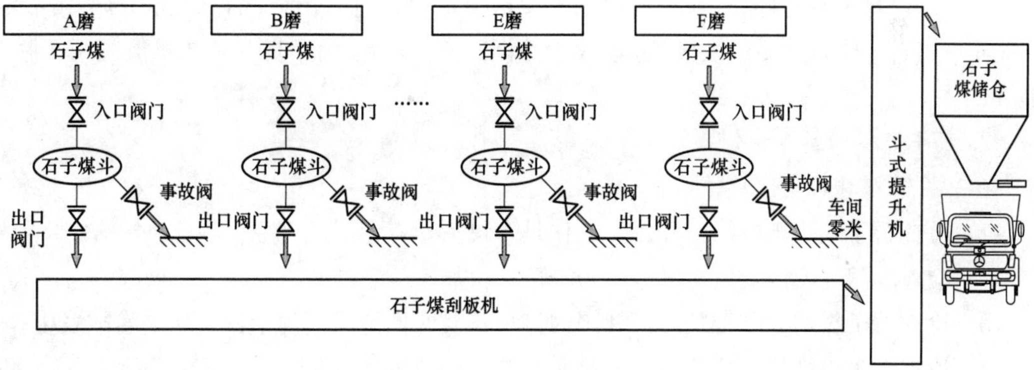

图4-30 石子煤清运流程图

从磨煤机中连续排出的石子煤，经落渣管进入石子煤斗中被临时存放，通过程控（或手动）排渣方式，打开石子煤斗下排渣门，石子煤在重力作用下落至下方的刮板机（一级输送设备）中，通过刮板机输送至斗提机中，经斗提机垂直提升，将石子煤提升后送入石子煤储仓，石子煤储仓内储存的石子煤定期排放至汽车上，被运送出厂外被掩埋或再次利用。下面介绍石子煤清运系统各部件。

（二）石子煤斗

1. 石子煤斗的原理及结构特性

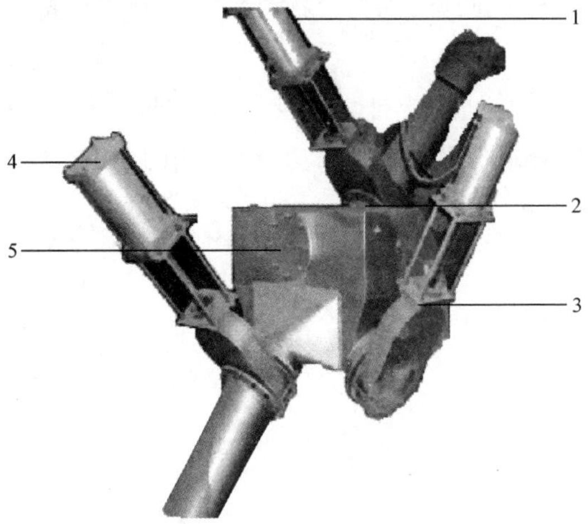

图 4-31 石子煤斗及其附件

1—入口阀；2—石子煤斗；3—事故排渣阀；4—出口阀；5—石子煤斗检修孔

每台磨煤机配备一台石子煤斗（见图 4-31），石子煤斗上下两端通过落渣管道分别与磨煤机排渣口和刮板机相连，管道上安装石子煤斗入口阀和出口阀，石子煤斗侧面安装事故排渣阀。所有的排渣门均由 PLC 程序实现程序控制，同时具备就地手动操作功能。

入口阀：入口阀在正常状况下常开，保证渣室内的石子煤能够连续顺畅落入料斗中，防止在渣室内堆积影响磨煤机运行。

石子煤斗：用于临时存放磨煤机排出的石子煤。

出口阀：出口阀保持常关。石子煤斗内存放一定量石子煤时，才打开出口阀，石子煤斗内石子煤通过落渣管落入刮板机内。

事故排渣阀：刮板机因故障无法正常输送石子煤时，打开事故排渣阀临时排渣，将石子煤直接排到地面上，再拉走。

排渣流程：磨煤机运行常态下，入口阀保持常关状态，保证磨煤机能够持续排渣，出口阀、事故排渣阀保持全关状态，以免渣室内一次风吹出影响设备运行（降低磨煤机出力、污染厂房环境）；排渣时关闭入口阀和事故排渣阀，打开出口阀，保证石子煤排除石子煤斗；当石子煤输送系统发生故障时，关闭出口阀和入口阀，打开事故排渣阀用于临时排渣。

2. 石子煤斗的运行特性

（1）石子煤斗日常巡检重点：

1）检查石子煤斗排放阀门开、关动作是否灵活，有无卡涩现象；

2）检查阀门开关位置反馈信号是否准确、可靠；

3）检查石子煤排放是否及时，杜绝因排放不及时而造成阀门卡涩及堵磨事故发生；

4）检查石子煤排放系统气源压力是否在合理的范围内（一般为 0.5～0.7MPa）。

（2）石子煤斗操作注意事项：

1）严禁将入口阀与出口阀（或事故阀）强行同时打开的操作，以防止磨煤机内的热风冲出造成人身伤害。

2）根据石子煤量确定排放间隔时间，应保证入口阀管道内无积料，入口阀门能达到全关位；如果出现结焦喷火现象时应缩短排放间隔时间，以防止高温造成阀门变形损坏。

3）为避免石子煤在落煤管道内堆积或结焦造成阀门卡涩、损坏，排放间隔时间应不大于 15～30min（可根据石子煤排放量调整间隔时间，最长不超过 30min）。

4）为保证石子煤排放顺畅，需保证设备严密无漏风（漏风会造成石子煤自燃、排渣管内结焦），入口阀、出口阀、事故排渣阀动作可靠，开关顺畅；发生卡涩或漏风现象时及时处理。

3. 石子煤斗的常见故障及处理

（1）结焦：停止磨煤机运行，将渣室及排渣管内结焦清理干净。

（2）堵渣：关闭入口阀，清理石子煤斗、落渣管内积渣。

（3）排渣门卡涩：

1）检查控制回路有无故障，开关、电磁阀等是否正常；

2）检查供气管内气源压力是否正常（0.5～0.7MPa）；

3）检查门板处是否卡涩、有异物，若有，需清理后再进行开关动作；

4）检查排渣门气缸是否存在漏气、串气现象，若有，需更换密封组件；

5）检查气缸活塞杆表面是否有毛刺、划痕等，若有，需打磨或更换活塞杆。

4. 漏风、漏渣

（1）对漏风、漏渣的点可以进行临时封堵、漏点补焊处理。

（2）长时间的冲刷磨损，造成管壁、斗壁磨损，利用停磨机会对排渣管或石子煤斗进行更换。

（三）刮板输送机

1. 刮板输送机（简称刮板机）的原理及结构特性

磨煤机侧面修建地下廊道，石子煤刮板机“水平”布置在廊道内。刮板机本体外形见图4-32。

刮板机的主要组成部分有：电动机、减速机、传动链条、链轮、刮板机壳体、主动轴、从动轴、刮板、输送链条、链条张紧装置等。

图4-32 刮板机本体

刮板机中，整个壳体作为石子煤的储存承受件，刮板固定在链条上，电动机通过减速机带动驱动轴转动，驱动轴上的主动链轮带动链条转动；排放时石子煤在重力作用下经由落煤管道流入刮板机中，石子煤随着运行的刮板移动，直至头部卸载落入斗提机中，完成石子煤在刮板机中的一级输送，进入下一个输送环节。

2. 刮板机的性能特点

刮板机链轮、链条应采用高铬耐磨合金材质，表面硬度≥60HRC，能够在高温条件下长期安全运行，链条为双链条驱动，能有效地防止飘链、爬链事故，刮板材质为锰钢。链条张紧装置采用螺杆式机械张紧装置，可单独调整链条张紧力，操作简单、实用，性能可靠。

考虑石子煤对设备的磨损，壳体底部衬有防磨板（耐磨铸石板、耐磨陶瓷板、玄武岩铸石板等）厚度不小于40mm，安全使用寿命不小于25年。铸石板的耐磨性是锰钢的十几倍，耐腐蚀优于橡胶、铝、不锈钢制品等。

3. 刮板机的运行特性

刮板机日常巡检重点：

（1）油位是否正常；

（2）减速机运行是否平稳，有无异常声响；

（3）减速机链条润滑情况是否良好；

（4）松紧度是否合适，如链条较松应及时张紧或截链；

（5）刮板机运行是否正常，有无振动和异常声响；

（6）通过观察孔检查刮板机链条运行状况，是否跑偏，磨损情况如何；

（7）检查刮板机负载运行情况，根据石子煤排量的变化通知相关人员调整刮板机转速，以满足出力需要并尽量降低磨损。

4. 刮板机操作注意事项

警防刮板式石子煤机链条跑偏，链条松弛，如发现要及时调整。

放石子煤时，先关闭磨煤机石子煤斗上的闸板门，再打开石子煤斗下的气动闸板门。

放石子煤时，避免把石子煤机的壳体堵满，这样会大大加大链条和刮板的受力，长期下去减小设备的使用寿命。

5. 刮板机的常见故障及处理方法

（1）减速机油温高。

1）油位较低，需补油保证油位在1/2～2/3处；

2）油位过高，需放油保证油位在1/2～2/3处；

3）减速机故障，检查减速机构是否正常，修复或更换减速机。

（2）轴承温度高。

1）轴承缺油（油脂变差），轴承补油或更换润滑脂；

2）轴承损坏，更换轴承。

（3）刮板机运行中电流摆动。

1）料斗链条打滑，立即停运设备，进行链条张紧；

2）链条行程中有卡点，停运设备，清理卡点。

（4）刮板机故障跳闸。

1）控制部分故障，检查各继电器及信号检测装置是否工作正常；

2）设备失电，送电后试运；

3）电动机故障，检修或更换电动机；

4）刮板机箱体底部积渣过多，清理积渣后试运行设备；

5）刮板机链条行程中有卡点，处理卡点试运设备；

6）刮板机链条断裂，消除断裂原因，续接链条后试运设备；

7）链条过紧或过松，调整张紧装置使链条松紧适当；

8）链轮或链条磨损导致链轮与链条啮合不良，需更换链轮或链条。

（5）设备漏风、漏粉。

1）更换壳体密封组件；

2）焊补壳体漏点。

（四）斗式提升机

斗式提升机（简称斗提机）是利用均匀固接于链条上的一系列料斗，通过竖向旋转提升物料的连续输送机械。

1．斗提机的原理及结构特性

斗提机的主要组成部分有电动机、减速机、传动链条、链轮、壳体、主动轴（顶部链轮）、从动轴（底部链轮）、料斗、输送链条、链条张紧装置，见图4-33。

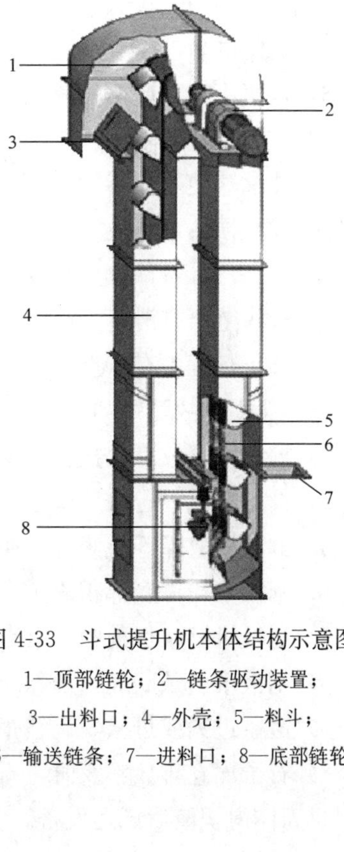

图 4-33 斗式提升机本体结构示意图

1—顶部链轮；2—链条驱动装置；3—出料口；4—外壳；5—料斗；6—输送链条；7—进料口；8—底部链轮

2．斗提机的工作原理

物料从刮板机中掉落，通过进料口进入斗提机料斗中（其中会有少量的物料由于料斗与壳体间隙的问题落入壳体底部），料斗随着输送链在壳体内提升到顶部后绕过顶部链轮后向下翻转，料斗将物料倾倒入出料口中。斗提机具有输送量大，输送高度高的特点，并且运行平稳可靠，运行寿命长。

斗提机一般采用流入式喂料的方法取料，并不会采用料斗挖料，这样会减少料斗的磨损，也会降低功率的消耗。

长期运行中会有洒落的石子煤堆积在斗提机底部影响斗提机运行可靠性，所以需定期清理斗提机壳体底部堆积的石子煤。

3．斗提机的运行特性

（1）斗提机日常巡检重点：

1）油位是否正常；

2）减速机运行是否平稳，有无异常声响；

3）减速机链条润滑情况是否良好；

4）松紧度是否合适，如链条较松应及时张紧或截链。

5）斗提机运行是否正常，有无振动和异常声响，有无卡涩现象；

6）斗提机轮系轴承润滑良好，无杂声及发热现象；

7）链轮或链条磨损导致链轮与链条啮合不良，需更换链轮或链条；

8）检查斗提机底部积料状况，是否因积料过多导致配重张紧机构不能正常工作，一般每隔10～15天应彻底清除底部积料以减轻料斗磨损，降低故障频率。

（2）斗提机操作注意事项。

1）向斗提机给料应均匀，给料装置输送量应在斗提机输送量范围内，否则物料会堵塞下部区段；

2）斗提机必须在空载下启动，必须在完全卸完料下停止运转；

3）斗提机故障跳闸时，必须停止整个输送物料的流程，以防物料堆积造成检修难度增加；清除斗提机中物料。

4. 斗提机的常见故障及处理方法

（1）减速机油温高。

1）缺油，油位较低，需补油，保证油位在1/2～2/3处；

2）油位过高，需放油，保证油位在1/2～2/3处；

3）减速机故障，检查减速机构是否正常，修复或更换减速机。

（2）轴承温度高。

1）轴承缺油（油脂变差），轴承补油或更换润滑脂；

2）轴承损坏，更换轴承。

（3）斗提机运行中电流摆动。

1）料斗链条打滑，立即停运设备，进行链条张紧；

2）链条行程中有卡点，停运设备，清理卡点。

（4）斗提机故障跳闸。

1）控制部分故障，检查各继电器及信号检测装置是否工作正常；

2）设备失电，送电后试运；

3）电动机故障，检修或更换电动机；

4）刮板机箱体底部积渣过多，清理积渣后试运行设备；

5）刮板机链条行程中有卡点，处理卡点试运设备；

6）刮板机链条断裂，消除断裂原因，续接链条后试运设备；

7）链条过紧或过松，调整张紧装置使链条松紧适当；

8）石子煤仓排放不及时，石子煤倒灌，导致斗提机超载跳闸，须排放石子煤仓内及斗提机壳体内积渣后试运设备。

（5）设备漏风、漏粉。

1）更换壳体密封组件；

2）焊补壳体漏点。

（五）石子煤系统的运行特性

任意一台磨煤机切换到就地位不影响其他磨煤机的自动排放，石子煤斗内的石子煤排入刮板机之前应确认刮板机和斗提机处于运行状态且运行良好。

应根据磨煤机石子煤量大小合理安排石子煤排放间隔时间，做到勤排，避免堵磨事故发生，同时适当增加排放次数可以使刮板机负载均衡，减少大负荷对设备的冲击；在满足出力要求的前提下应尽量使刮板机低速运行，以减轻磨损。

根据物料堆积情况定期清掏斗提机底部积料，以保证斗提机正常运行，一般应做到每周至少彻底清理一次。

斗提机出现故障停机时，应首先打开检查孔检查底部积料情况，检查是否有异物卡涩。清理完异物和积料后再重新启动。

监测石子煤仓料位情况，及时装车运输，杜绝运输不及时而造成斗提机堵料事故的发生。

手动排放石子煤时，需确认刮板机等输送设备已经可靠运行，否则可能因石子煤堵塞落料管造成出口阀无法关闭。

事故阀仅用于刮板机故障情况下的紧急排渣，正常情况下需保持常闭状态；发生临时故障刮板机、斗提机退出运行时，磨煤机的排渣需要继续保持正常的排渣频率从事故排渣门排渣。

思考题

1. 什么叫煤的可磨性？表征煤的可磨性的参数是什么？
2. 磨煤机的种类有哪些？每种磨煤机适应哪些煤？
3. 中速磨煤机的主要结构和维护要求有哪些？
4. 给煤机的称重原理是什么？
5. 给煤机定期工作有哪些？
6. 石子煤系统常见故障有哪些？

第五章

烟　风　系　统

第一节　烟风系统概述

锅炉烟风系统是指由燃烧生成的烟气与风机输送的空气组成的系统，大容量电站煤粉锅炉大多数的烟风系统为平衡通风系统，主要利用一次风机、送风机的正压头克服空气流通过程中的阻力，用引风机的负压头克服烟气流通过程中的阻力，以确保炉膛维持微负压的工作压力，且减少整个烟风系统的漏风。也有部分炉型采用正压系统，缺点是密封困难。

一、烟风系统主要设备

烟风系统主要包含以下设备和装置，其设备参数也就决定了运行中的烟风系统的特性。

（一）送风机

送风机通常也被称作二次风机，型式一般可选动叶可调轴流式风机、离心式风机等，目前电站用送风机数量可采用单台或双台布置，动叶可调轴流式风机应用较多，其特点是工作介质为洁净的空气，工作条件较好，调节范围广，运行效率高，经济性好，检修维护工作量小，可以满足机组灵活性调峰需求。

（二）一次风机

型式可选动叶可调轴流式风机、离心式风机等，目前电站用一次风机数量可选单台或双台布置；一次风机的风量包括锅炉最大连续蒸发量工况下所需的一次风量、全部磨煤机的密封风量和空气预热器的漏风量，为保证风量满足机组安全稳定运行的要求，选用一次风机时流量、压力必须留有一定的裕量。

（三）引风机

随着脱硝系统改造的逐步发展，电站用引风机（又称吸风机）一般选型为双级动叶可调轴流式风机，目前电站用引风机数量可选单台或双台；引风机风量和压头取决于锅炉燃用设计煤种和锅炉在最大连续蒸发量时的烟气量、空气预热器中漏入烟气侧的风量及系统漏风量之和，确保容量满足机组安全稳定运行的要求，在选用引风机时流量、压力必须留有一定的裕量。

引风机工作介质为高灰分、高硫分热烟气，工作条件较差，从目前国内大型机组引风机的配套及生产情况分析，动、静叶调节轴流式风机及离心风机均可选用，但从三种型式风机的设计及运行特点来分析，各有利弊。动叶可调轴流风机优点是负荷调节性能好，风机效率较高，但叶片对烟气中的灰粉含量较为敏感，且附属系统较复杂；静叶可调轴流式风机对烟气中的灰粉适应性较强，运行稳定，但风机效率随负荷调节性能一般；离心式风机运行可靠，成本较低，但负荷调节性较差，低负荷时风机效率较低，相同容量的离心风机体积较轴流风机大很多。

（四）空气预热器

空气预热器选型需考虑因素较多，鉴于锅炉设备空间布局限制及换热效率考虑，管式、板式空气预热器已基本淘汰，容克式（回转式）空气预热器因其占地空间小、换热效率高的优良特性，成为现阶段的主流选择，目前电站用空气预热器数量可选单台或双台。

（五）脱硝系统

为降低氮氧化物（NO_x）排放，燃煤电厂基本完成脱硝系统投入及超低排放改造，脱硝系统主要包括反应器及其辅助系统、液氨（尿素）卸载存储系统、注氨系统、压缩空气系统、干除灰系统、稀释风机及配套的管道、阀门、表计等。

（六）除尘器

电站除尘器选型主要为电除尘器、布袋除尘器及电布混合除尘器，对除尘效率、除尘器阻力、漏风率的要求较高，除尘器出口含尘量必须达到标准，除尘器的烟气流量按燃用设计煤种时，在锅炉最大连续蒸发量工况下的空气预热器出口烟气量计算，并留有一定的裕量。

（七）脱硫装置

脱硫指燃烧脱除燃料中的硫分或烟气中的硫分的过程，是防治大气污染的重要内容。脱硫方法一般有燃烧前、燃烧中和燃烧后脱硫等。随着工业的发展和人们生活水平的提高，对能源的渴求也不断增加，燃煤电厂烟气中的二氧化硫已经成为大气污染的主要来源之一。减少二氧化硫污染也成为当今大气环境治理的重要指标。目前电站脱硫大部分指燃烧后的烟气脱硫（Flue gas desulfurization，FGD）。

（八）其他附属设备

包括燃烧器及二次风箱、密封风机、火检冷却风机及其管道、一次及二次风管道、炉膛、烟道、挡板或闸门及烟囱等设备。

二、烟风系统的功能

对于平衡通风的锅炉烟风系统，可以看作是两个对应的功能系统，通过共同的炉膛、受热面烟道连接起来，一边是送风侧，另一边是吸风侧。

送风侧烟风系统又称锅炉左侧系统，即由负责将空气输送至炉膛的设备所组成，其中：燃料燃烧所需的二次风和燃尽风由送风机提供，输送和干燥煤粉的一次风由一次风机提供，火焰检测装置传感器所需的冷却风由火检冷却风机提供，制粉系统所需密封风由密封风机提供。

吸风侧系统又称锅炉右侧系统，将燃料燃烧后的烟气、输送煤粉的一次风、火检冷却风、过量的空气及漏入的空气等均在吸风机的作用下，从炉膛出口经脱硝、除尘、脱硫等设施，达到排放标准后经由烟囱排入大气。

烟风系统主要分为一次风、二次风和烟气等三个主要系统，以及密封风系统、火检冷却风等辅助系统。

烟风系统流程见图 5-1。

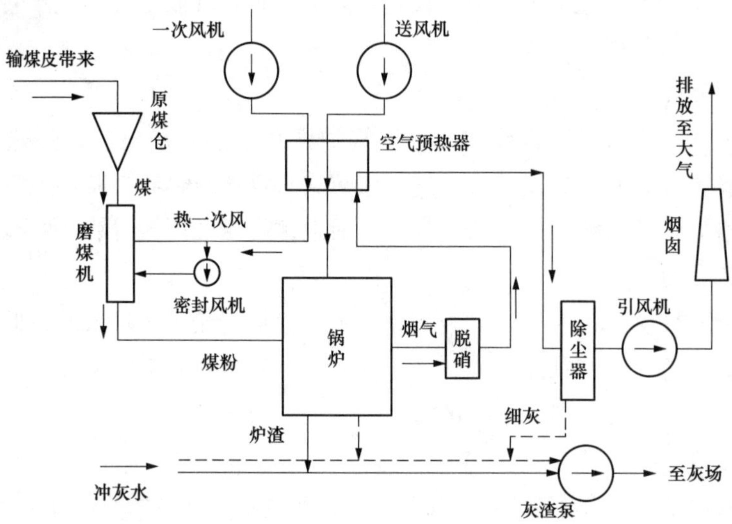

图 5-1　烟风系统流程图

（一）一次风系统

一次风的作用主要是干燥和输送煤粉，包括制粉系统的干燥通风量和煤粉的输送通风量。干燥通风量的作用是向入炉原煤提供热量，干燥磨煤机中的原煤，维持磨煤机出口合适的温度。而煤粉的输送通风量指的是携带和输送煤粉所需的通风量。

一次风系统配置 1～2 台一次风机，一次风在一次风机的作用下从大气吸入空气，经过一次风机增压后分成两路，一路经过空气预热器加热成热风，称作热一次风，另一路称作冷一次风。冷、热一次风经过位于磨煤机入口的冷、热一次风调门调节混合后，以一定的流量和温度进入磨煤机，干燥和输送磨煤机内的煤粉，使其以稳定的流量、速度和温度进入炉膛进行燃烧。为保护一次风机免受杂物损害，在一次风机入口均配置滤网，同时配套设置消声器，以降低一次风机运行时发出的噪声。

（二）二次风系统

二次风系统主要是供给燃料燃烧所需的足量空气，同时在炉膛中扰动燃烧的燃料气流，强化燃烧。

在二次风系统中配置 1～2 台送风机，与一次风机相同，在送风机入口同样配置滤网和消声器。大气经过送风机入口滤网后进入风机，经送风机增压后的二次风全部送往空气预热器加热，加热后的二次风直接送往各燃烧器，从而进入炉膛使煤粉能够稳定燃烧。

在送风机出口设电动隔离风门，对于配置二台送风机的二次风系统，还需设置联络风道及联络风门，以便在一台送风机故障停运时，另一台风机通过增加出力经过空气预热器，从而减少对锅炉负荷的影响。在正常运行时，联络风道可使得两台送风机出口风压得到平衡，尽量减少燃烧器进口二次风差压。

为消除空气预热器冷端腐蚀损坏，尤其在北方地区，在二次风进入空气预热器之前的风道内设置加热设备，如暖风器、热风再循环等，提高冷端温度在烟气露点以上。

（三）排烟系统

排烟系统的功能是抽出炉膛中的烟气，将经过尾部受热面、脱硝反应区、空气预热器、除尘器等的烟气送往烟气脱硫系统，达到排放标准后经烟囱送往大气排放。

在烟气系统中设置1～2台引风机，在除尘器出口烟道上及引风机出口烟道上配置电动（气动）挡板门，以便隔离引风机；对于配置二台引风机的烟气系统，在除尘器出口烟道上配置联络管道和联络风门，正常运行时联络管道起到平衡引风机进口烟气压力的作用。

（四）密封风系统

密封风系统需配置两台密封风机，采取一用一备的运行方式。风源取自冷一次风母管，经密封风机增压后作为磨煤机、磨煤机出口门、磨煤机冷热风隔离门、给煤机等的密封风源。对于正压直吹式锅炉，密封风的设计目的主要是防治煤粉和热一次风从磨煤机的磨碗、磨辊、给煤机、一次风门等不严密的部位泄漏出来。

（五）火检冷却风系统

火检冷却风系统，即火焰检测装置冷却风系统，设置两台火检冷却风机，采取一备一用的运行方式，入口风源为空气，经火检冷却风机增压后向炉膛火焰检测传感器提供冷却风和吹扫风，为保证火检冷却风的洁净度，在风机入口必须配置空气过滤器。

第二节 电厂风机原理基础

一、风机的分类

（一）按工作原理分类

风机一般分为叶片式风机和容积式风机，其中叶片式风机包括离心式风机、轴流式风机、混流式风机；容积式风机主要包括往复式和回转式，其中回转式包含叶氏风机、罗茨风机、螺杆风机等。

（二）按产生的压力分类

风机按照产生的风压分为：

（1）通风机，风压小于15kPa；

（2）鼓风机，风压在15～340kPa；

（3）压气机，风压在340kPa以上。

通风机中最常用的是离心式通风机及轴流式通风机，按其压力大小又分为低压离心通风机，风压在1kPa以下；中压离心风机，风压在1～3kPa；高压离心风机，风压在3～15kPa；低压轴流风机，风压在0.5kPa以下；高压轴流风机，风压在0.5～5kPa。

二、风机的工作原理

（一）叶片式风机

叶片式风机工作原理：工作叶轮旋转时，叶轮上的叶片将能量连续地传给介质，从而将介质输送到高压、高位处或远处。

各类型叶片式风机内工作介质流动特点为：介质的出流方向不同，离心式风机出流方向沿叶轮的径向，轴流式风机出流方向转子的沿轴向，混流式风机出流方向沿斜向。

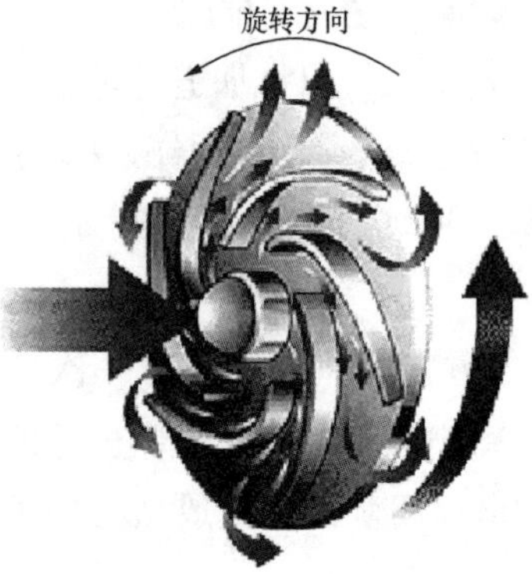

图 5-2 离心式风机工作原理

（二）离心式风机工作原理

离心式风机的工作原理：叶轮高速旋转时产生的离心力使工作介质获得能量，即工作介质通过叶轮后，压能和动能都得到提高，从而能够被输送到高压、高处或远处（见图 5-2）。离心式风机结构简单，叶轮在蜗壳中旋转，流体轴向吸入，转 90°进入叶轮流道并径向流出。叶轮连续旋转，在叶轮入口处不断形成真空，从而使工作介质连续不断地被泵吸入和排出。

（三）轴流式风机工作原理

轴流式风机的工作原理：旋转叶片的推挤作用使流体获得能量，升高其压能和动能。叶轮旋转时，工作介质沿轴向吸入，在叶片的推挤作用下获得能量，沿轴向流出（见图 5-3）。轴流风机适用于大流量、低压头工况，可以满足火电厂送风机、一次风机和引风机的选用需要。

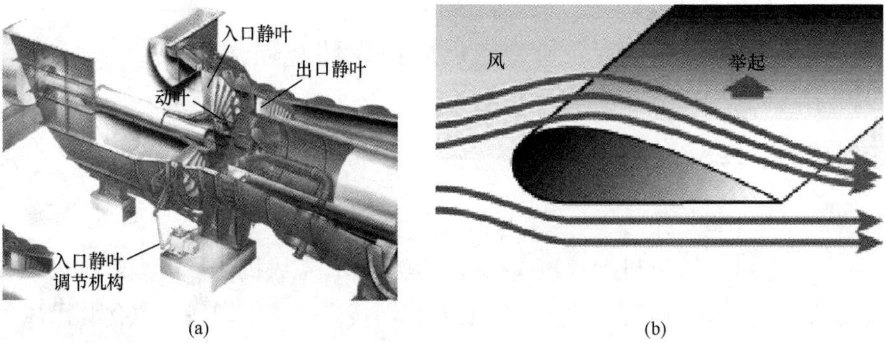

图 5-3 轴流风机结构与工作原理图

（a）结构图；（b）工作原理图

三、风机主要的性能参数

风机的主要性能参数有流量、能头、功率、效率、转速，这些参数反映了风机的整体性能，现分别介绍如下。

（一）流量

流量是指单位时间内所输送的工质数量。它可以用体积流量 q_v表示，也可以用质量流量 q_m表示。体积流量的常用单位为 m^3/h 或 m^3/s，质量流量的常用单位为 kg/s 或 t/h。

（二）能头

风机的能头称为全压或风压，包括静压 p_{st}和动压 p_d。全压是指单位体积工质流过风机时所获得的总能量增加值，用 p 来表示，单位为帕斯卡（Pa）。对风机而言，由于输送的是气体（可压缩性流体），即使进出口管道直径相差不大，但流速仍可相差较大，因此其动压改变较大，且在全压中所占的比例很大，有时甚至可达到全压的50%以上。而克服管道阻力要由静压来承担，因此风机的风压需要用全压及静压分别表示。

风机的全压为：

$$p = p_{d+}p_{st} = (p_2 + 0.5\rho v_2^2) - (p_1 + 0.5\rho v_1^2) \quad (5\text{-}1)$$

风机的动压为：

$$p_d = 0.5\rho v_2^2 \quad (5\text{-}2)$$

风机的静压为风机的全压减去风机出口截面处的动压 p_2（又称风机的动压），表示如下：

$$p_{st} = p_2 - p_1 + 0.5\rho v_1^2 \quad (5\text{-}3)$$

其中，ρ 为流体密度，v 为流体流速，上述下标中的“1、2”分别表示风机进口和出口截面。

（三）功率和效率

风机功率传递见图5-4。

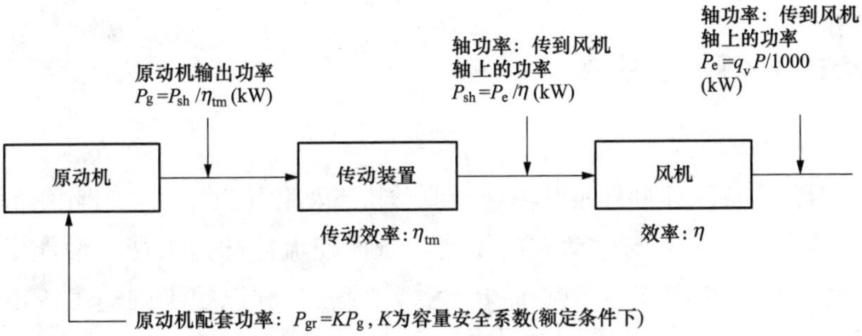

图5-4　风机功率传递图

说明：其中 q_v 为体积流量。

有效功率，指单位时间的工质通过风机时从叶轮获得的能量，用 P_e 表示，单位为kW。

内功率（kW），风机实际消耗于工质的功率称为风机的内功率，用 P_i 表示。它等于有效功率加上除轴承、轴封外在风机内损失掉的功率。即：

$$P_i = P_e + \sum \Delta P \quad (5\text{-}4)$$

内效率，风机的有效功率与内功率之比称为风机的内效率（称为风机全压内效率），用 η_i 表示，即：

$$\eta_i = P_e / P_i \times 100\% \quad (5\text{-}5)$$

风机的静压有效功率，用 P_{est} 表示，计算公式为：

$$P_{est} = P_{st} Q_v / 1000 \quad (5\text{-}6)$$

静压效率和静压内效率，静压效率是指风机的静压有效功率和轴功率 P_{sh} 之比，用 η_{st} 表示，即：

$$\eta_{st} = P_{est} / P_{sh} \times 100\% \quad (5\text{-}7)$$

同理，静压内效率等于静压有效功率与内功率之比，用 η_{ist} 表示，即：

$$\eta_{ist}=P_{est}/P_i\times 100\% \tag{5-8}$$

（四）转速

风机轴每分钟的转数，通常用 n 表示，单位为 r/min。

四、风机在火电厂中的作用

从应用角度看，风机在烟风系统中是实现烟风动力循环的重要辅机，我们可以比喻成"呼吸、消化和排泄系统"。如送风机、一次风机提供的输送和燃烧的空气，引风机排放的烟气。

从经济角度看，风机的耗电量约相当于厂用电的 30%，约相当于机组容量的 1.5%～3%，在风机的节能、经济运行对于机组经济运行至关重要。

从安全角度看，增加风机安全可靠性和提高效率相比，作为重要辅机的安全稳定运行与提高效率有着同等的甚至更大的经济效益。

第三节 离 心 风 机

一、离心式风机原理和结构

（一）离心式风机的工作原理

离心式风机的主要工作部件是叶轮，当原动机带动叶轮旋转时，叶轮中的叶片迫使流体旋转，即叶片对流体沿它的运动方向做功，从而使流体的压力能和动能增加。与此同时，流体在惯性力的作用下，从中心向叶轮边缘流去，并以很高的速度流出叶轮进入蜗壳，再由排气孔排出，这个过程称为压气过程。同时，由于叶轮中心的流体流向边缘，在叶轮中心形成了低压区，当它具有足够的真空时，在吸入端压力作用下（一般是大气压）流体经吸入管进入叶轮，这个过程称为吸气过程。由于叶轮的连续旋转，流体也就连续的排出、吸入，形成了风机的连续工作。

（二）离心式风机的结构型式

1. 概述

离心式风机的结构比较简单，制造方便，叶轮和蜗壳一般都用钢板制成。通常采用焊接结构，有时也用铆接。图 5-5 所示为离心式风机的结构示意图，包括了电动机和连接机构。

离心式风机由于旋转方式、进风方式、出风口位置、传动方式不同，而具有不同的结构形式。

2. 旋转方式

离心式风机分为右旋和左旋两种。从原动机一侧看向叶轮，叶轮旋转方向为顺时针方向的称为右旋，用"右"表示，在型号中一般不用标注；叶轮旋转方向为逆时针方向的称为左旋，用"左"表示，在型号中必须标注。但应注意，叶轮只能顺着蜗壳蜗线的展开方向旋转，否则叶轮出现反转时，流量会突然下降。

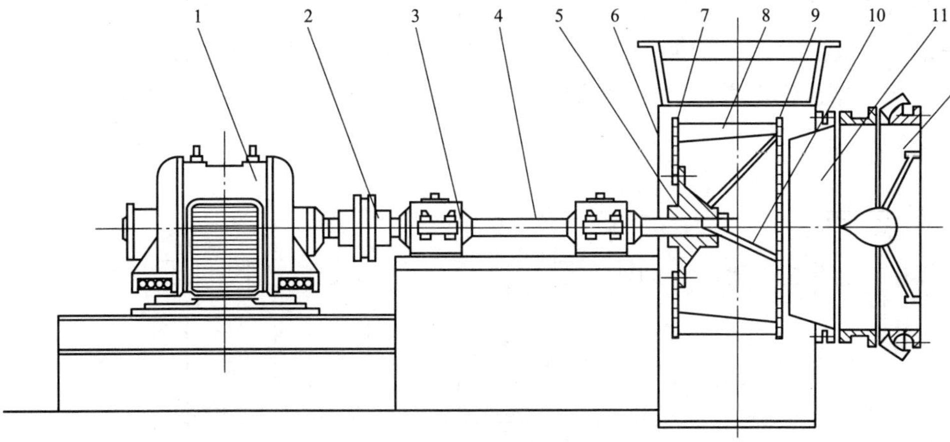

图 5-5 离心式风机的结构示意图

1—电动机；2—联轴器；3—轴承体；4—主轴；5—轮毂；6—机壳；7—后盘；
8—叶片；9—前盘；10—拉筋；11—集流器；12—进口风量调节器

3. 进气方式

离心式风机的进气方式有单侧进气和双侧进气两种。前者称为单吸风机，用符号“1”表示；后者称为双吸风机，用符号“0”表示。

4. 出风口位置

离心式风机的出风口位置根据使用要求，可以制作向上、向下、水平、向左、向右、各向倾斜等多种形式。一般情况下，风机制造厂规定了图 5-6 所示的 8 个基本出风口位置，以供选择。

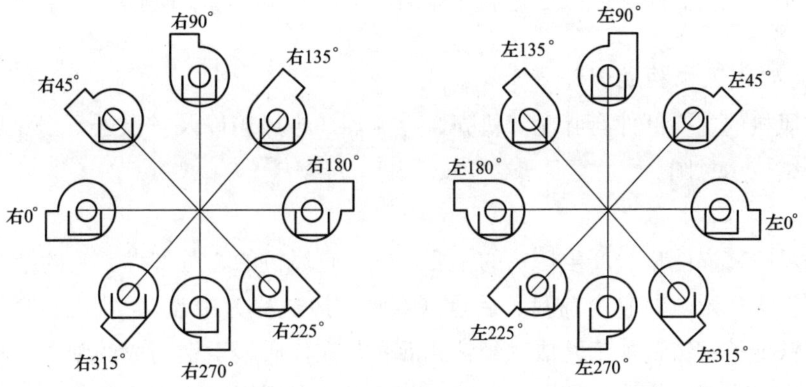

图 5-6 离心式风机 8 种出风口位置

5. 传动方式

根据使用情况不同，离心式风机的传动方式也有多种。当风机转速与电动机的转速相同时，大型风机可采用联轴器将风机和电动机直接传动。这样可以使结构简单、紧凑。小型风机则可以将叶轮直接装在电动机轴上，使结构更简单、紧凑。当风机的转速和电动机不同时，则可采用皮带轮变速加装减速机、耦合器等传动方式。

通常将叶轮装在主轴的一端的结构叫悬臂式结构，其优点是拆卸方便。对双吸式大型风机，一般将叶轮放在两个轴承中间，这种结构叫双支撑式，其优点是运行比较平稳。

目前，风机制造厂把离心式风机的传动方式规定为 6 种形式，并用大写英文字母表示，如图 5-7 所示。

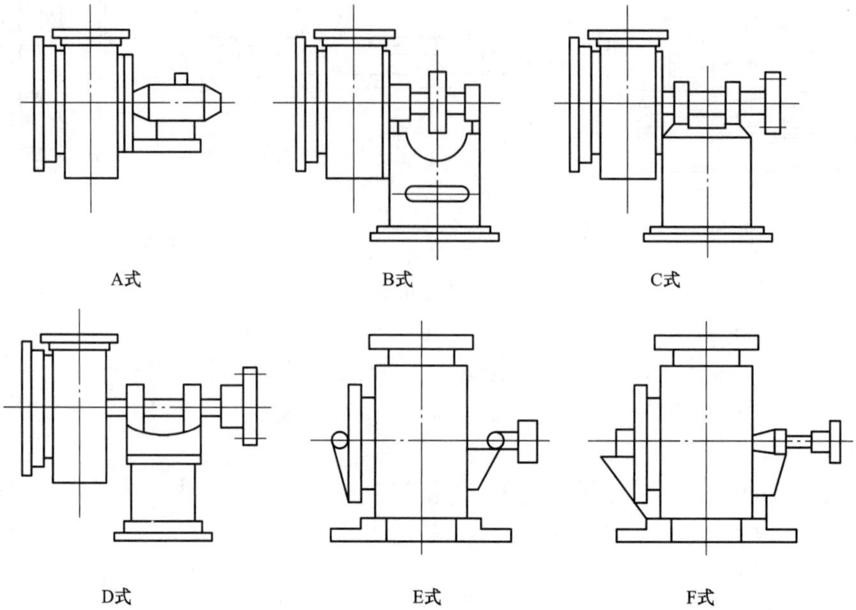

图 5-7 离心式风机的传动方式

A 式：单吸、单支架、无轴承、与电动机直联；B 式：单吸、单支架、悬臂支撑、皮带轮在两轴承之间传动；C 式：单吸、单支架、悬臂支撑、皮带轮在两轴承外侧；D 式：单吸、单支架、悬臂支撑、联轴器传动；E 式：单吸、双支架、皮带轮在外侧；F 式：单吸、双支架、联轴器传动

（三）离心式风机构成部件

离心式风机的主要部件有叶轮、机壳、导流器、进风箱以及扩散器等。见图 5-5 所示离心式风机结构示意图。

1. 叶轮

叶轮是风机传递能量、产生压头的主要部件，是风机的心脏部件，它的结构和尺寸对风机性能有很大的影响。它由前盘、后盘（双吸式风机称为中盘）、叶片、轮毂组成。轮毂通常由铸铁或铸钢铸造加工而成，经钻孔后套装在优质碳素钢制成的轴上。轮毂采用铆钉与后盘固定。在强度允许的情况下，轮毂与后盘可采用焊接方式固定。

前后盘之间装有叶片。叶片的形式可按叶片出口角分为后弯叶片、径向叶片和前弯叶片。后弯叶片可以使气体在叶片中获得较高的风压和较高的效率，因而近年来广泛用于锅炉的送引风机上。径向叶片加工制造比较简单，但风机效率较低，大容量锅炉的风机很少采用。具有前弯叶片形式的风机效率低于具有后弯叶片形式的风机效率，但其风压比较高，在相同参数条件下，风机体积可以比其他形式叶片的风机小。目前要求高风压的如排粉机和一次风机等，采用这种形式的叶片较多。

后弯叶片按叶片形式可分为平板形、圆弧形和机翼形三种。空心机翼形叶片的流线型更适应气体流动的要求，从而进一步提高风机的效率，后弯空心机翼形叶片风机的效率可高达 90%左右。其缺点是，制造工艺复杂，并且当输送含尘浓度高的流体时，叶片容易磨损，叶片磨穿后，杂质进入叶片内部，使叶轮失去平衡而产生振动。如锅炉的引风机，对振动的敏感性是限制后弯空心机翼形叶片风机广泛采用的重要因素。

2. 机壳

蜗壳是由蜗板和左右两侧板焊接或咬口而成。其作用是收集从叶轮出来的气体，并引至蜗壳出口，经过出风口把气体输送到管道或排入大气中。蜗壳的蜗板轮廓线是对数螺旋线，为了制造方便，一般将蜗壳设计成矩形截面。

离心式风机蜗壳出口附近的“舌形”结构称为蜗舌，其作用是防止大量空气在蜗壳内循环流动。蜗舌附近流体的流动相当复杂，它的几何形式以及和叶轮出口边缘的最小距离，对风机的性能，特别是对风机效率和噪声影响较大。一般蜗舌部的圆角直径 R 取为 $R/D=0.03\sim0.06$。大型风机取下限，小型风机取上限。蜗舌与叶轮间的间隙 b 取为 $b/D=0.05\sim0.10$（后弯叶轮），$b/D=0.07\sim0.15$（前弯叶轮），其中 D 为该风机叶轮工作直径。

进风口又称集流器，与进气箱装配在一起，其目的在于保证气流能均匀地充满叶轮的进口断面，并使风机进口处的阻力尽量减小。离心式风机的进风口有圆筒形、圆锥形、弧形、锥筒形、锥弧形、弧筒形等多种。如图 5-8 所示，对大型风机多采用弧形、锥弧形进风口，以提高风机的效率。

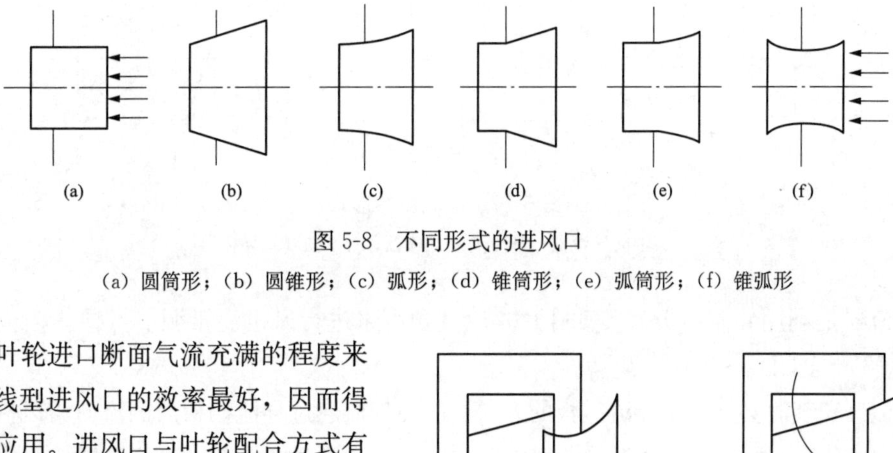

图 5-8 不同形式的进风口

(a) 圆筒形；(b) 圆锥形；(c) 弧形；(d) 锥筒形；(e) 弧筒形；(f) 锥弧形

从叶轮进口断面气流充满的程度来看，流线型进风口的效率最好，因而得到广泛应用。进风口与叶轮配合方式有插入式和非插入式两种，如图 5-9 所示。

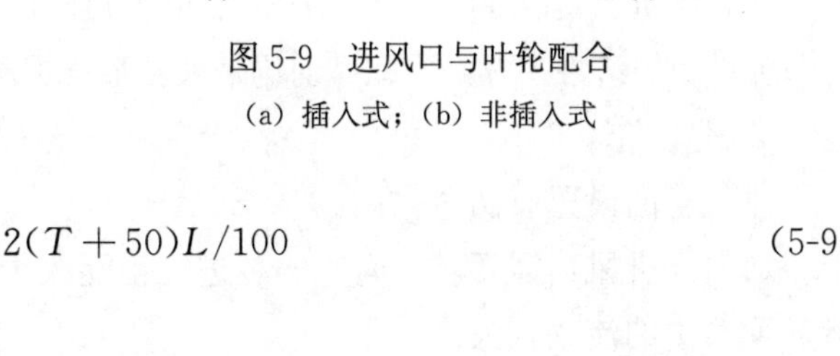

图 5-9 进风口与叶轮配合

(a) 插入式；(b) 非插入式

除低效率、小容量的风机有采用非插入式的配合外，一般均采用插入式配合。

非插入式配合的进风口与叶轮对口间隙可按下式计算：

$$f=1.2(T+50)L/100 \tag{5-9}$$

式中 f——对口间隙，mm；

T——烟气或空气介质温度，℃；

L——轴长度，m；

1.2——钢材的线膨胀系数经验值，mm/(m·℃)。

一般情况下，非插入式配合的双吸入式风机联轴器侧对口间隙为6～8mm，非联轴器侧为14～18mm，单吸入式风机的对口间隙为8～10mm。

插入式配合的进风口，与叶轮间隙规定如下：

(1) 对于双吸入式风机，联轴器侧轴向伸入长度为12～18mm，非联轴器侧轴向伸入长度为2～8mm，径向间隙为4～8mm；

(2) 对于单吸入式风机，进风口与叶轮轴向伸入长度为8～20mm，径向间隙为4～10mm。

以上所列数据对风机运行的安全性和经济性有很大的影响，检修中应严格控制。厂家标准另有要求的，以厂家标准为准。

3. 导流器

目前大容量锅炉中离心式风机的流量调节，主要是通过装设在风机入口通道上的导流器实现的。常见的导流器有轴向导流器、简易导流器和斜叶式导流器，如图5-10所示。

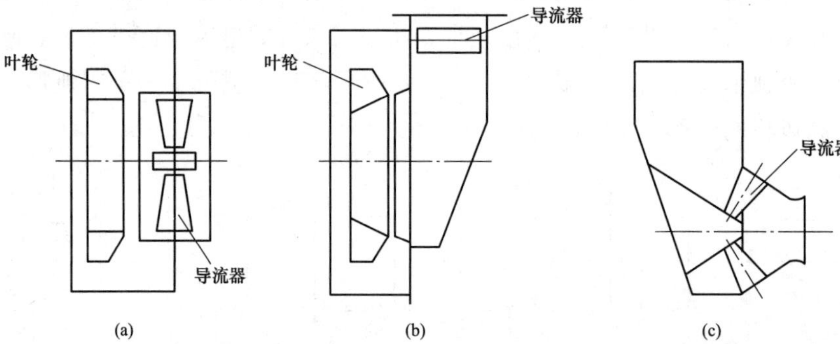

图5-10 导流器的形式

(a) 轴向导流器；(b) 简易导流器；(c) 斜叶式导流器

导流器是利用导流挡板（转动叶片）改变角度来进行风机流量调节。导流挡板的调节范围为90°（全闭）～0°（全开）。

导流器安装时必须注意导流挡板的方向，应使气流通过导流挡板后的流向与风机叶轮的旋转方向一致。否则气流在通过导流挡板后转一个急弯再进入叶轮，这样会造成很大的风压损失，使风机出力明显下降，甚至带不上负荷。导流挡板方向不对，还可能表现在导流挡板开度增大时，电流指示反而减小；导流挡板开度关小时，电流指示反而增大。导流挡板开度的改变，实质上是改变叶轮叶片进口的切向分速度，从而改变风机的流量和风压。该种装置比节流挡板经济性要好，因此目前仍是大容量锅炉离心式风机调节的主要装置之一。

4. 进气箱

进气箱的设置有两个作用：

(1) 当进风口需要转弯时，安装进气箱能改善进口流动状况，减少因气流不均匀进入叶轮而产生的流动损失。

(2) 安装进气箱可使轴承装于风机的机壳外边，便于安装和维修，对锅炉引风机的轴承工作条件更为有利。

进气箱的几何形状和尺寸，对气流进入风机后的流动状态的影响极为显著。如果进气箱结构不合理，由此所造成的阻力损失可达风机全压的15%～20%。由试验可知，在确定进气箱的几何形状和尺寸时，应注意以下几点：

(1) 进气箱入口端面的长宽之比取3∶2为宜。

(2) 进气箱的横断面积与叶轮的进口面积之比一般取1.7∶2.0为宜，在相对动压较小时取下限，反之取上限。

(3) 进气箱的形状对阻力值的影响很大。图5-11给出了五种进气箱的形状，其中长宽比相同，均为2.05，进气箱横断面积与叶轮进口面积比相同，均为1.55。试验表明，其局部阻力系数（ξ）分别为：$\xi_a>1.0$，$\xi_b>1.0$，$\xi_c>0.5$，$\xi_d>0.3$，$\xi_e>0.1$，图5-11（e）所示进气箱的局部阻力系数是图（a）的十分之一。由此可见，进气箱形状与阻力值的关系非常大，需仔细选择进气箱形状。

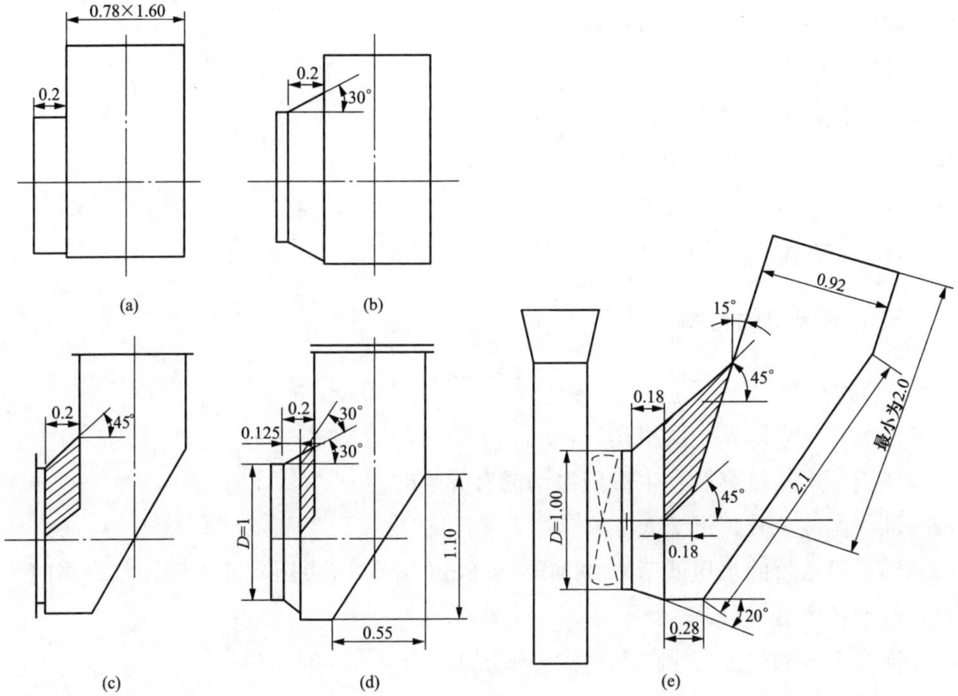

图5-11 进气箱五种形状设置图

(a) $\xi_a>1.0$；(b) $\xi_b>1.0$；(c) $\xi_c>0.5$；(d) $\xi_d>0.3$；(e) $\xi_e>0.1$

5. 扩散器

扩散器又称扩压器。多数扩散器与机壳做成一体。其作用是降低气流出口速度，使部分动压转化为静压。根据出口管形状的要求，扩散器可作成圆形截面或矩形截面。

二、几种典型离心式一次风机简介

(一) 1788AZ/1302型离心风机

1788AZ/1302型风机为双吸双支撑离心式风机，当前在600MW火电机组上应用较多，主要用于锅炉的一次风机，每台锅炉配置 2 台这种一次风机。

1788AZ/1302 离心式风机主要由外壳、叶轮、双吸风道、集流器、出入口挡板、轴、轴承箱组件、冷却水系统、电动机供油系统组成，具有结构简单、运行可靠、效率较高、制造成本较低、噪声小、抗腐蚀性能较好等特点。

该型风机叶轮外径为 ϕ2411mm，设计风量为 155m^3/s，风压为 15601Pa（静压），风机进/出口角度为 135°/0°，风机转速为 1480r/min，风机轴功率为 2919.3kW，介质温度为 20℃，采用滚动轴承。

电动机型号为 YKK710-4，功率为 3100kW，电源为 6kV/50Hz。

（二）MF9-25-12No14D 型离心机简介

MF9-25-12No14D 型单吸、悬臂式离心风机，主要用作式密封风机，密封风机入口气源取自一次风机出口管道，空气经密封风机增压后，供制粉机械使用，主要用于磨煤机磨辊、底部密封等处的密封。正常情况下一台运行，一台备用。

密封风机型号：MF9-25-12No14D，各单元的含义如下：

（1）MF：密封风机大写字母拼音。

（2）9：风机的压力系统。

（3）25：风机的比转数；12：设计序号。

（4）No：Number 英文缩写表示第 X 号。

（5）14：风机叶轮有效直径尺寸。

（6）D：联轴器方式传动。

三、离心式风机的检修

（一）停机判据

下列情况必须立即停止风机运行：

（1）风机、电动机突然发生激烈振动或有异响时。

（2）轴承温度急升超过 75℃。

（3）轴承进水管的水压低于 0.08MPa(0.8kgf/cm^2)（表压）并无法使其升高时。

（4）电动机突然过载时。

（5）涉及人身和机组安全的其他意外情况时。

（二）常见故障现象、可能原因分析及检查项目

1. 轴承发热

（1）可能的原因：①油质不合格或油位过低致润滑不良；②冷却水不足或管道堵塞；③径向间隙大，外套转动；④轴承游隙变大超标；⑤轴承振动。

（2）消除方法：加油或换油；检查阀门和管道；重新调间隙；更换新轴承；消除振动。

2. 轴承箱振动大

（1）可能的原因：①电动机联轴器不对中；②叶轮不平衡；③轴弯曲；④基础不牢；⑤地脚螺栓松动；⑥轴承游隙超标或损坏；⑦叶轮顶部间隙大；⑧轴承箱与台板连接螺栓松动；⑨轴承锁母松动或挡油环松动；⑩轴承箱振裂。

（2）消除方法：①联轴器重新找中心；②给风机转子找动平衡；③校直轴或换轴；④加固基础；⑤紧固螺栓；⑥更换轴承；⑦重新调间隙；⑧紧固螺栓；⑨紧固；⑩更换轴承箱。

3. 电动机电流过大和温升过高

（1）可能的原因：①启动时进气管入口静叶未关；②介质密度过大；③电动机输入电压过低或电源单相断电；④联轴器找正不良；⑤轴承箱剧烈振动；⑥轴承损坏。

（2）消除方法：①静叶关闭后启动；②检查输送介质，必要时预热；③检查电动机电源；④重新找正联轴器；⑤消除振动；⑥更换轴承。

4. 轴承箱漏油

（1）可能的原因：①轴承箱中充油过多；②轴承箱密封损坏。

（2）消除方法：①油位保持在油面镜 1/2～1/3 处；②更换轴承箱密封。

5. 稀油站缺陷

（1）可能的原因：①漏油；②滤网前后压差高；③油冷却效果差；④油压过高或过低；⑤油泵不打油（无油压）。

（2）消除方法：①消除漏点；②清洗滤网；③清洗冷油器，检查冷却水系统；④调节油压或检查压力表；⑤检查油泵对轮是否脱开，检查油泵电动机转向是否正确，调节安全限压阀，检查止回阀或检查其他阀门。

（三）检修质量标准

（1）叶片局部磨损超过原厚度 1/3 时，应进行焊补或挖补处理，若叶片磨损超过原厚度 1/2 时，则更换新叶轮。

（2）风机叶轮和轮毂组装后，轮毂的轴向、径向晃动不应超过 0.15mm。

（3）联轴器无磨损及裂纹，弹簧片应无裂纹、变形，销钉无松动，联轴器径向偏差小于 0.10mm，轴向偏差小于 0.10mm。电动机地脚不得有虚脚，每个地脚加垫不得超过 3 片。

（4）轴承外圈无转动现象，内套表面无锈蚀、伤痕，珠粒光滑无麻点磨损，保持架完整无裂纹，轴承游隙：0.18～0.22mm，最大不能超过 0.30mm。更换轴承加热时，温度要控制在 80～100℃，最高不得超过 120℃。安装时轴承轴向紧贴轴肩，装配间隙为 0.025～0.045mm，锁母应用专用工具打紧，并锁牢，轴承箱上盖顶部间隙应为 0.1～0.15mm。

（5）挡油环无损坏，与轴间隙为 1～2mm。

（6）风机推力轴承轴向间隙为 0.22～0.28mm，承力轴承的膨胀间隙按公式计算。公式：膨胀间隙$=1.2(t+50)L/100$mm（t 是通过转子的介质温度，单位为℃，L 为两轴承座的轴向中心距，单位为 mm，50 为考虑到受热时的附加值）。

（7）轴表面应光滑无裂纹，弯曲度小于 0.1mm。

（8）静叶挡板应开关一致，磨损超过原厚度 2/3 时，必须更换，挡板轴磨损超过原直径的 1/3 时，必须更换，外部拉杆与静叶连接无松动、开关灵活，静叶开关角度内外应一致。

（9）出口挡板磨损超过原厚度 2/3 时，必须更换，挡板轴磨损超过原直径的 1/3 时，必须更换，开关位置准确，内外角度一致。

（10）电动机轴瓦外壳与上瓦盖间隙应为 0.02～0.04mm，上瓦盖与轴颈间隙应为 0.2～

0.3mm，若超出，重新浇注钨金。轴瓦表面不得有麻点、沟纹起皮脱胎裂纹。轴颈表面应光滑，无毛刺、裂纹，用麻绳将表面抛光。压痕检查接触点分布均匀，接触点达到2～3点/cm^2，轴颈与轴瓦接触角在60°～90°，轴瓦顶部间隙应合理，为0.2～0.3mm，新轴瓦两侧间隙用0.20mm塞尺沿轴外圆塞入15～20mm深为合格。

（11）油泵转动灵活，对轮无缺损，运行时无异音，油站各部无漏油，油泵切换正常，止回阀严密。

第四节 轴 流 风 机

一、概述

在大型火电厂锅炉机组中，轴流式风机已有逐渐取代离心式风机的趋势，这是因为离心式风机虽然具有结构简单、运行可靠、效率高、制造成本低、噪声较低等优点，但在低负荷运行时的效率明显低于轴流式风机，且由于受材料的制约，机体尺寸已达极限值。叶轮材料尽管已采用高强度合金钢，但常因焊接问题引起叶片的断裂损坏。

轴流式风机的主要特点是流量大、全压低。动叶可调轴流式风机作为大容量锅炉的引风机、送风机比较合适。目前最大的轴流式风机的动叶外径达5.3m，叶顶圆周速度达162m/s，动叶片的材料为球墨铸铁。我国采用引进技术生产的轴流式风机，已能满足300MW和600MW发电机组对送风机、引风机的要求。

目前600MW火电机组锅炉使用的国产轴流式风机主要有VARLAX型ASN（单级）、AST（双级）轴流式风机及TLT公司生产的FAF送风机系列、SAF引风机系列等。随着技术进步，动叶可调轴流风机将逐步取代静叶可调式轴流风机。

（一）动叶可调轴流式风机

动叶可调式轴流风机，又称动调风机，有以下优点：

（1）变工况工作时经济性好。轴流式风机在额定负荷下，效率最高可达90%，略低于离心式风机。试验结果显示；在机组负荷改变时，尤其在低负荷状态下两者效率有很大变化，当负荷为50%时，轴流式风机的效率约为70%，而离心式风机的效率只有26%左右。

（2）对烟、风通系统流量、全压变化的适应性强。目前，锅炉烟、风道的阻力计算不精确，尤其是烟道侧的阻力计算误差大，还有各种装置和介质的影响等，这些变化的因素要求风机的流量及全压能有相应的变化与之适应。离心式风机不能很好地适应这种变化，而动叶可调轴流式风机，只需要在运行时改变动叶的角度，风机产生的全压和流量就可满足需要，而风机效率的变化却不大。

（3）体积小、质量轻、启动力矩小。轴流式风机结构紧凑、体积小，与相同性能等级的离心式风机相比，轴流式风机可以具有较高的转速和流量系数。在相同的流量和全压下，轴流式风机转子的质量轻，故轴流式风机的飞轮效应（转动惯量）比离心式风机小很多，因此，轴流式风机的启动力矩明显小于离心式风机的启动力矩。实践证明，轴流式送风机、引风机的启动力矩只有离心式风机的14%～27.8%。

(4) 可以避免大容量锅炉发生内向爆破。大容量负压燃烧锅炉，因为在烟道内采用较高的烟气流速，所以烟气侧的阻力增大。若装设烟气脱疏装置，将迫使引风机提高全压，这本身就增加了炉膛和烟道发生内向爆破的危险性。在锅炉运行中，如果突然关小或关闭离心式送风机入口挡板，炉膛与烟道负压就突然增加，这时引风机处于小流量、高压力区域运行，炉膛和烟道结构承受不了骤然增大的负压力，就可能发生炉膛和烟道的内向爆破事故。而轴流式风机在小流量区域运行时，风机的全压沿着失速线明显降低。轴流式风机的这个特性可防止炉膛和烟风道内向爆破，增加锅炉运行的安全性。

主要缺点是：

(1) 风机转子结构复杂、制造精度高。动叶可调轴流式风机的转子结构复杂、制造精密，转动部件造价较高。经过多年在设计、加工、材料和工艺上的不断改进、提高，目前动叶可调轴流式风机运行的可靠性已大大提高，不亚于离心式风机。

(2) 噪声大。轴流式风机由于叶片多，叶轮圆周速度高，噪声要比同性能的离心式风机大。

(二) 静叶可调轴流式风机

静叶可调轴流风机结构简单，初期投资较低。

静叶可调轴流风机效率曲线近似呈圆面，风机运行的高效区范围和风机效率低于动调风机，运行费高于动叶可调轴流风机。

但静叶可调轴流风机转子外沿的线速度较低，对于入口含灰尘量的适应性比动叶可调轴流风机要好，含尘量一般在 300mg/m^3 (标况) 以下。

静叶可调轴流风机的结构简单，维护量小，最主要的易磨件、后导叶设计可拆除式，更换方便。

静叶可调轴流风机的失速区比其他类型风机宽。风机启动时，由于风量小、并能较快通过失速区。在峰调机组上，低负荷长期运行有可能进入失速区，喘振现象就会比较突出，但现在制造厂已经找到了解决方法、加装分流器，大负荷时风机效率不变，低负荷时效率则有所下降。

二、工作原理

轴流风机是根据脉动原理进行设计的。叶轮上游和下游的静压力几乎相等。当流体通过叶轮时，传递给流体的能量主要是指在叶轮下游的以动能形式出现的有用的能量。流体从叶轮流出是涡流，可由安装在叶轮下游的后导叶直接流入相连接的扩压器，使绝大部分动能转化为所需要的静压能。

轴流风机的运行范围是受失速线的限制。如果超过此极限，就必然会使叶片处的气流出现局部分离。当风机内存在一定量涡流时，就可能产生“喘振”，即空气气流周期性的倒流(见图 5-12)。

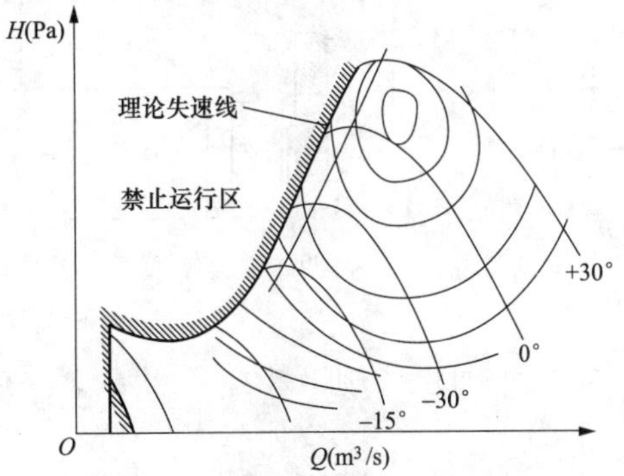

图 5-12 轴流风机喘振失稳原理图

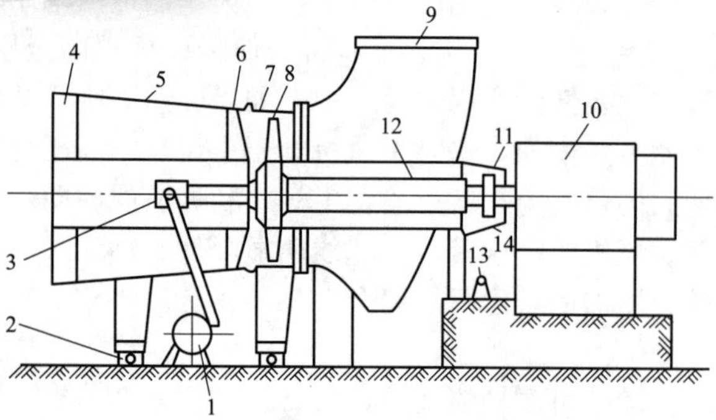

图 5-13　轴流式风机结构

1—油动机；2—拆装滚轮；3—动叶调节液压组；4—支撑叶片；5—扩压器；6—导叶；7 —叶轮外壳；8 —叶轮；9—进气箱；10—电动机；11 —联轴器；12—主轴；13—冷却风机；14—保护壳

当系统的阻力线位于性能曲线图中的失速线的上方时，由于不稳定性的出现，则风机就不可能在相应的压力、流量范围的工况点运行。如果风机在非稳定区运行，将使叶片产生激振，会导致疲劳断裂。

三、轴流式风机的结构及特点

动、静叶可调轴流风机结构相似，唯一区别为静叶轴流风机进气箱处加装可调节挡板而动叶可调为通过调节装置直接调节叶片。轴流式风机主要由进气箱、叶轮、导叶、扩压器、叶轮外壳、主轴和轴承等组成。轴流式风机结构见图 5-13。

（一）叶轮

导叶可调单级轴流引风机叶轮，主要由动叶片、轮毂、叶柄、叶柄轴承和平衡块等组成，如图 5-14 所示。

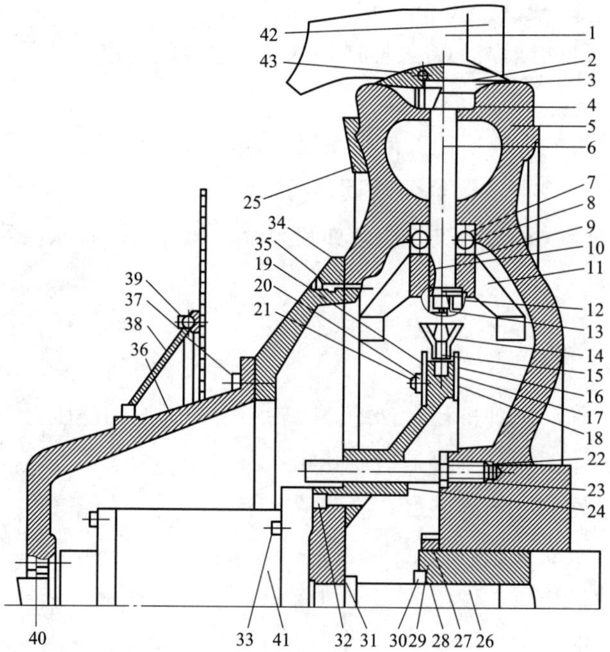

图 5-14　轴流式风机叶轮

1—叶片；2—叶片螺钉；3—密封垫；4—衬套；5—轮毂；6—叶柄；7—推力轴承；8—紧环；9—衬套；10—键；11—平衡重；12、14—锁紧螺母；13—弹簧垫圈；15—销；16—滑片；17—锁紧环；18、19—导环；20—螺母；21—螺栓；22—衬圈；23—导柱；24—调节圆盘；25—平衡块；26—支撑轴；27—毛毡压盖；28—衬套；29—毡环；30、32、33、35、37、39、40、43—螺钉；31—支撑轴颈；34—轮壳盖；36—支撑轴盖；38—圆盘；41—液压缸；42—耐磨鼻轴流式风机的导叶截面呈翼形，动叶片（见图 5-15）被螺栓固定在叶柄上，叶柄装入轮毂的圆孔内，通过全密封的轴向止推滚动轴承固定在轮毂上，承受叶片旋转时产生的离心力。

叶柄轴承能保证动叶片在调节范围内转动自如。由于传输的介质中会有大量的灰尘，且在高速旋转工况（离心力大）下工作，所以润滑、密封都特别重要。叶柄轴承使用的润滑油、脂必须黏性好、不含水，以免在辊轴周围和环槽内结成油垢。轴流风机所用的油脂品质，要求在高温和离心力作用下，能保持长期的润滑效果。

为了保证轴承的密封一般采用 O 形圈，有的轴流式风机的叶根密封采用密封空气系统，防止灰尘进入轮毂内部，但由于技术上的原因往往出现密封不严的情况。于是在轴承的两侧出现压力差 Δp，为了使压力差 $\Delta p=0$，厂家采用跨越轴承开减压孔或旁通的方法，如图 5-16 所示。

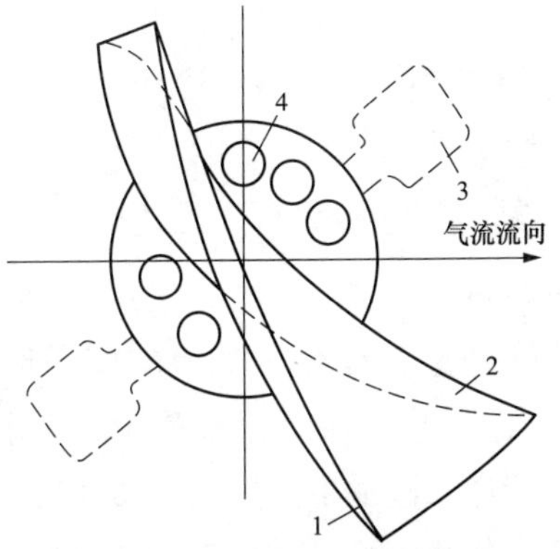

图 5-15　动叶片的俯视图

1—叶顶翼型；2—叶根翼型；3—平衡重；4—叶片螺栓

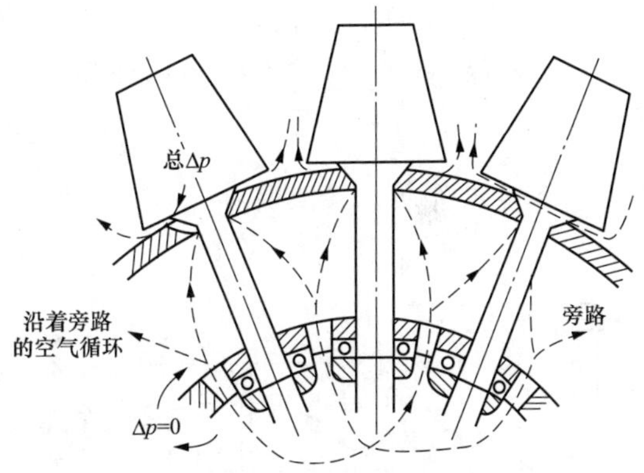

图 5-16　轴承上的减压孔

轴流风机在高温环境下工作，为保护叶轮以及内部的转动部件，轮腔内装有保温层；在风机外面装设了冷却风机，向进气箱转轴空间送冷空气。冷空气流向隔板，然后返回冷却轴承。

轴流风机输送的烟气温度在正常情况下大于露点。当风机在烟气温度低于露点时，为防止低温烟气对风机的腐蚀，在轮毂背面装设电加热设备。

（二）导叶与扩压器

锅炉送风机、引风机、一次风机大多采用后置导叶，后置导叶是将叶轮出口的气流从旋流整流成轴向运动的装置，可提高风机效率。

轴流式风机的气流流过后置导叶后，动能仍然较大。在后置导叶后设置扩压器，进一步将部分动能转化为压力能。

扩压器主要有以下几种类型：

（1）内扩压式。图 5-17（a）所示的扩压器外筒为等直径，内心为收缩的锥筒。该扩压器制造方便，用在排风管直径与风机外径相同的场合。

（2）内外扩压式。图 5-17（b）所示的扩压器具有扩散形外筒和收敛形芯筒。该扩压器扩散面积较大，所以扩压效果好，用在排风管直径大于风机外径的场合。

(3) 外扩压式。图 5-17（c）所示的扩压器具有等直径的内芯与扩散形的外筒。该扩压器扩压效果不如内外扩压式，但结构简单，也适用于风管的直径大于风机外径的场合。

为了改善风机的性能，提高风机效率. 一些大型轴流式风机的整流罩和扩压器芯筒，做成流线体，见图 5-18。它的最大直径为风机的轮毂直径，位于流线体全长的 40%处，将头部（全长的 40%）作为整流罩，尾部作为扩压器的芯筒，流线体的长度为叶轮外径的 2.5～3.4 倍。

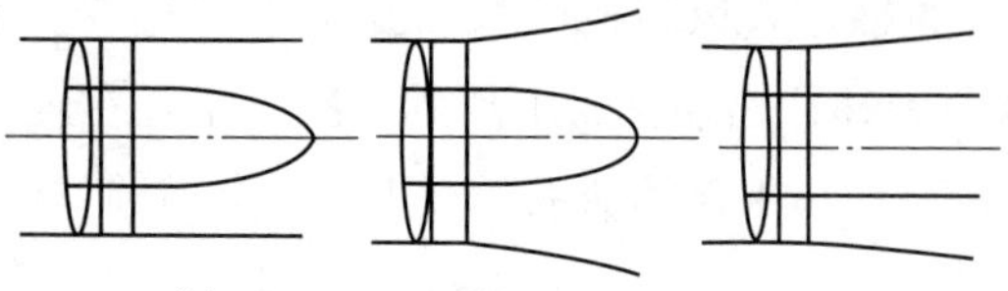

图 5-17　扩压器的类型

(a) 内扩压式；(b) 内外扩压式；(c) 外扩压式

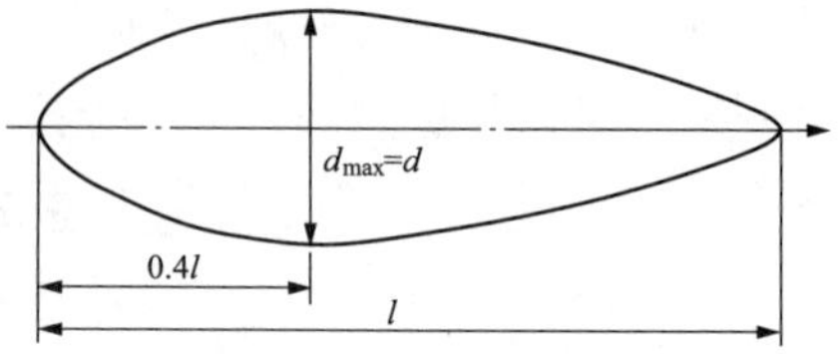

图 5-18　流线体内芯

l—流线体全长；d—风机的轮毂直径；d_{max}—流线体最大直径；0.4l—最大直径距离流线体头部距离

（三）进气箱、集流箱

轴流式风机的进气箱入口一般为长方形，侧板呈弧形曲线。这种形状能减少气流的旋涡区，提高效率，其结构如图 5-19 所示。气流由进气箱进入，在环行流道内转弯，经过集流器进入动叶轮。

为使风机进气状态更佳，同时减少风机的噪声，在叶轮前装设整流罩。整流罩有圆球形、椭球形、流线形，也有的与芯筒一起设计成流线形。

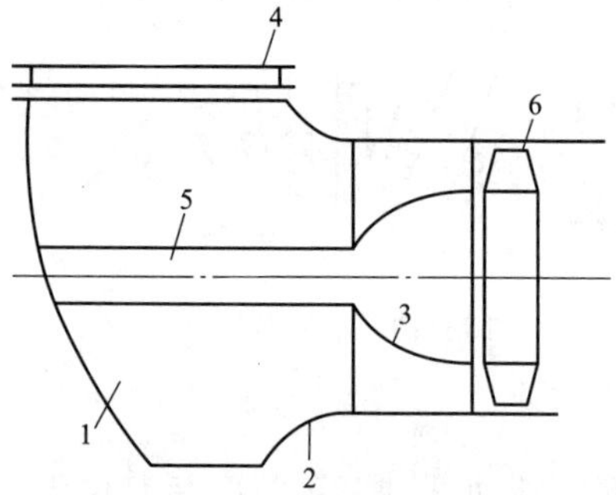

图 5-19　进气箱、集流器与整流罩

1—进气箱；2—集流器；3—整流罩；4—膨胀节；5—保护罩；6—叶轮

（四）主轴

主轴一端支撑叶轮，另一端通过联轴器和穿过进气箱的中间轴连接，中间轴的另一端与电动机连接。

（五）中间轴

中间轴外装有中间轴护罩，一方面可防止进气箱漏风，另一方面将转动的中间轴与气流隔开，保持进气箱气流稳定。

（六）叶片

叶片为机翼形扭曲叶片，由高强度铝合金采用真空压铸制成，无杂质、密度高，叶片整体晶相结构紧密，外层喷焊耐磨合金粉末，增强叶片的耐磨性能，经表面渗透检验和实物解剖试棒性能检验合格。

叶片在加工过程中除进行强度、抗拉、表面探伤等正常检测外，每片叶片进行编号，作全面的 X 光射线探伤，拍片存档，以保证表面与内在质量要求。

用高强度螺栓将叶片固定在叶柄上，检修更换叶片比较方便。两个工人 6h 即能全部完成从开缸到合缸。叶柄通过叶柄推力轴承、导向轴承和叶柄螺母等装在轮毂内，轴承采用优质润滑脂润滑。叶柄通过调节杆、滑块、调节环与液压调节装置连接，液压调节装置固定在轮毂的支承体内。其结构布置方式使调节叶片所需的液压缸推力的反作用力由叶轮承受，不会传给主轴的推力轴承。

（七）调节装置

液压动叶调节装置具有反馈机构，需要叶片调节至某一角度，叶片就定在该角度，液压动叶调节装置操纵力矩小，只需 30～50N·m，采用 100N·m 电动执行器，调节灵活、方便。动叶调整液压缸系统见图 5-20。

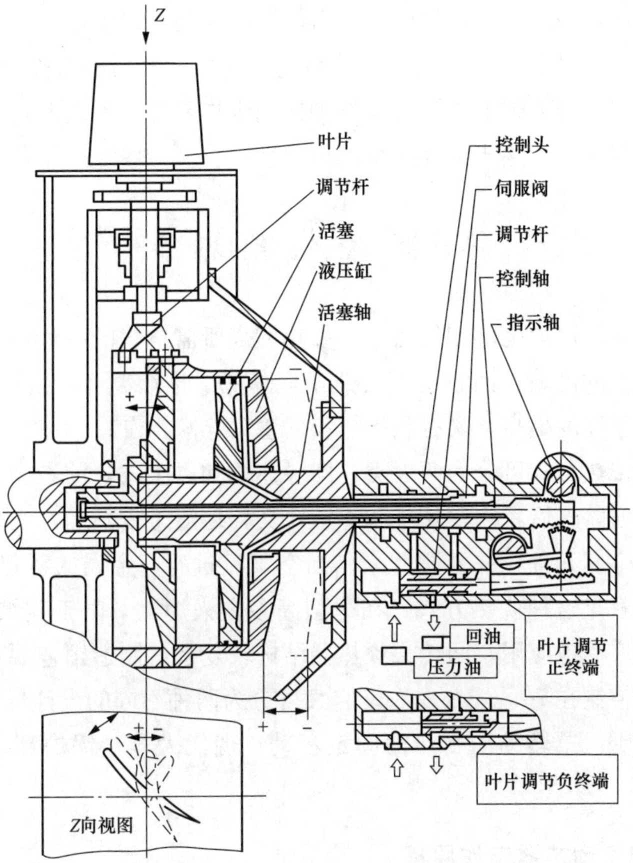

图 5-20 动叶调整液压缸系统

机壳外设置叶片角度指针和刻度盘，现场观察直观方便。

值得重视的是每个叶片的叶柄上配有“平衡重”，平衡叶片离心力产生恢复力矩，降低调节力矩，因此调节油压实际仅需在规定压力以下，油泵油压设定值在实际工况之上即可。调节系统安全性、可靠性强。

静叶可调轴流风机不存在复杂的调节装置，由进气箱调节挡板及电动机变频共同调节风机出力。

（八）稀油站

稀油站有两台油泵，可切换运行，泵入口有滤网保证过滤精度规定值，双筒过滤器可切换运行，油站具有温度、压力、流量调整和监视功能保护，控制、报警和联锁仪表为一体设计。运行安全、可靠，调整操作方便。

（九）联轴器

联轴器是一种真正的平衡联轴器，能够平衡安装和运行时的误差（轴挠度和轴向变形等），此联轴器的联轴节是紧固的，正确公差的弹簧片由特种高级弹簧钢制成，成配置的弹簧片可使连接机械在三个方向上自由移动。

联轴器无需保养、不用润滑，运行在150℃以下不会发生故障。

随着电站机组容量的扩大，风机的安全可靠性已成为用户的第一要求。近年来各大风机厂在加强风机运行的可靠性上下功夫，从售前、售中、售后的各个环节入手，在选型、设计计算、制造工艺、安装施工、运行操作和检测维护等各个方面改进和完善，提高各项技术要求和加工检测手段，逐步提高风机的可靠性。

第五节　空 气 预 热 器

空气预热器是利用锅炉尾部烟气热量来加热燃烧所需空气的一种热交换装置，由于它工作在烟气温度最低的区域，回收了烟气热量，降低了排烟温度，因而提高了锅炉效率，同时由于助燃空气温度的提高，又有利于燃料的着火，减少燃料不完全燃烧热损失。

空气预热器按传热方式可分为两大类，即导热式和再生式，前者为管式预热器，烟气和空气各有自身的通路，后者为热烟气和冷空气交替地流过受热面，当烟气流过时烟气的热量传给了受热面金属元件，并蓄积起来，当空气流过时，金属的蓄热就释放给了空气，回转式空气预热器就是这种传热方式，在大型高参数锅炉上，由于其结构紧凑，体积小，金属耗量较少，被广泛地应用。回转式预热器结构较复杂，制造工艺要求高，设计维护较好时，漏风系数可控制在7%～8%左右。它又可分为两种不同的设计形式，一种是受热面回转式，另一种是烟风罩转动而受热面固定不动。现代大容量锅炉都使用回转式空气预热器。

一、回转式空气预热器工作原理

回转式空气预热器工作原理：预热器转子缓慢地旋转，烟气和空气交替地流过转子上的传热元件，当旋转至烟气通道时，传热元件表面吸收高温烟气的热量，当转子旋转至空气通道时，传热元件释放出热量加热空气，如此反复循环，转子每旋转一周就进行一次热交换，通过转子的连续旋转，不断地将热量传给冷空气，提高进入炉膛燃烧的空气温度，满足锅炉燃烧需要。

回转式空气预热器装配有支撑轴承（也叫下部轴承）和导向轴承（也叫上部轴承），均采用油浴式润滑。由于环境温度高，导向轴承箱装配有内置式冷却水管道，保证润滑油及时冷却避免润滑油黏度降低。

工作过程大致如下：电动机通过传动装置带动转子以 0.6～0.8r/min 的速度转动，转子中布置有上下三层传热元件；空气通道在转轴的一侧，空气自下而上通过空气预热器传热元件；烟气通道在转轴另一侧，烟气自上而下通过空气预热器传热元件。当转子上的传热元件转动至烟气侧时，被烟气加热传热元件温度升高，接着转至空气侧时，传热元件放热将热量传递给空气，从而使传热元件温度降低。由于回转式空气预热器转子不停地转动，就把烟气的热量通过传热元件不断地传递给空气。

回转式空气预热器结构见图 5-21。

三分仓回转式空气预热器是在二分仓预热器的基础上，将空气通道一分为二，成为单独的一次风道和二次风道。三分仓回转式空气预热器的传热元件也和二分仓空气预热器一样，其传热元件按烟气流动方向分为热端层、中层和冷端层。

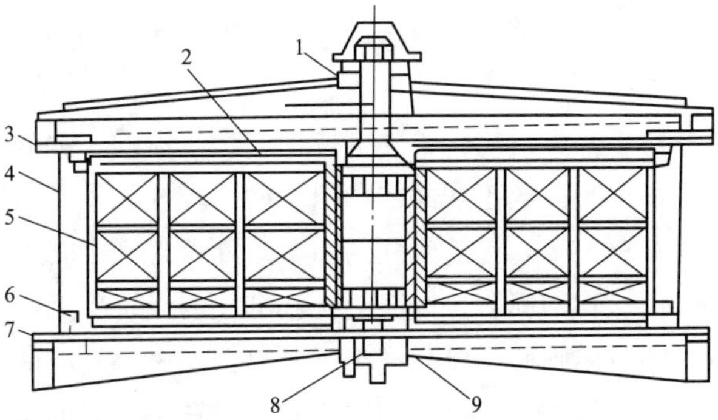

图 5-21　回转式空气预热器结构

1—导向轴承；2—径向密封；3—上端板；4—外壳；5—转子；6—环向密封；7—下端板；8—主轴；9—支撑轴承

三分仓转子转动回转式空气预热器，将空气分成一次风仓和二次风仓两部分。这样改进后，供给磨煤机用风的一次风机可装在空气预热器的进口侧，使一次风机的效率得到提高，降低了厂用电率。

更大容量的回转式空气预热器会采用四分仓结构。

二、典型三分仓空气预热器结构

三分仓回转式空气预热器主要由转子及其附属系统、空气预热器外壳、换热元件和密封装置、控制检测装置组成，见图 5-22。

图 5-22　三分仓回转式空气预热器

（一）转子

连在中心筒轮毂上的低碳钢主隔板为转子的基本构架，转子隔仓由中心筒和外部分仓组成。转子中心筒包括中心筒轮毂和内部分仓，其中转子主径向隔板与中心筒轮毂连为一体。从中心筒轮毂向外延伸到转子外缘的主径向隔板将转子分为 24 个分仓，这些分仓又被二次径向隔板和环向隔板分割成若干个隔仓，用以安装规格不同的换热元件盒。

在冷端换热元件为侧抽的转子结构中，转子冷端还设有冷端换热元件支撑格栅，此外每个转子外缘环向隔板均开有冷端换热元件侧抽门。

（二）转子外壳

转子外壳封闭转子并构成空气预热器的一部分，由低碳钢板制成。转子外壳由六个部分现场组装而成正八面体，位于两个端柱之间。端柱两侧的转子外壳由四套铰链侧柱支撑在用户钢架上，铰链侧柱的布置角度考虑到了转子外壳和铰链侧柱能沿空气预热器中心向外自由、均匀膨胀。铰链侧柱和端柱的设置确保空气预热器静态部件在热态运行时能沿不同方向自由膨胀，以实现空气预热器安全、经济的运行。转子外壳还支撑着顶部和底部过渡烟风道的外部，过渡烟风道分别与转子外壳的顶部平板和底部平板连接。

（三）转子驱动装置

转子由中心驱动装置驱动，驱动装置直接与转子驱动轴相连，驱动装置一般包含两台电动机和减速箱，两台驱动电动机与初级减速箱均为法兰连接，终级减速箱通过输出轴套直接套装在转子驱动轴上，并用锁紧盘固定。终级减速箱一侧装有扭矩臂，扭矩臂被固定在顶部结构上的抗扭支座内，抗扭支座通过扭矩臂给驱动机构一个反作用扭转力矩，从而驱动转子顶部的驱动轴和转子一起旋转。驱动装置扭矩臂沿垂直方向可以在抗扭支座内上下自由移动，以适应转子与顶部结构的热态胀差。减速箱为油浴润滑。电动机配有变频器，用以降低空气预热器启动时的启动力矩，减轻启动时对减速箱的冲击作用，以实现“软启动”。此外，通过变频控制，可以改变空气预热器的转速，用以满足停炉时空气预热器在低速下对换热元件进行水冲洗的需要。

两台电动机均能以正、反两个方向驱动空气预热器，只有在空气预热器不带负荷时才允许改变驱动方向。主电动机的非驱动端设有键连接的输出轴，以便在维护时用盘车手柄进行手动盘车。

（四）导向轴承

顶部导向轴承为 CARB 轴承，安装在一轴套上。轴套装在转子驱动轴上，并用锁紧盘与之固定。导向轴承和轴套的大部分处于顶部轴承箱内。顶部轴承箱两侧焊有槽形支臂，利用固定在顶部结构上的调节螺栓和槽形支臂，可以改变转子顶部轴承中心的位置，从而达到调整转子中心线位置的目的。顶部轴承支臂与顶部结构用 8 个锁紧螺栓和上下垫板定位固定，待顶部轴承位置最终调整就位后，即可将上述垫板与顶部结构的翼板焊在一起。此外，通过调整顶部轴承支臂下不同位置的垫片高度可以调节顶部轴承箱的水平度。顶部轴承采用油浴润滑，润滑油等级与底部推力轴承相同。顶部轴承箱上有加油孔、注油器、油位计、呼吸器和放油塞。另外还设有用于安装测温元件的螺纹孔。顶部轴承箱还配有水套冷却系统，并供冷却水到反法兰上，适合于现场连接冷却水。冷却水法兰入口温度要求不得高于 38℃，冷却水流量须不低于规定值。

（五）推力轴承

转子的全部旋转质量均由安装在转子底部的自调心球面滚子推力轴承支撑。底部推力轴承箱固定在支撑凳板上，两侧均设有防护网，以防止空气预热器正常运行时无关人员靠近转动部位而发生意外。底部轴承箱下面配有不同厚度的调整垫片，用于现场调整转子的上下位置和顶底径向密封间隙。安装时，应适当增加垫片数量用以补偿底梁承载后的弯曲变形。底部轴承箱定位后，将螺栓和定位垫板一起锁定，并将垫板焊在支撑凳板上。底部轴承采用油浴润滑。轴承箱上装有注油器和油位计，并设有用于安装测温元件的螺纹孔。

（六）端柱

端柱支撑着包括转子导向轴承在内的顶部结构。每一端柱上都有轴向密封板，轴向密封板与上下扇形板连为一体。端柱与底部结构的扇形板支板相连，并通过铰链将载荷直接传递到底梁和用户钢架上。

（七）顶部结构

顶部结构上连接有顶部扇形密封板，顶部扇形密封板在设定固定前由若干个调节螺杆悬吊在扇形板支板上。顶部结构将两侧端柱连为一体，组成中心承力框架，一方面将顶部导向轴承定位在中心位置并支撑由顶部轴承传递的横向载荷，另一方面还承受着由驱动装置扭矩臂传递过来的载荷。顶部结构扇形板支板的翼板在烟气和空气侧均开有若干个通流槽口，以使顶部结构梁的上下温度场尽可能分布均匀，从而减小顶部结构纵向热变形和转子热端径向间隙的变化。

（八）底部结构

底部结构包括底梁、底部扇形板和底部扇形板支板等。底梁通过底部轴承凳板支撑着空气预热器转动部件的载荷。底梁还支撑端柱、底部扇形板和底部扇形板支板的质量。底部过渡烟风道的质量由底部结构承受。底梁上的所有载荷分别由两端传递到用户钢架上。

（九）过渡烟风道

过渡烟风道位于转子热端和冷端的烟气侧和空气侧，其作用是将气流导入和引出转子。三分仓布置的风道又被进一步分为一次风道和二次风道。过渡烟风道连接在转子外壳平板以及顶、底结构上，其法兰口大小和形式根据用户烟风道设计并与其相配。为保证空气预热器结构合理受力，所有过渡烟风道内均设置内撑管。

（十）换热元件

换热元件由薄钢板制成，整体压制成波纹形状，一片波纹板上有斜波，相邻的另一片上除了方向不同的斜波外还有直槽，带斜波的波纹板和带有斜波和直槽的定位板交替层叠，见图 5-23。直槽与转子轴线方向平行布置，使波纹板和定位板之间保持适当的距离。斜波与直槽呈 30°夹角，使得空气或烟气流经换热元件时形成较大的紊流，以改善换热效果。

由于冷端（即烟气出口端和空气入口端）受温度和燃烧条件的影响最易腐蚀，因而换热元件分层布置，其中，热端和中温段换热元件由低碳钢制成，而冷端换热元件则由耐腐

图 5-23 换热元件波纹板

蚀的考登钢制成。换热元件均装在元件盒内以便于安装和取出。其中，热端和中温段换热元件垂直向上抽取，冷端换热元件为垂直向下抽取。

（十一）转子密封系统

空气预热器的密封系统由转子径向、轴向、环向以及转子中心筒密封组成。

1. 径向密封

径向密封片安装在转子径向隔板的上、下缘。密封片由 1.6mm 厚的考登钢制成，与 6mm 厚的低碳钢压板一起通过自锁螺母固定在转子隔板上。所有密封片均设计成单片直叶型。径向密封片用来减小空气到烟气的直接漏风。

2. 轴向密封

轴向密封片和径向密封片一起，用于减小转子和密封挡板之间的间隙。轴向密封片由 1.6mm 厚的考登钢制成，安装在转子径向隔板的垂直外缘处，其冷态位置的设定应保证锅炉带负荷运行以及停炉无冷风时与轴向密封板之间保持最小的密封间隙。轴向密封的固定方式与径向密封片相同。轴向密封片供货时两端均留有修整余量，现场可根据转子外缘角钢最终的实际位置进行裁切。

3. 环向密封

环向密封条安装在转子中心筒和转子外缘角钢的顶部和底部，其主要功能是阻断因未经过热交换而影响空气预热器热力性能的转子外侧的旁路气流。此外，环向密封还有助于轴向密封，因为它降低了轴向密封片两侧的压差。在转子底部外缘，由 1.6mm 厚等同考登钢加工的单片环向密封条安装在底部过渡烟风道上并与转子底部外缘角钢构成密封对。由于在满负荷运行时转子向下变形，因此安装该密封条时需预先考虑到这一间隙要求。该密封条用螺母以及压板固定。顶部环向密封由焊在转子外壳上的密封条组成。在设置该密封条时应预先考虑到满负荷时转子以及外壳的径向变形差。内缘环向密封条安装在转子中心筒的顶部和底部，与顶部和底部扇形板一起构成密封对，通过螺栓与焊在固定板内侧的螺母一起锁定。

4. 转子中心筒密封

中心筒密封的主要功能是减少热风漏入到大气中。中心筒密封为双密封布置，密封片安装在扇形板上，与中心筒构成密封对。内侧密封由两个 1.6mm 厚等同考登钢制作的圆环组成，两个圆环之间用低碳钢支撑环固定，内侧密封直接装到扇形板上。为便于更换，内侧密封分作两段安装，可以直接进行更换和安装。外侧密封为盘根密封。盘根座的支撑板固定在扇形板的加强板上。盘根选用非石棉石墨专用盘根，盘根耐热温度不低于 500℃。

盘根设为三层，截面为15mm×15mm。中心筒内、外侧密封之间的填料室设有直接通向烟气侧的槽形管道，通过烟气侧的负压将漏入填料室的空气和灰一同导入烟气侧。

三、空气预热器的运行维护

（一）空气预热器试运转

1. 空气预热器启动前检查

（1）空气预热器及烟、风道内应无人工作、无杂物积灰。

（2）现场设备标志齐全、正确。

（3）人孔门、检查孔、观察孔应关闭严密。观察孔玻璃清晰。

（4）电动机、减速器安装牢固。减速机第一次运行半个月后换油，稳定运行后每半年换一次油。

（5）电动机测绝缘合格、接地线完整、可靠。

（6）各温度、压力测点完好，指示正确，报警信号已投入并经整定。

（7）蒸汽吹灰装置及系统完整，无变形和其他异常情况。

（8）推力、导向轴承油箱油位按规定加油，油位计油位正确、清晰，不要超过指示最高油位。

（9）消防装置完好，系统完整，消防水压力正常。

（10）清洗水系统完整，清洗水泵测绝缘好并送电，处于备用。

（11）冷却水系统、压缩空气系统投入，压力指示正常。

2. 确认空气预热器旋转方向

空气预热器调试或每次重新接线时，必须对每一驱动电动机的转向分别单独进行检查和确认。将本地/远方选择开关设置为本地状态，通过变频器控制箱门板上的启停按钮，对变频器进行操作。在主电动机的转向被确认正确后，应使电动机停转，当确认转子完全静止后，再开启备用电动机，以确认两台电动机使空气预热器转子转向一致并符合要求。任意时刻严禁两台电动机同时运行！开启电动机前必须确认转子处于静止状态，否则，此时启动电动机使转子反向旋转，将可能会造成减速箱严重损坏。

3. 启停及切换试验

空气预热器旋转方向确认后，应进行多次启停及主、备用电动机切换试验，必要时根据电动机启动电流及切换时的电流情况修正变频器的参数设置，使其工作在最佳状态。

现场手动启停及切换电动机试验完成后，将本地/远方选择开关设置为远方状态，由DCS控制变频器的启停做切换试验。

当本地/远方选择开关不在“远方”位置，或变频器跳闸时，DCS应将远方“STOP”命令触点打开。防止选择开关切回“远方”位置时误开变频器。当主电动机变频器控制回路因故障跳闸或其他原因需要切换到备用电动机变频器控制回路时，集控室应首先发出一个主电动机变频器停止命令，延迟3～5s后，再发出备用电动机变频器的开启命令，以防止主电动机误启动。

4. 日常监视

机组带负荷运行时，要监视以下项目：

（1）锅炉升负荷时要密切注意空气预热器入口烟温切勿升得过快，以防转子发生异常变形而卡涩，影响空气预热器安全运行。正常运行时，空气预热器主电动机运行，辅助电动机备用。

（2）空气预热器运行中检查轴承油系统无漏油，冷却水畅通，轴承箱油位在1/3～2/3范围内，发现轴承箱油位不正常降低、升高，应立即查找原因进行处理。

（3）检查轴承箱油质应透明，无乳化和杂质。

（4）检查空气预热器齿轮箱油位在1/3～2/3之间。

（5）检查空气预热器主电动机运行时辅助电动机不转动。

（6）检查齿轮箱无振动，无异常声音，各部件和轴端不漏油。

（7）检查空气预热器运行平稳无刮卡、碰磨现象。

（8）检查空气预热器各人孔、检查孔关闭严密，不向外漏风、冒灰和向内抽空气。

（9）机组运行中如发现送风机、引风机电流或送风机动叶、引风机入口导叶和对应负荷不匹配时，要全面进行空气预热器密封装置的检查。

（10）检查空气预热器火灾报警装置无损坏，控制盘无报警。

（11）检查空气预热器运行中电动机外壳温度不超过70℃，空气预热器电动机及相应的电缆无过热现象，现场无绝缘烧焦气味，发现异常应立即查找根源进行处理。

（12）检查空气预热器推力轴承和导向轴承温度不高于70℃。检查推力轴承和导向轴承润滑油温度不高于55℃。

（13）空气预热器运行，监视空气预热器一次风侧压差、二次风侧压差、烟气侧压差在正常范围内，压差异常升高，应及时进行吹灰或提高空气预热器冷端温度。

（14）锅炉点火后，应对空气预热器进行连续吹灰，油层停运后按照厂家说明书规定及时投入蒸汽吹灰。

5. 空气预热器停运

（1）空气预热器正常停运。

1）减负荷前对空气预热器进行吹灰。

2）停止对应侧送、引风机运行。

3）关闭空气预热器进出口烟风挡板。

4）保持空气预热器运行，直至烟气入口温度低于150℃，且确保空气预热器内无火灾危险。

5）解除备用电动机备用位。

6）停止空气预热器运行。

（2）紧急停运。

主电动机和备用电动机故障或电源故障，导致空气预热器停转时，机组立即减负荷，转移风机出力，然后监视对应侧送、引风机跳闸，关闭该空气预热器的进出口烟风挡板，组织人员进行手动盘车，否则转子会产生异常变形，导致转子与密封片、密封板之间发生卡磨。待故障消除后尽快恢复该空气预热器运行。

手动盘车时必须用手动盘车手柄进行操作，不得另外增加盘车撬杠，盘车力矩不得超过驱动电动机的额定驱动转矩，以防损坏驱动装置。如发生空气预热器卡死的紧急情况，严禁用盘车手柄人为强行盘车，以免损坏驱动机构，而应及时关闭空气预热器烟气、空气侧挡板，打开热端烟气侧人孔门，适当开启引风机挡板，对空气预热器进行冷却，同时应控制空气预热器烟气、空气侧的温差不得过大，待空气预热器冷却到用手动盘车手柄可以轻松盘动后，方可启动空气预热器。确保空气预热器不带负荷，盘车足够时间直至转子的变形得到最大恢复。如果锅炉恢复负荷，应注意负荷不要升得过快，同时应监视空气预热器电流缓慢、平稳增加。在以上过程中，应做好空气预热器着火事故预想，及时投入空气预热器吹灰。

（二）防止尾部再燃烧

低负荷运行或燃烧条件差极易使空气预热器换热元件表面沉积的可燃物（油和可燃炭）发生“二次”燃烧，因而应密切注意防止换热元件表面可燃物的沉积，否则有可能引发严重的火灾。

1. 注意事项

为预防火灾，在不带负荷或低负荷条件下调试空气预热器时应注意：

（1）空气预热器必须运行。

（2）特别注意定期吹灰，保持换热元件表面清洁。

（3）密切注意空气预热器烟气和空气的温度，温度异常升高预示着可能要发生火灾，应进行彻底检查。

（4）空气预热器在不带负荷或低负荷运行后应尽快检查换热元件表面的积垢程度，并根据需要进行清洁。

（5）火灾监控系统保持在正常工作状态。

2. 发生的火灾处理

（1）集控室收到火检柜给出火灾报警信号。

（2）到就地通过温度显示来监视温度变化趋势及高温扩展情况。

（3）确认发生火灾，则减负荷，停运对应侧的送、引风机，火灾严重时申请停炉。

（4）将空气预热器与空气、烟气隔离，关闭入口、出口挡板。

（5）维持空气预热器正常运转。

（6）将发生火灾的空气预热器的烟风道挡板关闭。

（7）打开烟风道底部排污阀。

（8）开消防系统阀门，通过顶部烟风道内的消防喷嘴扑灭火焰。

（9）继续往空气预热器转子上喷水，直至空气预热器完全冷却。

（10）密切观测同机组另一台空气预热器是否存在同样的火情。

（三）换热元件的清洗

目前空气预热器清洗的方式分为：吹灰、高压在线水冲洗、冷态水洗三种。空气预热器在正常条件下运行且定期吹灰，在线状态进行高压水冲洗，停机状态下配合进行水洗。

吹灰是控制形成积灰的一个有效方法。当定期吹灰无法去除换热元件的积灰，则应分析原因。当空气预热器的阻力超过设计值且小于设计值的130%时，应采用高压水冲洗或冷态水洗。

高压水冲洗装置与蒸汽吹灰同时设计，蒸汽吹灰为电动半伸缩式双枪结构。水洗管上有足够的喷嘴可以覆盖整个转子表面，用以清除热端和冷端元件上的沉积物。

高压在线水冲洗通常是在高负荷条件下进行，在烟气侧和空气侧都装设疏排水斗。在空气预热器满足水冲洗负荷前应做好水冲洗准备，一般600MW机组负荷在500MW时进行水冲洗，利用高负荷可带走大量冲洗水。特别注意：空气预热器进行在线水冲洗时要连续进行，冲完一个流程后若差压并未减少，要继续进行冲洗，切不可中断操作。

高压在线水冲洗和冷态水洗时要尽量一次将换热元件表面清洗干净，否则会缩短空气预热器换热元件的使用寿命。若一次未将换热元件表面清洗干净，水洗后部分遗留下来的沉积物在空气预热器重新投用后结成硬块，下次水洗时则无法将其彻底清除。

因此，冷态水洗后必须检查换热元件表面，确定是否需要进一步水洗，在机组带负荷之前一定要确保换热元件表面干净。为减少水洗时间，并避免由此产生的腐蚀，建议将冲洗水的温度提高至50～60℃为宜。一般不考虑采用碱水冲洗。

（四）腐蚀

燃烧过程中燃料中的大部分硫都转变为二氧化硫，但仍有1%～5%的硫转变为三氧化硫。烟气中三氧化硫的含量取决于许多因素，如燃料中硫的含量、燃烧时的过量空气系数以及是否存在对形成三氧化硫起催化作用的沉积物等。三氧化硫与烟气中的水蒸气反应，在换热元件表面形成一层硫酸膜，腐蚀碳钢换热元件。在换热元件表面上形成一层连续的硫酸膜的最高温度称为烟气的“酸露点”。当换热元件壁温低于酸露点温度时（主要在冷端），硫酸蒸气就会凝结在壁面上腐蚀换热元件，并不断粘结飞灰，堵塞通道，降低换热元件换热效率和使用寿命，影响空气预热器的安全经济运行。

为减轻冷端换热元件的腐蚀和堵灰，使空气预热器达到设计的性能指标，必须避免空气预热器在“冷端综合温度”低于“最小综合温度”下长期运行。“冷端综合温度”是指烟气出口温度和空气入口温度之和。通过控制空气入口温度的方法，控制“冷端综合温度”不低于“最小综合温度”。对于燃料含硫量低于1.5%的煤，最小综合温度通常是148℃。

省煤器等受热面泄漏产生的水汽，会提高烟气的露点，燃料未燃颗粒的带入会进一步加速换热元件的腐蚀。为防止换热元件的快速腐蚀，对发生泄漏的受热面应及时修复，并保证尽可能高的燃烧效率。

（五）润滑

转子顶、底部轴承及驱动装置的各级减速箱均为油浴润滑。空气预热器运行时应定期检查油位是否符合要求，运行过程中，顶、底部轴承可以由加油口注油，每级减速箱由透气注油塞口注油。

（六）吹灰

在锅炉启动过程中、机组低负荷阶段、停炉前都须加强吹灰。停炉前吹灰用以清除换热元件表面的沉积物，该沉积物在空气预热器转子冷却过程中会导致换热元件的腐蚀。锅炉启动后吹灰用以清除换热元件表面上的燃油和炭粒，以防止未燃尽的炭粒沉积于空气预热器换热元件表面，导致二次燃烧而发生火灾。

为避免换热元件表面结露，应在换热元件温度较高时进行吹灰，因而吹灰应选择在机组达到一定负荷的情况下进行。空气预热器的吹灰应在省煤器吹灰之后进行。

吹灰蒸汽的水会导致管路腐蚀，增加空气预热器换热元件表面沉积物的黏结力和硬度，加剧换热元件的积垢和堵塞。因此，必须确保消防装置、水洗阀门、省煤器等处没有水或水蒸气侵入空气预热器内。

为了确保有效的吹灰，一方面要严防一切外来水分带入空气预热器，另一方面要注意空气预热器吹灰蒸汽应疏水充分，至少有130℃的过热度，吹灰器阀前压力为1.5MPa。

空气预热器正常运行后一般每班吹灰一次，下列情况应加强空气预热器吹灰：

（1）空气预热器的阻力超过设计值。

（2）空气预热器排烟温度高。

（3）机组启动开始带负荷时。

（4）负荷变化时。

（5）燃烧条件差，燃油和飞灰可燃物含量大。

（6）停炉和停用空气预热器前。

（7）空气预热器漏风，引起引风机负荷和电耗增加。

（8）排烟损失增大，降低锅炉效率。

（9）空气预热器出口氧量变大，SO_2生成机会增多，加剧低温腐蚀，造成空气预热器堵灰。

思考题

1. 一次风机的结构是怎样的？其作用是什么？
2. 引风机的结构是怎样的？其作用是什么？
3. 送风机的结构是怎样的？其作用是什么？
4. 空气预热器的结构是怎样的？其作用是什么？
5. 空气预热器三向密封的作用是什么？

第六章

锅炉重要辅助系统和设备

第一节　蒸汽吹灰器系统

一、概述

锅炉在运行过程中，受热面积灰、结焦是最常见的现象，沉积在锅炉受热面上的积灰层的导热系数为0.058 1～0.116W/(m·K)，而锅炉受热面金属管壁的导热系数为46.5～58.1W/(m·K)，积灰层的导热系数是金属管壁的导热系数的1/800～1/500。因此，即使在轻度积灰的情况下，积灰层带来的附加热阻也会严重影响锅炉受热面内外热量的传递，使排烟温度升高，锅炉热效率降低，同时积灰进一步导致受热面产生高低温腐蚀，严重时，甚至被迫停炉清洗或爆管，致使运行周期大大缩短。

蒸汽吹灰器、声波吹灰器及燃气脉冲激波吹灰器是国内外燃煤锅炉使用的三类吹灰设备，这三类吹灰设备各有不同的优缺点。蒸汽吹灰器作为吹灰除焦的重要设备；燃气脉冲激波吹灰器对黏性积灰效果较好；对松散性积灰，声波吹灰器利用振动与共振将积灰清除，在灰斗、粉斗、SCR、水平烟道装设声波吹灰器也起到了非常好的清灰效果；随着声波吹灰设备技术的发展，声波吹灰器将会得到更为广泛的应用。

蒸汽吹灰器是传统吹灰器，目前使用数量最多，且最为有效，能耐高温，可以说是锅炉吹灰必备设备。由于结构和介质的特点，加上高温环境的影响，吹灰枪管易发生弯曲卡涩、漏汽等故障，要求维护水平较高，会导致吹损受热面管壁。否则在一台锅炉上可布置多台吹灰器，并与管道阀门一起构成一个或几个吹灰系统。

声波吹灰器，理论上分贝越高吹灰越好（目前最大声能在158dB左右），但目前国产声波吹灰器效果一般，吹灰效果不明显，基本上不能除掉已有的积灰，只能在其吹灰时阻止积灰的产生，进口声波吹灰器效果较好，但只能在低温烟道使用。

激波吹灰器也是一种除灰技术，利用瞬间爆炸生产超冲击波的能量，清除锅炉积灰。但受乙炔、天然气等气源危险的影响，使用场景受到限制。

根据三种吹灰器的技术性能，对锅炉炉膛、屏式受热面吹灰除焦来说，蒸汽吹灰器仍是最佳选择，也可配合声波吹灰器一起使用效果更佳。对尾部受热面（低温过热器、省煤器、管式空气预热器），三种吹灰器均可采用，对黏性灰应优先采用燃气脉冲激波吹灰器。对回转式空气预热器，适合采用声波吹灰器和燃气脉冲激波吹灰器，也可采用蒸汽吹灰器，前者在锅炉启动过程时即可投入运行。

二、蒸汽吹灰器原理

蒸汽吹灰系统由吹灰器、减压站、吹灰管道、电控系统等组成。吹灰器安装在锅炉炉膛、尾部受热面或空气预热器上，通过定时吹扫来防止设备大量积灰。下面以中美合资戴蒙德机械公司生产的蒸汽吹灰器为例作一介绍。

V92 炉膛吹灰器是为清洁墙式受热面而设计的，其基本元件是一个装有两个文丘里喷嘴的喷头，高温蒸汽从喷头内喷出，清扫受热面管道外壁面。

当吹灰器从停用状态启动后，喷头向前运动，到达其在水冷壁管后的吹扫位置；同时阀门打开，喷头按所要求的吹扫角度旋转。喷头旋转完规定的圈数后，吹扫介质的供给被切断，同时喷头退出，缩回到在墙箱中的初始位置。喷头的前后和旋转运动是通过螺旋管实现的。

PS-SL 长伸缩式吹灰器主要用于清洁锅炉屏式和管束受热面。吹灰元件是一根采用耐高温合金制成到金属吹灰管，端部装有两个文丘里喷嘴。吹灰管伸入炉内烟气通道后，即开启进汽阀门，向内喷射高温高压蒸汽；当到全部深入炉内后，反向旋转，退出吹灰枪管至起始位置，关闭进气阀。在喷汽的同时两只喷嘴做螺旋运动。因为喷嘴位置射流方向相差 180°，故吹扫射流的螺旋线距离只有螺距的一半（双螺旋线）。由于锥形吹扫射流的延伸，吹扫距离内的受热面得以清洁。在大梁上移动的齿轮行走箱带动吹灰管运动。吹灰器阀门通过固定的内管向吹灰管提供吹扫介质。

吹灰器停用时，齿轮行走箱位于大梁后端处，吹灰管退出烟道，其喷嘴置于墙箱内。投入吹灰时，电动机通电，吹灰器齿轮行走箱向前运动，将吹灰管以螺旋运动形式推入锅炉烟气通道。吹灰器阀门在喷嘴进入锅炉内部后立即打开，吹扫过程开始。行走箱持续将吹灰管推向烟气通道，直至喷嘴部位到达前部终点。

在此终点吹灰器齿轮行走箱改变行走方向，吹灰管螺旋后退，当喷嘴退到炉墙处，阀门关闭。接着吹灰器不喷介质退回到停用位置，电动机关闭。

RK-SL 半长伸缩式吹灰器主要用于清洁锅炉低温管束受热面。吹灰元件是一根吹灰管，端部装有两个文丘里喷嘴。吹灰管伸入炉内烟气通道，到达前端位置后再退回到停用位置；同时两只喷嘴作螺旋运动。因为喷嘴相差 180°，故吹扫射流的螺旋线距离只有螺距的一半（双螺旋线）。由于锥形吹扫射流的延伸，吹扫距离内的受热面得以清洁。在大梁上移动的齿轮行走箱带动吹灰管运动。吹灰器阀门通过固定的内管向吹灰管提供吹扫介质。在吹灰过程中，长伸缩吹灰器工作结束需完全退出烟道外，而半长伸缩吹灰器不需要完全退出烟道。

三、典型蒸汽吹灰器结构

（一）短吹灰器 V92 结构

短吹灰器（又称炉膛吹灰器）由喷头、内管、螺纹管、减速机、支撑导向机构、鹅颈阀、前支撑、凸轮、墙箱、控制箱等零部件组成，如图 6-1、图 6-2 所示。

吹灰系统的疏水系统为温控式（或温度、时间共同控制）热力疏水。

吹灰器设备及吹灰程控系统是保证锅炉正常运行及性能参数必不可少的手段。吹灰器的程控系统用可编程控制器（PLC）实现，系统可在控制台进行自动程序操作、远程或模拟操作，现场可实现就地手操作，并具有报警装置。

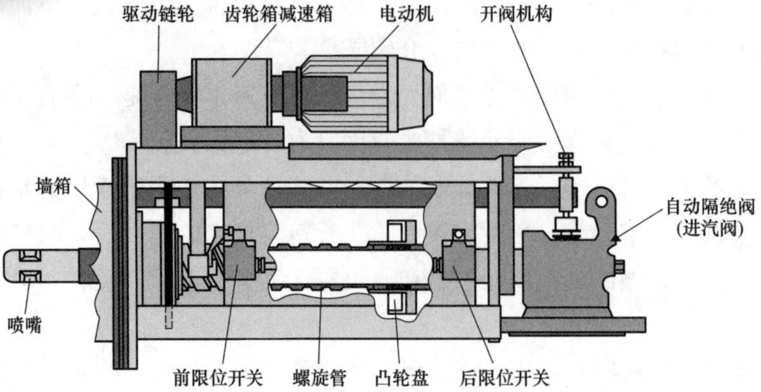

图 6-1 短吹灰器示意图（吹灰状态）

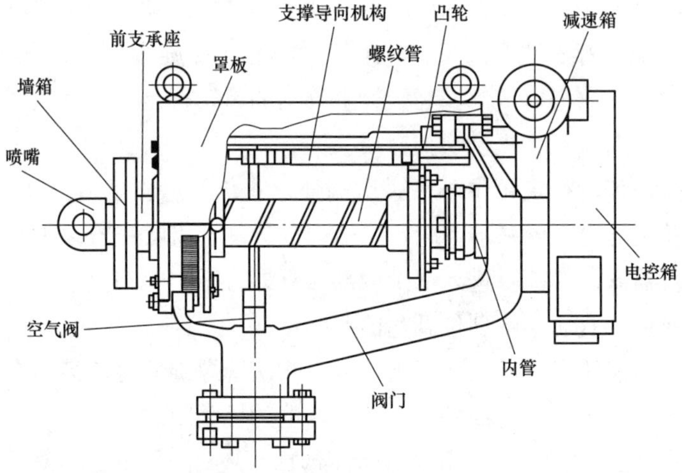

图 6-2 短吹灰器正视图

1. 机架

机架由角钢架组成，在前面板上焊有托架。通过托架，吹灰器固定在锅炉上。机架末端是阀门连接板，阀门和内管固定在连接板上。

2. 吹灰器驱动和控制系统

吹灰器由电动机驱动，通过法兰与机架上的齿轮减速箱连接。减速箱采用交流异步电动机驱动。由限位开关控制螺旋管的往复运动和吹扫回转。吹灰器驱动装置通过链轮和链条驱动螺旋管，链轮使机架上的导向螺母旋转，从而驱动螺旋管产生轴向运动。向前旋转进入炉膛内进行吹扫，向后旋转退出炉膛，停止吹扫。

在吹扫位置时，导向螺母与螺旋管不再相对运动（轴向运动停止）。这时，螺旋管已经完全旋入到螺母中，通过链条、链轮使螺旋管进入旋转状态。可以按要求进行一圈或多圈吹扫。

3. 螺旋管、内管和开阀机构

螺旋管沿固定的内管作前后往复运动。喷头安装在螺旋管的前端。螺旋管后端是填料盒，把螺旋管和内管间的环形空间密封起来，避免吹扫介质泄漏。

经研磨的不锈钢内管前端伸在螺旋管内，内管的末端连在阀门固定板上。

用固定在填料盒外壳上的凸轮盘来开闭阀门。凸轮盘是按吹灰器安装位置所规定的吹扫角度来设计的。如果以后需要变更吹扫角度，凸轮盘还可以调换。

4. 喷头

喷头用耐热且不起皮的合金钢制造。通常喷头有两个相对的文丘里喷嘴，可以斜吹墙式受热面。吹灰器停用时，喷头在墙箱内得到保护，避免被炉内高温火焰辐射烧损。

5. 吹灰器进汽阀门

经由一个机械控制的吹灰器阀门向喷嘴供应吹扫介质。吹灰器阀门通过法兰与管道连接。

全部零件组成了一个特殊的阀门组件。可旋的阀座采用平面密封。在阀座的后面，气流方向上还有一个调节压力的控制盘。利用此控制盘使管道中的介质压力降至吹灰器所要求的吹扫压力。

吹灰器阀门由螺旋进汽管的旋转运动来开启。凸轮盘装在螺旋管的后端，在螺旋管向前行程结束后，凸轮盘就顶起阀杆。开阀压杆直接布置在阀杆上部，阀门即由其开启。吹扫开始时，开阀压杆将阀瓣压下，吹灰器阀门被打开。

吹扫完毕，凸轮盘再次释放杠杆，阀门关闭。这一过程在每次动作中重复。

6. 空气阀

为防止腐蚀性烟气侵入喷头，在吹灰器阀门侧面装设了一个空气阀。空气阀在吹灰器停用时打开，因炉内负压的作用，干净空气由此吸入吹灰器内。一旦吹灰器阀门打开，在进入阀体的吹扫介质的压力作用下将空气阀关闭。

负压锅炉上，大气与炉内的压力差足以使干净的空气通过空气阀，直至喷头上的喷嘴再流出。

吹灰器安装点的烟气压力如达不到规定的负压，空气阀可接通密封与通风用空气管道，这样，可以防止烟气侵入吹灰器中吹扫介质流经的零件，如喷头、内管和吹灰器阀门。

7. 负压墙箱

墙箱为喷头进入炉壁的部位提供密封。吹灰器用螺栓连接在墙箱的面板上。墙箱可以部分补偿锅炉膨胀和管道变形带来的位移。

因为炉内烟气始终是负压，故喷头与炉墙处的环形空间有足够的空气进入炉内。短时的炉内烟气正压，所附的管道接口可向墙箱提供密封空气。

如炉膛烟气始终是正压，则应使用特殊的正压墙箱。

（二）PS-SL 长吹灰器结构

1. 大梁

大梁由工字钢梁组成，用作齿轮行走箱行走的导轨。

工字梁下布置机箱，齿轮行走箱上驱动齿轮与大梁上的齿条啮合。吹灰管导向架的位于大梁前端，用以支撑和引导吹灰管。

一个托架用以将吹灰器固定在锅炉上，托架位于大梁前端板处。第二支吊点位于大梁后端，此处有一连接板组件，吹灰器阀门和内管通过法兰连接。

长行程吹灰器大梁上的挠度修正装置用以补偿吹灰管的下垂变形。通过两块相向移动的面板来起作用。一块焊在齿轮行走箱上，另一块用螺栓连接在外面的面板上。

2. 吹灰器齿轮行走箱

吹灰器齿轮行走箱有一壳体，电动机齿轮箱、吹灰管填料盒和行走滚轮固定在上面。

双出轴齿轮箱由三相异步电动机驱动，一端出轴上的驱动齿轮与大梁上的齿条啮合，实现行走箱的轴向移动。

另一出轴（纵向）通过链条传动使吹灰管实现旋转运动，吹灰管填料箱有两个作用：一是转动吹灰管；二是引导和容纳填料盒，以实现吹灰管与内管间的密封。限位开关执行器和开阀杠杆也装在齿轮行走箱壳体上，与撞销一起作为开阀机构，图 6-3 为长行程吹灰器驱动系统。

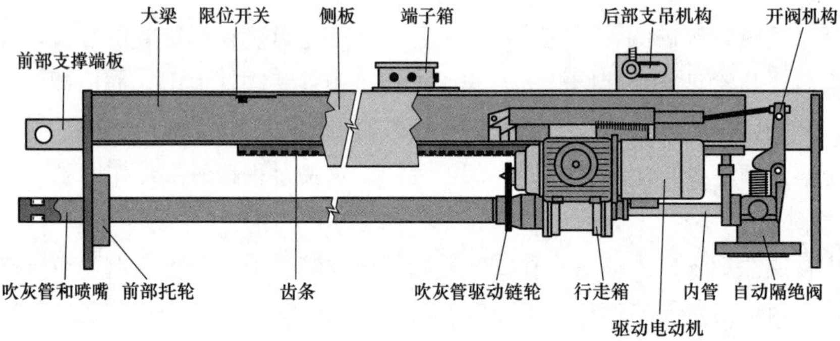

图 6-3　长行程吹灰器驱动系统

3. 吹灰管和内管

吹灰管的后端是焊在填料箱上的，而前端则置于吹灰管导向装置（又称托轮组）中，如图 6-4 所示。不吹扫时，带有两个文丘里喷嘴的喷头就留在墙箱内。

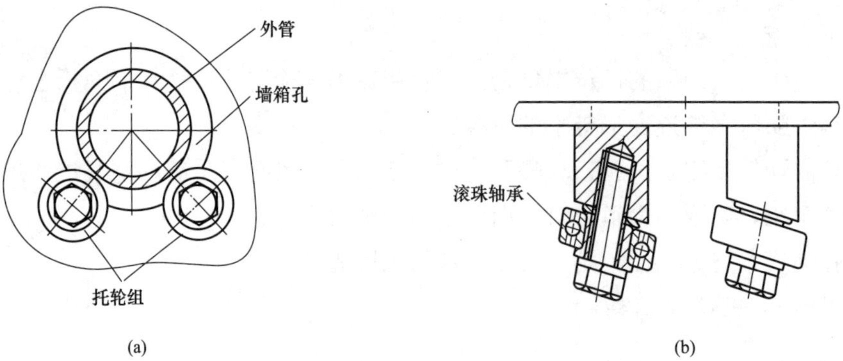

图 6-4　吹灰器前部托轮组

（a）托轮组和吹灰器枪管的相对位置；（b）托轮组的安装图

用不锈钢制成的内管的后端固定在连接板组件上，其前端放置在吹灰管中，内管与外管相对移动的对中由填料箱上的导向轴套来实现。

为在吹灰器行程较长时保持内管的刚度，设置了内管支承装置。

当吹灰器行走箱向吹扫位置前进时，内管后端的支承装置也被前推，直到内管的近似中点为止。当吹灰器齿轮行走箱反向运动到停止位置时，支承装置也返回到初始位置。

吹灰器枪管填料盒结构如图 6-5 所示。

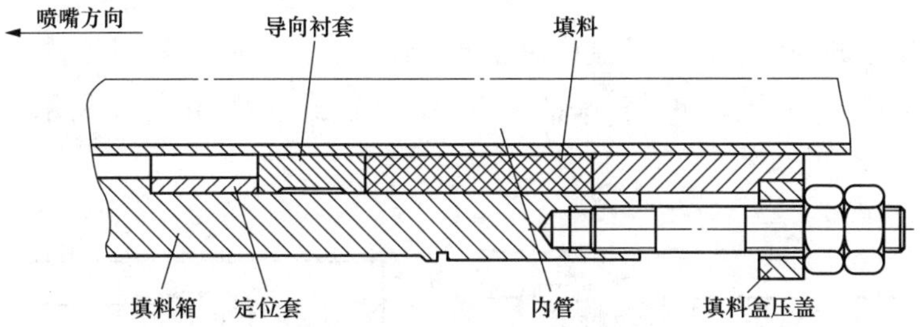

图 6-5　吹灰器枪管填料盒结构图

4. 阀门与开阀机构

吹扫介质流经提升阀后通向喷嘴，阀门与管道间用法兰连接。

吹灰器阀体通过一个连接件组件与内管相连接。阀门内件组成一专用阀门。螺纹连接的阀座为平面座。在阀座后装有一个可调的压力调节盘（顺气流方向可看到）。用以降低吹灰器管道系统中的压力，使之适合于每一个吹灰器。

吹灰器阀门是靠齿轮行走箱来动作的，开阀杠杆上的可调撞销与拨叉相啮合，拨叉板由一根连杆与开阀压杆相连。吹灰器阀门如图 6-6 所示。

阀门的开启与关闭位置可以由开阀杠杆上的撞销来调节，以使吹扫时不致损坏炉壁。

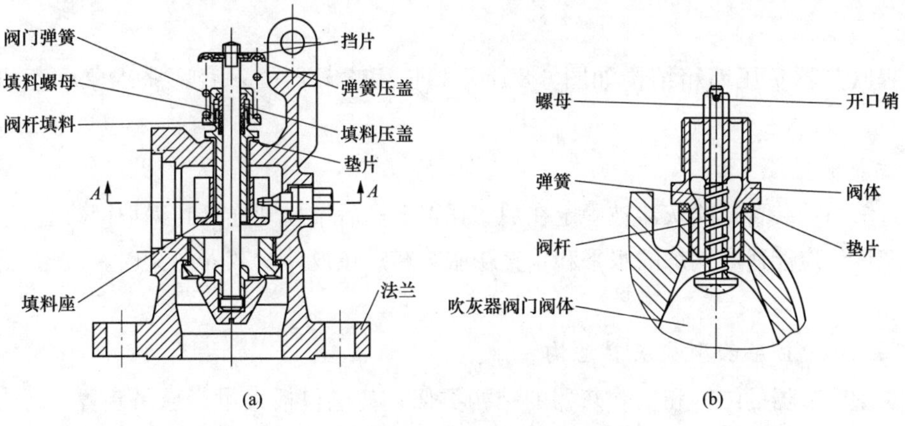

图 6-6　带空气阀的吹灰器阀门

(a) 吹灰器进汽阀结构图；(b) $A—A$ 剖视图

5. 空气阀

在吹灰器阀体侧面装一个空气阀，以防止腐蚀性的烟气进入吹灰管中。当吹灰过程结束时，空气阀就打开，在锅炉负压的作用下，将外部的空气吸入吹灰器枪管中。而吹灰器阀门一打开，它就被吹扫介质的压力推动关闭。

当炉内负压达到一定数值时，炉内外的压差使充足的干净空气流入空气阀中。

当烟气负压不足或已形成正压时，空气阀将接通微正压的密封干净空气管，这样可以防止烟气侵入吹扫介质流通的零部件，如吹灰管、内管和吹灰器阀门等。

6. 电气设备

动力和控制电源与吹灰器端子盒或单独插头连接。控制吹灰器机箱往复运动的限位开关，通过控制电缆与端子盒/单独插头的接口相连。链式电缆如图 6-7 所示。

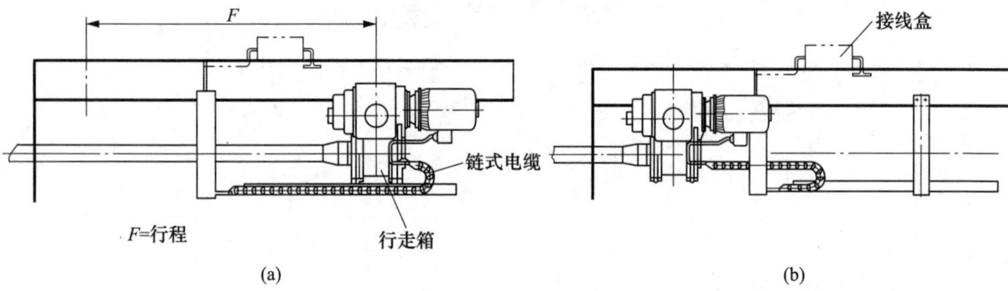

图 6-7　链式电缆

(a) 行走箱在停用位置；(b) 行走箱在完全进入位置

吹灰器上的电动机电路也与端子盒/单独插头的接口相连。

7. 墙箱（负压）

带滑板的墙箱为穿过炉壁的吹灰器内管提供密封。滑板本身可调，可适应因自身挠度和炉壁热膨胀引起的吹灰管中心位置变动。

因为炉内烟气始终是负压，故有足够的密封空气通过连接管上的开孔进入炉内。即使短时间烟气正压，也可向接口提供密封空气。如炉膛烟气始终是正压，则应使用特殊的正压墙箱。

长程吹灰器负压墙箱结构如图 6-8 所示，长程吹灰器的垂直膨胀现象示意如图 6-9 所示。

8. 吊挂装置

通过前吊挂装置，吹灰器被固定在炉壁托架上；后吊挂则连接到锅炉钢架上。

吊架设计应能适应锅炉的水平和垂直膨胀。客户在设计吹灰器吊架时，应考虑到这些膨胀。

（三）RK-SL 半长型吹灰器结构

半长型吹灰器的结构和长吹灰器的结构类似，其也包括大梁、悬吊装置、行走机构、吹灰外管和内管、进汽阀门和开阀机构、负压墙箱、电气热控设备等，但是它工作后不需要完全退出，有一半吹灰器外管留着锅炉内，在外管下方有固定托架支撑。

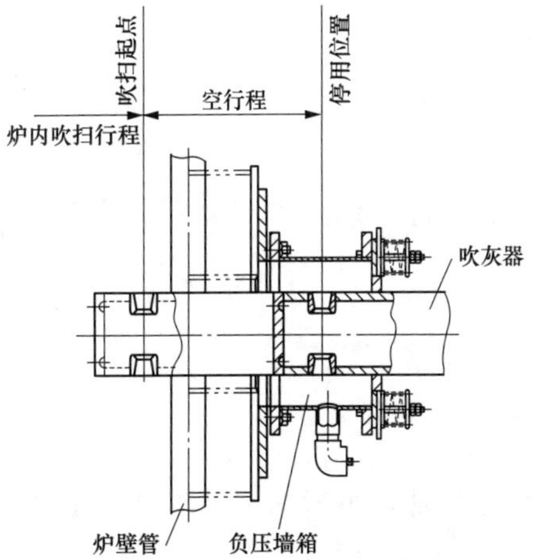

图 6-8　长程吹灰器负压墙箱结构图

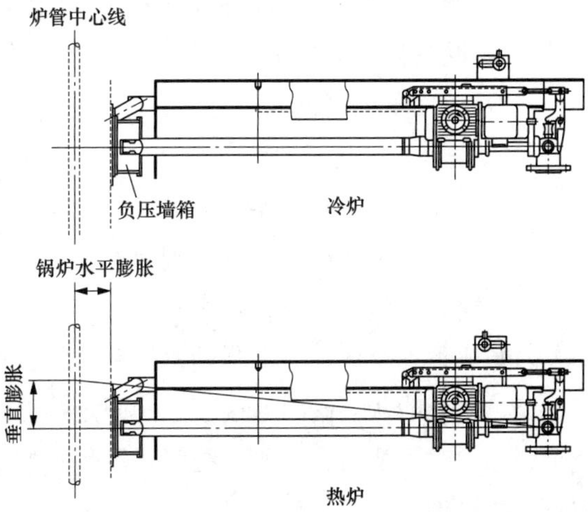

图 6-9　长程吹灰器的垂直膨胀现象示意图

四、蒸汽吹灰器检修工艺

（一）短吹 V92 检修工艺

1. 更换内管填料

（1）更换必须在阀门关闭、吹灰器电动机不能开启的情况下进行。

（2）拧下元宝螺母后，取下侧面罩壳。

（3）松开填料盒压盖，将螺旋管前推 100mm，推出旧的填料。

（4）仔细清除所有残留的填料碎片。

（5）将填料环依次放入填料室，并仔细将填料压盖推到位，且要保证填料环的切口呈错列布置。否则，密封环可能损坏或变形，从而影响整个密封效果。

（6）填料环就位后，再将填料盒拧紧，这样，吹灰器可以再次投运了。

（7）吹灰器工作数次后，填料密封需再次拧紧。

（8）侧面罩壳复位。

2. 阀杆填料的更换

（1）更换必须在阀门关闭、吹灰器电动机不能开启的情况下进行。

（2）拧下元宝螺母后，取下侧面罩壳。

（3）松动挡圈，将开阀压杆移开。

（4）从阀杆上拆下挡片，取出弹簧压盖和弹簧。为确保阀杆固定不下落，用铁丝穿在阀杆头部的小孔里固定。

（5）旋下填料螺母，拉出填料盖。

（6）从填料室中取出旧的填料环，仔细清除残留的填料碎片。

（7）将新的填料环依次放入填料室，保证填料环的切口呈错列布置。

（8）从新填料压盖，适度拧紧填料盒螺母。

(9) 将阀杆复位，再依次插上阀门弹簧、弹簧护圈和挡片。

(10) 装好开阀机构后压杆，调节固定螺栓，保证压杆与阀杆间有 1～2mm 的间隙。

(11) 吹灰器投运数次后，填料密封需再次拧紧。

(12) 侧面罩壳复位。

3. 吹灰器阀门的拆卸和更换

(1) 首先要确定吹灰器管道中阀门关闭和电动机都不能开动。

(2) 拧下元宝螺母后，取下侧面罩壳。

(3) 松开阀门和吹灰管路之间的法兰。

(4) 取下安全环，拉出开阀机构后压杆。

(5) 松开吹灰器阀门连接板上的固定螺栓。

(6) 此时可从内管上取下阀门。过程中要注意法兰垫片。再依次取下对开锁定环以及内管上的滑键。

(7) 最后将更换的零件按上述相反的顺序安装，并注意检查垫片和填料是否损坏需要更换。

4. 内管的拆卸与更换

(1) 首先要确定吹灰器管道中阀门关闭和电动机都不能开动。

(2) 拧下元宝螺母后，取下侧面罩壳。

(3) 松开阀门和吹灰管路之间的法兰。

(4) 取下安全环，拉出开阀机构后压杆。

(5) 松开吹灰器阀门连接板上的固定螺栓。

(6) 此时可从内管上取下阀门。过程中要注意法兰垫片和阀体与内管间垫片。再依次取下对开锁定环以及内管上的滑键。

(7) 移开吹灰器阀门后，就可以松开四个固定螺栓，从机架上拆下连接板。

(8) 从螺旋管上的填料盒中拉出内管。注意不要损坏研磨过的内管表面。

(9) 最后将更换的零件反顺序装配。并注意检查垫片和填料是否有损坏需要更换。

5. 螺旋管和喷头的拆卸和更换

(1) 首先要确定吹灰器管道中阀门关闭和电动机都不能开动。

(2) 拧下元宝螺母后，取下侧面罩壳。

(3) 松开阀门和吹灰管路之间的法兰。如有必要，将空气阀拧在空气管道上。

(4) 取下安全环，拉出开阀机构后压杆。

(5) 松开吹灰器阀门连接板上的固定螺栓。

(6) 此时可从内管上取下阀门。过程中要注意法兰垫片和阀体与内管间垫片。再依次取下对开锁定环以及内管上的滑键。

(7) 移开吹灰器阀门后，就可以松开四个固定螺栓，从机架上拆下连接板。

(8) 从螺旋管上的填料盒中拉出内管。注意不要损坏研磨过的内管表面。

(9) 将带喷头的螺旋管从运转螺母中旋出，然后从螺旋管上取下喷头。

（10）然后将更换的零件反顺序装配。并注意检查垫片和填料是否有损坏需要更换。组装时应避免损坏管子，喷嘴要装到原先的位置。为避免开始吹扫时冷凝水直接吹到管子上，造成吹损，喷头必须根据管子的节距进行预调。

（11）调整喷头时，需使用以下设备：一个带气泡的水平仪量角器，一根可以插入喷嘴的锥形杆。

（12）在阀门关闭的情况下，转动凸轮盘直至开阀压杆触到阀杆，用量角器量出约 10°的角。

（13）将锥形杆插入喷嘴，并把量角器固定到正确角度。转动未拧紧的喷头（使用连杆或其他辅助装置），直到水平仪呈水平为止。此过程中凸轮盘位置不能改变。

（14）在此位置将喷头与螺旋管电焊固定。

（二）PS-SL 长吹灰器和半长吹灰器的检修工艺简介

1. 大梁检修

（1）大梁轨道。由于锅炉房大量积灰，吹灰器齿轮行走箱的滑道要用压缩空气进行吹扫，特别是在锅炉检修之后或类似情况。

（2）齿条。根据被污染的程度，对齿条在规定间隔（大约 1 年）内进行清理和补脂润滑。同时对齿轮和齿条的磨损情况进行检查。

（3）吹灰管导向装置。吹灰管导向装置用螺栓与前面板相连，对开铸铁环可以根据磨损的程度，每隔一段时间，顺同一方向旋转 60°，保证其均匀磨损，延长使用寿命。

2. 吹灰器齿轮行走箱检修

（1）齿轮箱和电动机。

1）齿轮箱出厂时已加注长效综合润滑剂。

2）电动机运行 10 000h 或 5 年之后，建议对齿轮进行彻底清洗并重新加注润滑表中所列的润滑油。

3）新加注的润滑油的数量在铭牌上标注有参考值。

4）照看好一台吹灰器上拆下的电动机和齿轮。依照安装位置，拆下电动机前将齿轮箱内的油放掉，电动机与齿轮箱密封面和相连的密封件应彻底清理。

（2）轴承套。吹灰内管的摩擦轴承安装有润滑油嘴，必须定期加注润滑脂润滑，在吹灰器调试之前就应先润滑摩擦轴承。

3. 吹灰器枪管和内管

（1）吹灰管。吹灰管应定期检查是否有变形和可能腐蚀引起损坏，喷头应检查是否有热冲击裂缝和起皮，还应检查在停止位置和吹灰器启动位置时，喷嘴和炉壁管之间的距离。停运后喷头应完全缩进墙箱内。

（2）内管。在停炉期间应清洗内管。这时要注意内管是否有表面损坏、腐蚀和磨损。

（3）密封填料。压盖（内管密封），填料盒填料在出厂时已安装完毕，填料盒压盖也已基本上紧固。吹灰器在受压运动几次后，填料已被固定，然后填料盒压盖应逐步慢慢上紧。这时要注意观察，摩擦阻力不能太大，以免干扰机箱的运动。（观察电动机的耗电量）。因行程初期管道中有冷凝水和少量不可避免的蒸汽侵入，长期使用后，如无法用紧压盖来使填料密封，就应更换填料。

（4）弯曲变形的吹灰枪管校直。经过长时间使用，吹灰器枪管会发生弯曲变形。弯曲后的枪管升入炉内转动时，会损伤受热面管子，严重的时候会造成受热面管道泄漏。所以发现明显弯曲的枪管，要及时校直。如果无法校直的，应立即更换新枪管。

4. 吹灰器阀门与开阀机构

（1）吹灰器阀门。吹灰器阀在出厂前已检验过本体密封性。在吹扫暂停期间，湿气可能透过漏气的阀门侵入吹灰器，造成吹灰器管和内管被烟气腐蚀。如有阀门漏气迹象（如关闭阀门后仍有吹扫介质喷出的声音），就必须检查阀座和阀瓣，必要时进行研磨。管路在投运行时之前，应注意将开阀机构安装在正确位置上（关阀），否则可能损坏墙箱和开阀机构。

（2）压盖（阀杆密封）。压盖在出厂前已被组装好。吹灰器受压运行几次之后，填料需进行调整并上紧。尤其是填料渗漏时，这一过程必须反复进行。如果填料已无法上紧，就必须更换。

（3）开阀机构。开阀机构的铰接头不需要润滑，因为所有的轴承采用自润滑结构。

5. 空气阀

空气阀在出厂前已检验过气密性，为防止吹扫介质泄漏，应定期检空气阀的功能和气密性，如有必要研磨阀座和阀瓣。

6. 电源系统

必须定期检查电缆的运动顺序和电源系统。要及时处理绝缘老化和破损部位。

7. 内管填料的更换

更换填料步骤如下：

（1）确认吹灰器管路内各个阀门均已关闭，且吹灰器电动机不能开动。

（2）松开填料盒压盖，将吹灰器机箱前移约 0.3m。正常情况下，旧填料即可被推出。

（3）仔细地将填料室内的残余填料取出。

（4）逐一将新的填料环放入填料室，再用填料压盖将其推到位。注意：所有填料环接头应错开 120°。

（5）填料放好后再均匀地上紧填料环压盖（不能太紧，注意观察电动机的电流），然后吹灰器就可以再次投运。

（6）吹灰器运行数次后，再次上紧填料。

8. 阀杆填料的更换

（1）管道上所有阀门均应关闭，电动机切断电源。

（2）从阀杆上松开固定在连杆上的托杆，然后将开阀压杆向后转，以便取出阀杆。

（3）用铁丝穿在阀杆头部小孔内，以防阀杆和阀瓣组件下落。

（4）从阀杆上取下挡片，拆下弹簧挡圈和阀门弹簧。

（5）拧下填料螺母和填料压环。

（6）从填料室取出旧的填料环，然后彻底清除残留的填料碎片。

（7）将新的填料环逐一放入填料室，确认填料环没有损坏。

（8）新的填料放好后，加上压环，略为上紧填料螺母。

（9）将阀杆复位，再依次放上阀门弹簧、弹簧挡圈、挡片，从阀杆头部取下铁丝。

（10）重新装配好开阀机构后，吹灰器就可以再次投运。

（11）吹灰器动作数次后，再次上紧填料。

9. 吹灰器阀门的装拆

确认吹灰器管道上所有阀门均已关闭，管道内已泄压，电动机电源已切断。

将吹灰器阀门从管道上脱开，如有必要，拆下通风管。从阀门上卸下开阀机构，从连接板组件上卸下 4 个六角螺母，阀门和密封件就可取下。

按拆卸相反的顺序装配吹灰器阀门，检查拆下的密封垫，更换损坏的密封垫。吹灰器投运后，应对所有吹扫蒸汽流经零件的螺纹连接部进行检查。

10. 吹灰管和内管的装拆

（1）确认吹灰器管道上所有阀门均已关闭，管道内已泄压，电动机电源已切断。

（2）拆除支撑装置和罩壳。

（3）松开填料压盖，将齿轮行走箱前移约 0.3m，即可从填料室中移出填料环。然后将齿轮行走箱退回至停用位置。

（4）吹灰器法兰和管路法兰脱开。如需要，拆下排气阀上的空气连接管。从吹灰器阀门上拆下开阀机构，取下阀门固定板上的 4 个六角螺母。

（5）从内管上取下吹灰器阀门，注意上面的法兰垫片和内管垫片。此时可从内管上拆下对开锁紧环和平行键。

（6）自阀门固定板向前松开内管，从露出的内管端上拆下填料盒压盖和填料。将内管尽可能推进吹灰管和填料箱内。

（7）拆吹灰管时，应先取下旋转驱动链条。接着松开摩擦轴承，轴承必须向后拔出；同时可将摩擦轴承与吹灰管一起完整地从机箱中拉出；接着拉出吹灰管导向套。

（8）从填料箱上拉下吹灰管，注意不要损坏研磨过的内管表面。

（9）按拆卸相反的顺序安装内管和吹灰管，检查密封件和填料，如需要，应予更换。

（10）装配完毕后，检查内管运动是否平行于大梁，是否精确地对准填料盒的中心。吹灰器运行之后，应对所有蒸汽流经零件的螺纹连接部分进行检查。

11. 吹灰器齿轮行走箱的装拆

（1）确认吹灰器管路上的所有阀门均已关闭，管路已泄压，电源已切断。

（2）拆除支撑装置和罩壳。

（3）松开填料盒压盖，将齿轮行走箱前移约 0.3m，填料环即被移出。

（4）从管道上拆下吹灰器阀门，必要时拆下通风管，从吹灰器阀门上松开开阀机构，拧下连接板组件上的 4 个六角螺母，移开吹灰器阀门与密封件。

（5）松开4个螺栓后，连接板组件与内管即可取下。

（6）拆吹灰管时应先取下旋转驱动装置上的链条。松开两个双头螺柱，以便向后拆下带套筒的填料。接着松开轴承盖，向前将吹灰管从齿轮行走箱中拉出。

（7）断开螺旋电缆后，可用手柄驱动齿轮行走箱向后移动。驱动齿轮脱离齿条后，齿轮行走箱即可从轨道上被拆下。

（8）按拆卸的反向顺序装配齿轮行走箱。检查密封环和填料是否受损和需要更换。装配完成后再检查内管是否平行于大梁，是否精确地对准填料压盖的中心。吹灰器投运之后，检查所有蒸汽流通零部件的螺纹连接处。

五、蒸汽吹灰器运行注意事项

通常吹灰器是一个大系统中的一个部分，这个系统包括供汽和疏水管路、关闭和疏水阀门、吹灰器和控制。控制装置控制着吹扫程序的进行，应具有保护锅炉和吹灰器所要求的联锁，即能对压力、吹扫介质温度和运行时间进行监视，同时要处理和四管泄漏检测装置的协同工作。一般吹灰器由控制柜或控制室的开关屏来操作。

（一）吹灰管路系统的特点

吹灰介质采取从锅炉末级过热器进口连接管抽取高参数的蒸汽，使吹扫蒸汽具有较高的过热度，通常在吹灰管路设置减压站，满足锅炉在不同工况下吹灰的需要。

管路采用对称布置，单线强制疏水形式。这种布置基本上消除了冷凝水滞留的“死端”，保证了吹扫蒸汽具有足够的过热度，避免吹灰时蒸汽带水，损坏吹灰范围内的受热面管道。

吹灰管路减压减温站采用气动调节阀作为主减压阀，能调节管路吹灰蒸汽的压力和流量。

管路疏水装置采用了由温度控制（或温度、时间共同控制）的热力疏水阀，使得吹扫蒸汽保持一定的过热度。

管路上安装的流量报警装置是为了保护高温烟区的吹灰器安全使用，所设定的最小值能够保护吹灰管不被高温损坏。

管路系统的结构布置中采用各种形式的膨胀节和固定、导向及悬吊装置，以保证汽水管的热补偿能力和具有充分的扰动性。

（二）吹扫频率和吹扫压力

吹扫频率取决于受热面的形式和污染程度，要根据锅炉实际积灰程度定出最佳吹扫频率。锅炉首次启动后，有停机机会就需要检查吹扫范围内受热面的情况，如清洁效果不佳，就应提高吹扫频率和吹扫压力。若受热面管子表面显得光滑或出现亮点，则吹扫频率和吹扫压力必须降低。如果某一段时间因疏于吹灰而导致锅炉积聚了大量的飞灰，再进行吹灰不但会导致吹灰困难，而且会使设备受损。吹灰时锅应保持足够高的燃烧率，一般要求吹灰时锅炉负荷不低于70％BMCR，以便吹灰时不致影响燃烧的稳定性。

实际吹扫压力必须不低于规定的吹扫压力，确保有足够的蒸汽来冷却吹灰管，以免吹灰管过热。实际吹扫压力低于规定的吹扫压力时，吹灰器不能投运。因为初始压力太低，吹灰管进入锅炉后将会损坏（监视的是静压，蒸汽在管道内流动时还有阻力）。

（三）吹灰器运行注意事项

吹灰器管路、减压阀、疏水阀、测量仪器等需经调试合格后才可投入使用，使用后也要经常进行检查和维修，以保证处于良好的工作状态。

吹灰最好在70%负荷及以上时进行，如果吹灰时负荷过低，不仅易降低炉膛温度，而且可能影响锅炉燃烧的稳定性。

无吹扫介质时，不允许投入吹灰器。若在吹灰过程中遇到失电、电动机故障等意外事故，应立即就地手动退出吹灰器，以免烧坏设备。

吹灰器使用一年后应大修一次，在日常维修吹灰器时也应维修电动机，吹灰器的日维护应按吹灰器制造厂提供的说明书进行。

吹扫时最低压力不得低于0.78MPa，以保证有足够的蒸汽冷却吹灰器管。

吹扫周期过长或过短都是不可取的，对一台实际运行的锅炉，应根据负荷及煤种情况确定最佳的吹扫周期。

1. 运行前检查

（1）吹灰器启动前应该清理所有的污迹和灰尘，拆除所有无关零部件（如运输时的安全装置等）。

（2）仔细检查运输和安装中有无损坏零件，特别是电气元件。

（3）检查齿轮箱在厂内是否已加注润滑剂。注意：所有光制零件（如螺栓等连接件）必须进行防腐处理。

（4）检查墙箱中的喷头位置。如果是正压墙箱，则必须检查密封元件是否容易移动。

（5）检查喷头停止和吹扫时喷嘴的位置，以防喷射中的吹扫介质损坏炉壁和管子。检查喷头旋转时，喷嘴是否符合说明中提供的吹扫角度。

（6）检查吹灰器是否按照规定的线路图接线。

2. 吹灰器的冷态调试

以下是第一次启动的过程。

（1）将手柄插入电动机后部的第二出轴，摇动手柄，使螺旋管向前移动约100mm。

（2）为检查电动机旋转方向，电动机电源须接通后马上关闭，以检查螺旋管的转向。

（3）检查停止限位开关，此时螺旋管在末端位置前约100mm。如果开通电源，当螺旋管向后移动时，如用手压停止限位开关，螺旋管必须停止移动。

（4）检查返回限位开关，按动启动按钮，螺旋管会向前移动。所设定的吹扫回转完毕后，螺旋管必须马上退回到停用位置。否则，需检查线路，排除故障。

3. 吹灰器热态调试

完成冷态启动调试后，吹扫汽压还必须在热态时设定，首次启动推荐的吹扫压力为1～1.5MPa。吹扫压力必须按照以下步骤设定（此项工作须由授权的合格工作人员担任）。

下述步骤必须严格遵守：

（1）确定吹灰器阀门已经关闭，取下阀体左侧或右侧的螺塞，旋入一个带U形管或盘管的压力表。

(2) 吹灰器必须机动或手动使螺旋管前进，打开阀门。这时可以从压力表上读出吹扫汽压，并与设定值相比较。然后螺旋管须退回到原先位置。

(3) 如果吹扫压力需要纠正，必须再次检查吹扫汽源阀门是否已经完全关闭。然后拆下阀体上的锁定螺钉，用螺钉旋具或其他工具调节控制盘。控制盘向下移动，吹扫压力降低；反之压力增加。

(4) 锁定螺钉再次旋入之前，需添加耐热润滑剂。旋入时螺钉对准控制盘的一个槽口。以后才可重新启动吹灰器，再次读取吹扫汽压。

(5) 这一过程必须反复进行，直到吹扫气压达到要求值为止。

(6) 如可能，调试工作应在吹灰器冷却后进行，因为刚吹扫完毕马上在高温下拧开锁定螺钉是很困难的。

注意：

1) 吹灰器必须在锁定螺钉再次旋入后方可启动。

2) 螺旋管在停用位置时试车，才能保证限位开关柄导向滚轮与凸轮盘间作用正确。

第二节 声波和激波吹灰器系统

一、声波吹灰器

声波吹灰器有双音双频声波吹灰器和单音单频声波吹灰器两种，其发声原理不尽相同，双音双频声波吹灰器是将压缩空气流经一个高音高频发声哨，产生的高音高频声波和一个低音低频声波发生罩反射形成的低音低频声波进行耦合叠加产生双音双频带状频率声波；单音单频声波吹灰器是将压缩空气或蒸汽流经金属膜片、旋笛、发声共振腔或其他声波发生组件产生很强的声音；声波在烟道或炉膛内传播，牵动烟气中的灰粒同步振动，在声波振动及疲劳反复累计作用下，使微小的灰粒难以靠近积灰面，也使沉积在受热面上的灰尘破坏剥离，从而达到清灰的目的。

ENSG-J 系列可调频强声波除焦器如图 6-10 所示，ENSG-G 系列可调频强声波除垢器如图 6-11 所示。

(一) 结构形式

声波吹灰系统主要由压缩空气管路系统、声波吹灰器和程控装置三部分组成。声波吹灰器很简单，由发声装置（见图 6-12）和导波装置构成，就像一个高音喇叭一样。以 KOCKUM SONICS-INSON-230 型低频高声强发生器为例，包含清洁器、膜片座、膜片(钛合金)、发声器喇叭等。

由于双音双频声波吹灰器功率大、寿命长、维护量小、运行成本低，近几年已在多家电厂锅炉上安装使用，甚至安装在煤粉仓上对防止煤粉结块堵塞效果也较好。两种声波吹灰器的主要性能参数见表 6-1。

图 6-10　ENSG-J 系列可调频强声波除焦器

图 6-11　ENSG-G 系列可调频强声波除垢器

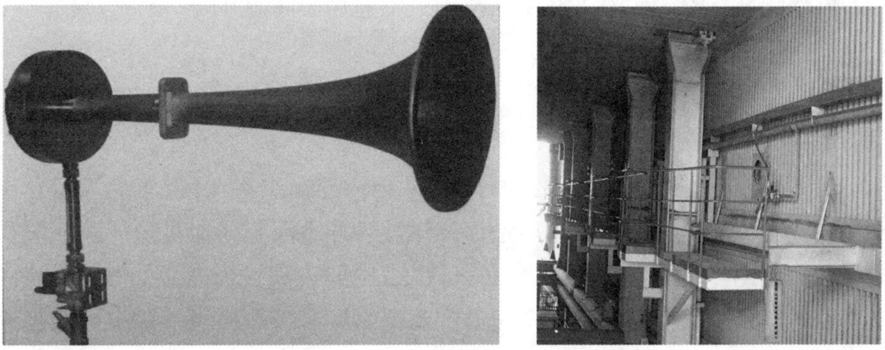

(a)　　　　(b)

图 6-12　声波吹灰器结构形式

（a）声波吹灰器发声装置；（b）安装到受热面上的外观

表 6-1　　　　声波吹灰器主要性能参数

序号	项 目	单位	双音双频声波吹灰器	单音单频声波吹灰器
1	复合频率带	Hz	32.5～2000	32.5～360
2	低音频主频率	Hz	50	—
3	高音频主频率	Hz	500	—
4	辐射功率	W	≥2000	600～1000
5	辐射方向		椭圆形	椭圆形
6	介质（压缩空气）流量	m/min	0.8～1.4	1.0～3.0
7	声强	dB	135～155	130～158
8	清灰角度	(°)	360	360
9	有效吹扫半径	m	10	3～9
10	控制电源		交流电 220V，50Hz	交流电 220V，50Hz
11	运行方式		间歇式，每次发声 15～30s，间隔时间 2h	间歇式，每次发声 15s，间隔时间 2h
12	使用寿命		4～8 年	1～6 年

声波吹灰器安装需要将发声器喉管从尾部包墙管中间穿过，最小间距为 50mm，将喇

叭口置于炉内。

（二）技术性能特点

20 世纪 80 年代国外开始研制声波吹灰器，经过 30 余年的发展和改进，声波吹灰器技术已逐步成熟。声波吹灰器的主要优缺点如下。

1. 优点

（1）利用声波与灰粒及积灰发生振动和共振，适合松散性积灰。

（2）吹灰器简单可靠，无转动机械，运行程序化，维修工作量很少。

（3）声波可以达到其他吹灰器难以达到的位置，不留死角。

（4）对受热面管壁无吹损、无腐蚀，运行成本低。

2. 缺点

产生的声能能量有限，影响了其使用范围。不适用于高温环境，易被烧损。

二、激波吹灰器

（一）工作原理

CHQ（压缩空气激波吹灰器）是针对节能减排研发的一种以压缩空气为介质，采用泄压爆发释放技术，利用瞬间生产超声速流体激波（冲击波）的能量，清除锅炉积灰的新型吹灰器。产品相比传统的机械吹灰器（蒸汽吹灰器）、声波吹灰器、燃气激波吹灰器，具有效率高、耗能低、结构简单、安全可靠、维修方便、智能控制等优点，为理想的锅炉吹灰装置。

根据物理学理论，气体的体积 V、压强 p 和温度 T 三个状态参量，存在着固定的物态方程关系，它们之间互为函数，这种函数关系是守恒的，因此可以通过从一种状态变换到另一种状态，并获得设计期望的结果。表 6-2 是典型的技术参数。

表 6-2　　技术参数

参数名称	单位	CHQ-0.02/50-B	CHQ-0.1/80-B
有效吹灰作用范围	m	6	9
吹灰频率	次/周	每点方位周期（360°）的脉冲次数为 12 次	
最大工作压力	MPa	1.0～1.6	
激波发生器的罐体容积	m^3	0.02	0.10
脉冲声级	dB	≥150	
工作噪声	dB	≤80	
喷头步进行程旋转角度	(°)	30	
喷头出口内径 ϕ	mm	50	80
控制模式		PLC 编程控制，每单元可控制 24 个点位	
适配空气压缩机	台	W-1.05/12.05	
质量（空气压缩机除外）	kg	45	224
罐体外形尺寸（直径×长度）	mm×mm	273×600	325×1000

（二）系统组成

CHQ（压缩空气激波吹灰器）主要由激波发生器、步进旋转喷头、中央控制柜、就地控制柜和空气压缩机（气源）等设备组成。压缩空气激波吹灰器安装现场如图 6-13 所示。

图 6-13　压缩空气激波吹灰器安装现场

1. 激波发生器

激波发生器由储蓄罐和泄压释放结构组成，其容积可分为 0.02～0.10m^3 多种规格，储蓄罐能承受 1.0～1.6MPa 的工作压力。泄压释放结构在罐体中，当压力达到额定值时，可自动泄压，从而引发激波发生器罐体内压缩空气瞬间释放产生激波（冲击波），泄压响应时间为 0.5s。

2. 步进旋转喷头

步进旋转喷头是压缩空气激波吹灰器的冲击波释放口，其特点在于改变吹灰方位能够较大程度处理锅炉管束表面的积灰。每次吹灰步进旋转喷射口自动轴向顺时针旋转 30°角，连续工作 12 次即完成一个单点吹灰器的周期工作（360°）。步进旋转喷头的喷口与步进旋转喷头的轴线成 15°～45°夹角，使喷射口喷出的冲击波更好地对准积灰面，从而达到每次有效吹灰的完成。

3. 控制系统

控制器主体采用 PLC 可编程控制器，可实现自动或手动控制模式，也可远程控制与 DCS 兼容等功能。

第三节　中央空调系统

生产车间的中央空调系统由一个或多个冷热源系统和多个空气调节系统组成，该系统不同于传统冷剂式空调（如单体机，VRV）集中处理空气以达到舒适要求。中央空调系统采用液体汽化制冷的原理为空气调节系统提供所需冷量，用以抵消室内环境的热负荷；制热系统为空气调节系统提供所需热量，用以抵消室内环境冷暖负荷。

一、中央空调的结构

中央空调主要由空气处理机组和冷凝段组成，如图 6-14 所示。

空气处理机组一般设有风机、过滤器、表冷（蒸发）器、加热器、加湿器、消声器、风阀等。

（1）风机：由用户的风量要求和压头要求决定风机的配置。管道系统阻力较大的或有排风要求的，结构会设计两个风机（送风机、回风机）。

（2）过滤器：由用户的空气洁净要求决定配置。一般来说，配置两种过滤器：初效板式过滤器和中效袋式过滤器。过滤器的材料：初效过滤器和中效过滤器以无纺布为主。

（3）表冷器（蒸发器）：作用是使空气降温、除湿。这是空气处理机组中的一个主要功能段。屋顶式空调的表冷器，一般都是铜管套铝翅片式蒸发器，由制冷剂从冷凝段供来进行蒸发，吸收经过表冷器的空气中的热量，使空气降温，正常有效工作的表冷器，一般能使风的温度下降6～10℃（湿度有一定影响，湿度越大降温幅度越小），空气中的部分水蒸气将凝结成冷凝水排出。

（4）消声器：用来消除风机和机组振动的噪声。一般采用孔板包石棉的结构。

（5）风阀：有送风阀、回风阀、新风阀、排风阀、混风阀等，由机组结构决定：如果既有送风机，又有回风机的，那么送风阀、回风阀、新风阀、排风阀、混风阀都有。送风阀、回风阀为开关式，新风阀、排风阀、混风阀为调节式。

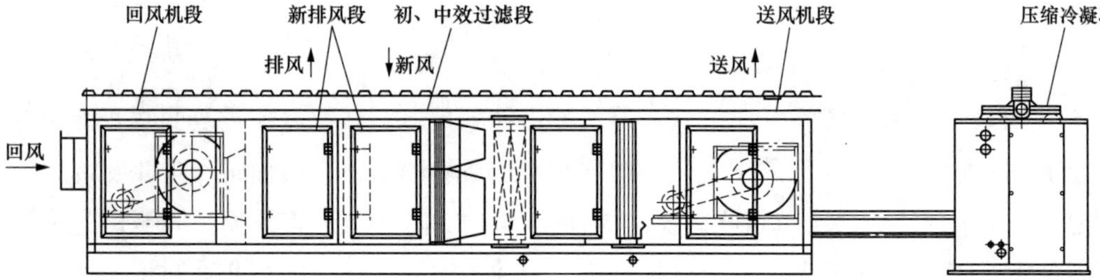

图6-14 中央空调机组系统图

二、中央空调的分类

按照冷凝方式不同，中央空调一般分为两大类：水冷中央空调和风冷中央空调。

（一）水冷中央空调

水冷中央空调主要由制冷机、冷却水循环系统、冷冻水循环系统、风机盘管系统和冷却塔组成。

制冷机通过压缩机将制冷剂压缩成液态后送蒸发器中与冷冻水进行热交换，将冷冻水制冷，冷冻泵将冷冻水送到各风机风口的冷却盘管中，由风机吹送以达到降温的目的。经蒸发后的制冷剂在冷凝器中释放出热量成液态，冷却泵将冷却水送到冷却塔内对其进行喷淋冷却，与大气之间进行热交换，将热量散发到大气中去，其原理如图6-15所示。

（二）风冷中央空调

风冷中央空调主要由室外机、室内机和室内管道系统组成，其原理如图6-16所示。风冷系统以空气为输送介质，其原理与大型全空气中央空调系统的原理基本相同。它利用室外主机集中产生冷/热量，将从室内引回的回风（或回风和新风的混风）进行冷却加热处理后，再送入室内消除其空调冷/热负荷。

三、空调运行注意事项

系统机组两台为一运一备，绝对禁止同时开启两台，否则风量过大引起风管鼓胀，甚

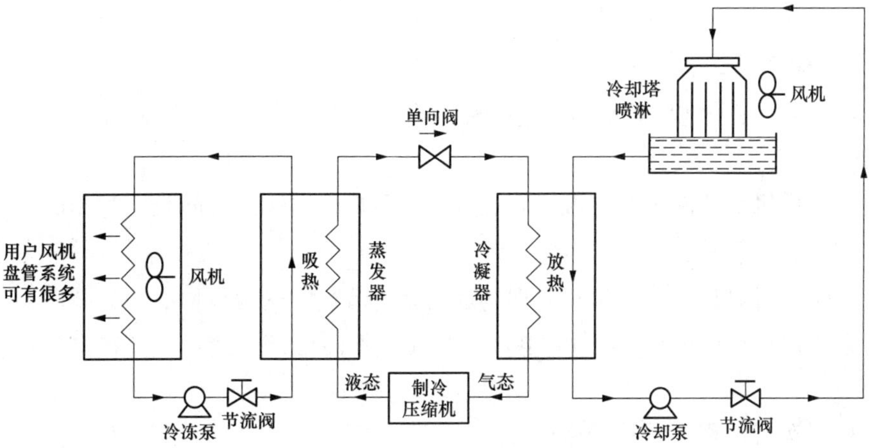

图 6-15　水冷中央空调机组原理图

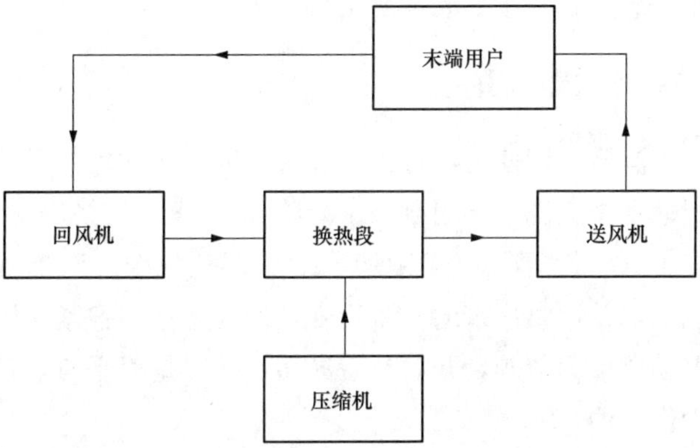

图 6-16　风冷中央空调机组原理图

至吹爆风管！以下为运行要点。

（一）机组启动步骤

（1）开机前必须确认所有的通风管道是畅通无阻，防火阀开启，严禁在关闭防火阀、送风阀、回风阀及新风阀门的状态下启动空调器的送回风机。

（2）检查机组内部有无杂物，检修门是否关闭。

（3）确认机组无异常情况方可送电，开机。

（4）开启电源，将空气断路器均合上，UPS 电源送电，查看故障指示灯是否闪烁，如无故障指示，根据触摸屏提示在参数设置里设置温度（24℃）、温度回差（2℃），然后返回在主界面中点击“开机”启动机组。

（5）机组启动后，屏幕上运行指示灯变色，这时，机组的回风送风阀门慢慢开启（时间设定为 3min），2min 后送风机、回风机启动。

（6）风机启动 3min 后启动压缩机。

（7）一定要待风机启动后，操作人员在机组旁听机组的声音是否正常，无特殊噪声方可离开。

（二）机组停止运行步骤

停止机组时，在触摸屏上点击“关机”即可，等待30s后停压缩机，然后风机停止运转。

风机停止后机组的回风阀、混风阀、送风阀门慢慢关闭（时间设定为3min）。

（三）运行注意事项

（1）机组运行过程中必须每小时现场巡视，查看机组的运行情况。

（2）禁止停机后3min内立即断电，否则阀门不能全部关闭，以及再次启动时引起内部串风。

（3）机组运行过程中严禁开启检修门。

（4）机组按钮文字均为当前状态。

（5）“运行状态”显示机组各个参数，当机组有故障时，故障指示灯闪烁，可到“故障显示”中查看，排除故障后，按“故障复位”。

四、空调机组的维护保养事项

机组的初、中效过滤器初期使用半月必须清洗，以后必须每两月清洗。清洗方法为将无纺布滤料浸泡在肥皂水中漂洗，再用自来水清洗2～3次，压挤出水分晒干。

经常检查风机皮带的松紧情况，初期使用15天调整一次。调整时注意皮带轮与电动机轮必须在同一直线上，并调整皮带的松紧程度，使之适宜，拧紧螺栓固定。

检查各手动、电动风量调节阀，开启是否灵活，叶片是否平直，连杆是否锈蚀，如生锈，可在连杆上加少许机油。

消声段每年应用压缩空气吹扫表面灰垢。

经常检查空调器内表面，风机段、表冷段等可锈部分，发现有生锈情况，要在设备大修时除锈，然后油漆。

风机皮带同时满足直线性与张紧度要求，新皮带使用累计达24h必须检查，并做二次张紧。多根皮带传动系统如发现皮带松动无法使用，则同组皮带必须同时更换。

五、空调机组常见故障原因及解决方法

（1）送、回风机故障：相应的热继电器动作，检查接线是否牢固，电源是否缺相。

（2）压缩机高压故障：高压表高于2.5MPa，压缩机停机报高压故障，引起高压故障的原因是高压口出气压力大引起的，可能的原因是：制冷剂充注过多，冷凝风机不转动。

（3）压缩机低压故障：低压表低于0.2MPa，压缩机停机报低压故障，引起低压故障的原因是低压口回气压力不足引起的，可能的原因是：制冷剂充注量少，干燥过滤器堵塞，供液电磁阀不得电或者损坏，热力膨胀阀开度小。

（4）压缩机控制板故障：检查控制板是否提供220V交流电压，压缩机油是否需要

更换。

(5) 冷凝风机热过载：电流过大，检查是否有线松动，是否缺相。

第四节　炉 水 循 环 泵

一、炉水循环泵系统概述

炉水循环泵一般布置在锅炉下降管的中途，用于增加炉水的循环动力。炉水循环泵已在大容量的强制循环机组中得到广泛应用，它能够保证锅炉蒸发受热面内水循环的安全，可缩短机组的启动时间，减少热损失，提高锅炉低负荷工况的适应性，满足高峰负荷时调节的需要。本节以德国产 LUVAK-250-400/1 型炉水循环泵为例介绍。

(一) 炉水循环泵的特点

炉水循环泵基本结构是电动机轴端悬伸一只单个泵轮的主轴结构，电动机与壳体由螺栓和法兰连接，整台泵体和电动机以及附属的阀门等配件完全由锅炉下降管的管道支撑。循环泵的叶轮和电动机转子装在同一主轴上，置于相互连通的密封压力壳体内，泵与电动机结合成一整体，泵与电动机之间的连接没有轴封。

电动机的定子和转子用耐水的绝缘电缆作为绕组且浸沉在高压冷却水中，电动机运行时所产生的热量由高压冷却水带走，高压冷却水通过电动机轴承的间隙，既是润滑剂，又是轴承的冷却介质。泵体与电动机被隔离为两个腔室，中间虽有间隙，但不设密封装置，使压力可以贯通。但泵体内的炉水与电动机腔内的冷却水是两种不同的水质，两者不可混淆。由于电动机的绝缘材料是一种聚乙烯材料，不能承受高温，温度一旦超过 80℃，绝缘性能就明显恶化，因此围绕电动机四周的高压冷却水温度必须加以限制。由于绕组及轴承的间隙极小，因此冷却水中不得含有颗粒杂质。

(二) 高压冷却水和低压冷却水的循环

在电动机下部装有强制循环用的辅助叶轮，它从冷却水中吸入高压冷却水，维持高压冷却水在电动机内自下而上流动，通过轴承、线圈等需要冷却的部件，而后再进入外部的冷却器，冷却器由低压冷却水冷却，把从电动机内部吸收的热量传给低压冷却水。所以不论泵是否运行，低压冷却水不得中断。如果电动机停运，强制循环流动也随之停止，这时对于冷却器还要像平常时那样通以低压冷却水，以便高压冷却水能继续循环，而防止电动机过热。为了满足炉水循环泵电动机腔出口的冷却水温度不超过 60℃，就必须有一套可靠的冷却水系统来冷却，带走来自由于电动机在运转时的发热、由转动部件摩擦产生的热量和从高温的泵壳侧经过隔热体传过来的热量，从而避免电动机发热超过规定值。

高压冷却水循环是从电动机的转子和定子绕组及轴承间隙，从电动机上端的出水口流出，经外置的高压冷却器冷却后可循环使用。低压冷却水一部分冷却高压冷却器，另一部分冷却隔热体。

炉水循环泵设计参数见表 6-3。炉水循环泵电动机设计参数见表 6-4。

表 6-3　　炉水循环泵设计参数一览表

名称	单位	设计参数	备注
型号		LUVAK-250-400/1	
厂家		德国 KSB 公司	
数量	台	3	对应每根降水管上装 1 台
吸入管内径	mm	407±0.25	
输出管内径	mm	302.54±0.25	
介质温度	℃	353.9	
流量	m^3/h	4002	
吸入压头	MPa	19.55	
最小 NPSH	m	19	
吸入集箱和泵壳的温差	℃	<55	

表 6-4　　炉水循环泵电动机设计参数一览表

名称	单位	设计参数	备注
形式		湿式笼型异步电动机	
型号		LUV5/4	
厂家		德国 KSB 公司	
额定电压	kV	6	
额定电流	A	54	
启动电流	A	324	
功率	kW	400	
转速	r/min	1470	
温度	℃	电动机跳闸温度 65℃	报警温度 60℃

二、炉水循环泵结构原理及检修

（一）典型炉水循环泵结构

炉水循环泵采用了电动机和泵体一体封装，水冷模式，是一种高度集成的水泵，结构紧凑，可靠性高。主要零部件包括泵壳、叶轮、隔热体、电动机等，如图 6-17 所示。

轴承：在电动机轴的上下端各装一只支撑轴承，在轴的下端还装了一只推力轴承，而泵侧不装轴承。泵在运行时的轴向推力及所有转动部分的质量都由水润滑的双向推力轴承承受。

主螺栓：16 个 M75×2 的主螺栓是连接泵壳与电动机的重要部件。

隔热体：作用是使泵壳中的高温炉水与电动机腔内的冷却水隔开，并阻止炉水热量向下传递到电动机。

电动机绝缘绕组：湿式电动机是炉水循环泵的动力，导线材料必须有足够的电阻值，有良好的机械耐温性，此外还有充分的化学稳定性。

炉水循环泵高压冷却系统：用于满足炉水循环泵电动机腔内的水温不超过60℃及轴承润滑作用。

（二）炉水循环泵的检修工艺

高压炉水循环泵的检修项目包括：炉水循环泵更换；泵体叶轮、入口管检查，磨损超标时更换；过滤器、冷却器、滤网解体检查，冲洗干净；冷却水系统冲洗检修。

1. 泵体的拆卸

（1）在炉水循环泵底部（距离电动机最下面1m处）搭设一个平台，作为拆卸连接螺母和其他管路用。

（2）将炉水泵出入口端盖的三通管两侧保温拆除1.5～2.0m，并消除其表面黏附的残余保温材料，整理工作现场，保持清洁整齐。

（3）拆装工作现场应装设充足的临时照明，且不得妨碍起吊工作。

（4）由电气人员拆除端子盒内的电缆接头，热工人员从电动机的法兰上拆除温度监测装置。

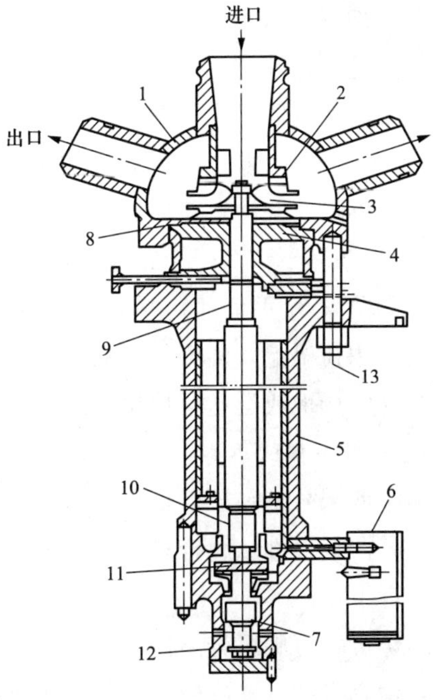

图6-17 炉水循环泵剖面示意图
1—泵壳；2—扩压管；3—叶轮；4—隔热体；5—电动机；6—接线盒；7—磁性过滤器；8—中间板；9—上部径向轴承；10—下部径向轴承；11—推力板；12—分离器；13—主螺栓

（5）在需拆除的法兰相应部位打钢印作为拆装标记，将高、低压冷却水管和流量监控器一起拆下，再拆卸充水、排水法兰，并用打包布卷堵好法兰口，包好法兰密封面。

（6）拆除电动机与高压冷却器的连接装配管，管口用干净的打包布卷堵好、包严，吊下高压冷却器，运至零米宽敞平坦处，用枕木垫好水平放置。

（7）将泵下法兰的圆周上均分4～6点，用内径千分尺测出法兰间距，精确度要求在0.02mm，并做好方位、数量的记录，以备回装。

（8）清理泵的出入口端盖的连接螺栓外露部分锈蚀及杂物并适量喷入松动剂，螺栓、螺母打好钢印排号，以备回装时对号使用。

（9）在炉水循环泵前后方向（泵壳体设计的起吊点）的上方可设置的起吊点上各悬挂一根ϕ19mm(3/4英寸)，长度10m的钢丝锁扣配挂10t手动葫芦，在壳体的起吊位置上拧入10t的吊环与10t手动葫芦挂好，注意有一定松弛量，且前后的松弛量应近似。

（10）分两次拆卸螺母，每次间隔插入加热棒，拧紧螺纹塞进行加热，至260～280℃后，切断电源，戴好防烫手套，用专用扳手松下螺母至螺栓端面齐平（注意用测温仪监视其温度不可超过300℃，加热时间不可超过1h）。

（11）待上述8个螺栓温度降至室温后，再按上述工艺将其余8个螺母拧下，拧松该8个螺母时应均匀，缓慢交替进行，因此时泵体会下降，在下降过程中应保持泵体的垂直。

（12）拆卸加热棒及其电源（厂家规定每个螺栓只准加热一次至280℃），此时倘若泵体下降，可均匀放松两个10t手动葫芦直至泵体与出入口端盖脱开，若泵体不下降是由于长期运行环境下锈蚀物、灰尘的卡涩。可用4～6个烤把迅速地加热泵出入口的法兰周围，使其膨胀，促使泵体下降，禁止用千斤顶或其他方法强行拔出，以防损伤导向部位。

(13) 松下全部16个螺母后，放松两台10t手动葫芦（注意泵下方的平台，若影响泵体下降时应拆除，并注意不要碰其他设备、管路等）。

(14) 当泵体下法兰降至距零米地面2m高时，在泵体下法兰孔里锁上两根ϕ19mm的钢丝锁扣和两只5t手动葫芦吊住下法兰，放松上部的10t手动葫芦，使泵体呈水平状态时，放到专用托架上，两侧垫稳后勿碰撞端子盒，拆下上下起吊的手动葫芦，用液压平板拖车运至检修场地或运送至检修单位。

2. 过滤器组件的拆卸、检修、清洗及质量要求

用钢印或记号笔在压盖螺母及法兰上打上记号，旋下螺母，卸下盖板，拆下内六角螺栓。将分离器插入件从止推轴承外壳抽出来，拆下过滤器两个锁紧螺母，将细孔过滤网和磁棒一起拆下来。

拆卸螺母，将旋风分离器和粗过滤网一起拆下来，用清洗剂将拆下的过滤网、磁棒清洗干净，检查过滤网、磁棒应完整，无破损，否则更换。分离器壳体内部用水冲洗干净。

按照拆卸相反顺序进行安装，将过滤器组件回装入止推壳体，用内六角螺栓固定；清洁法兰面，更换新的O形圈，对准下法兰的记号，将法兰盖就位；将螺栓上的螺纹涂上一层铅粉或硅脂，装上螺母，用手拧紧；用力矩扳手将8个螺栓对称，4个一组，依次对称分别拧紧，紧固至规定力矩。

3. 高压冷却器和冲洗水冷却器解体检修、冲洗、安装及质量要求

用钢印在螺栓及法兰上打上记号，拆除高压冷却器上下两侧端盖的法兰、连接螺栓，并取下上下端盖。抽出冷却水管，冲洗干净，检查冷却水管焊接部位有无腐蚀及裂纹。如发现异常，送到金属检验部门进行着色检查，根据情况采取修复措施。对上下两侧端盖内部检查清扫，法兰部位应平整，无凹痕、裂纹等缺陷，对壳侧内壁进行清洗，并涂上防锈涂料。

按拆卸的相反顺序进行回装：对密封垫圈必须进行检查，若有损伤，则需更换。安装好后必要时须对高压冷却器及冲洗水冷却器进行水压试验（高压侧试验压力32.63MPa，时间5min）。对冷却水的要求见表6-5和表6-6。

表6-5　　炉水循环泵高压冷却水的水质要求表

名称	单位	设计参数
悬浮物	mg/L	<0.25
推荐进水温度	℃	21～50

表6-6　　炉水循环泵低压冷却水的水质要求表

名称	单位	设计参数
入口温度	℃	30～37
出口温度	℃	43.7

续表

名称	单位	设计参数
流量	m^3/h	—
压力	MPa	0.2～0.3
隔热体冷却水流量	m^3/h	2
悬浮物	mg/L	<5
pH 值		9.5
电动机用冷却水流量	m^3/h	10

4. 炉水泵的回装

(1) 回装前应好下列准备工作。

各管路回前应将泵体内保护液排出后，并将管路、泵体各处的法兰端面进行检查与修整。其法兰密封面不得有锈蚀和放射性沟道，表面粗糙度不得大于 6.3μm，残留的垫片、杂物必须清理干净。

每段管路应先用压缩空气吹扫干净，然后再用净化的除盐水进行冲洗，冲洗水质要符合厂家要求，标准见表 6-7。

表 6-7　　冲洗水质标准

名称	单位	设计参数
悬浮物	mg/L	<0.25
推荐温度	℃	21～50

冲洗前管路不能与电动机及泵的隔热体连接，待水冲洗达到上述表要求后，再与电动机及隔热体连接，进行注水工作。

经修整后的各个法兰，若暂时不能回装时，应用干净的打包布卷堵严法兰口及包严法兰面，防止进入杂物和损伤密封面。在拆卸中若泵入口大法兰螺栓有松动时应恢复原位。

用拆卸时所设置起吊工具对泵体进行吊装工作，起吊应具有一定经验的专业起重人员担任总指挥，并将起吊现场通道设围栏，断绝交通，设立监护人。

按厂家提供的垫片配装表，准备好垫片，并检查是否平整，尺寸是否合适，密封面有无划伤。

所设起吊装置及起吊点的载荷能力不得小于 10t，并能满足起吊高度的需要。吊装质量应根据厂家提供的各部件的质量表，匹配使用钢丝索扣，并由专业起重人员负责指挥与选配起吊器材。

(2) 泵体的回装。

当泵体即将进入连接螺栓时，应加好专用绕型垫圈 [ϕ620mm(外径)×ϕ587mm(内径)×4.7mm(厚)]，然后再垂直起吊，按原作标记进入泵的入口法兰直至接触，用手直接将 16 个 (M75×2) 螺母拧入连接螺栓 (螺栓涂一层油溶铅粉)，测量圆周上不少于 8 点初始法兰间距，并尽可能调整使其间距相等，为了确定初始拧紧位置，在组装前，在泵壳体和泵体上下法兰圆周等分 4 点，测量出各部件间的尺寸 B、C、D、T，见图 6-18。其中

T 为绕型垫圈的厚度。然后按下式计算出法兰之间的初始距离 A：

$$A = C + T - (B + D) \tag{6-1}$$

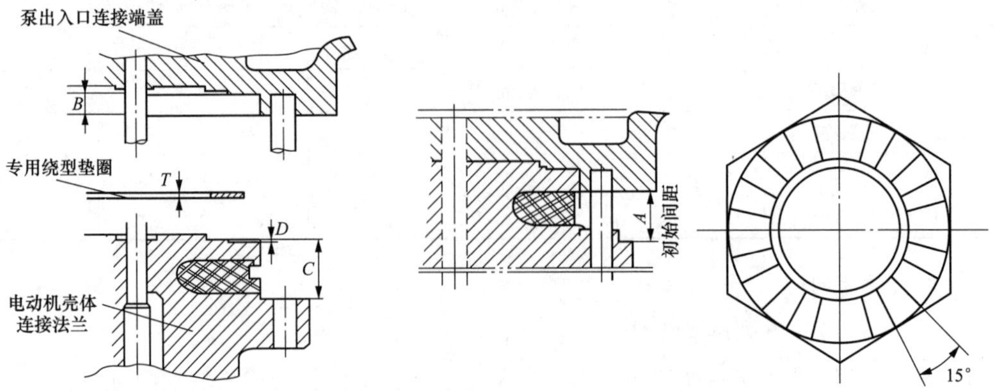

图 6-18　泵壳体和泵体上下法兰初始距离

在确认 A 值合格后，在每个螺母与泵出、入口法兰做好热紧前的初始位置。

间隔拧入 8 个加热棒（双头螺柱孔中），拧紧螺纹塞，连接电缆至加热电源箱，加热至 170～200℃，只拧 17 个分度即可（由初始位置转动 255°），加热过程中，螺栓表面温度不得超过 300℃，加热最长时间不得超过 1h。

断开该 8 个加热棒电源，待螺栓温度降到室温后，再接通余下的 8 个双头螺柱的加热棒电源，在达到 260～280℃后拧过 35 个分刻度即可（转动 525°）。

断开上述 8 个加热棒电源，再接通第一组 8 个加热棒电源，加热至 260～280℃，分别拧紧螺母 18 个分刻度（总计达到 35 个分刻度即可）。

拆下螺栓加热装置，卸下炉水循环泵壳体的起吊装置，回装高、低压冷却装置及管路。对密封垫圈有损伤或有缺陷的应进行更换。

由电气、热工人员装复电缆接头和温度监测装置。拆除所有手动葫芦、起吊点、脚手架、平台和安全围栏，并将现场清理干净，设备擦拭干净，复装各截门、设备上的标志牌。

（3）安全措施。

所有参加起吊的工作人员必须戴好安全帽，系好安全带和准备好必要的工器具。

手动葫芦、吊索、卡环等起重工具，使用前必须详细检查是否有滑链、断丝、裂纹、变形等缺陷，发现有缺陷的工具应严禁使用。回装时，应按原安装位置装复，不得私自调整。

起吊工作应由具有一定经验的工作人员担任总指挥，所有参加起吊的工作人员，必须服从命令，听从指挥，不得擅自行动或脱岗。

起吊现场应有充足的照明，起吊前应由起吊总指挥再次检查一遍，确定各起重吊点是否合格，并能承载起吊质量。

起吊现场应拉设明显的警戒线，并设专人监督，防止其他人误入，非参加起吊的其他人员禁止入内通过。

（三）炉水循环泵检修后的质量标准

泵组与高压冷却器及管子组装后，确保法兰之间的垫圈正确位置，立即注入清洁的冷却水，并且要完全关闭电动机的放水门、汽水门、高压冷却器排水门。

泵组的试运质量验收。上下轴承垂直、水平两个方向振动值小于 0.06mm；高压冷却水温度小于或等于 60℃，隔热体冷却水出口温度小于或等于 45℃，高压冷却器低压冷却水出口温度小于或等于 41.5℃；泵组的上下法兰冷却水管无泄漏；运转中的泵组无异音。

炉水泵安装时各处紧固力矩见表 6-8。炉水泵各零部件编号如图 6-19 所示。根据零部件号查表 6-8 中的紧固力矩。

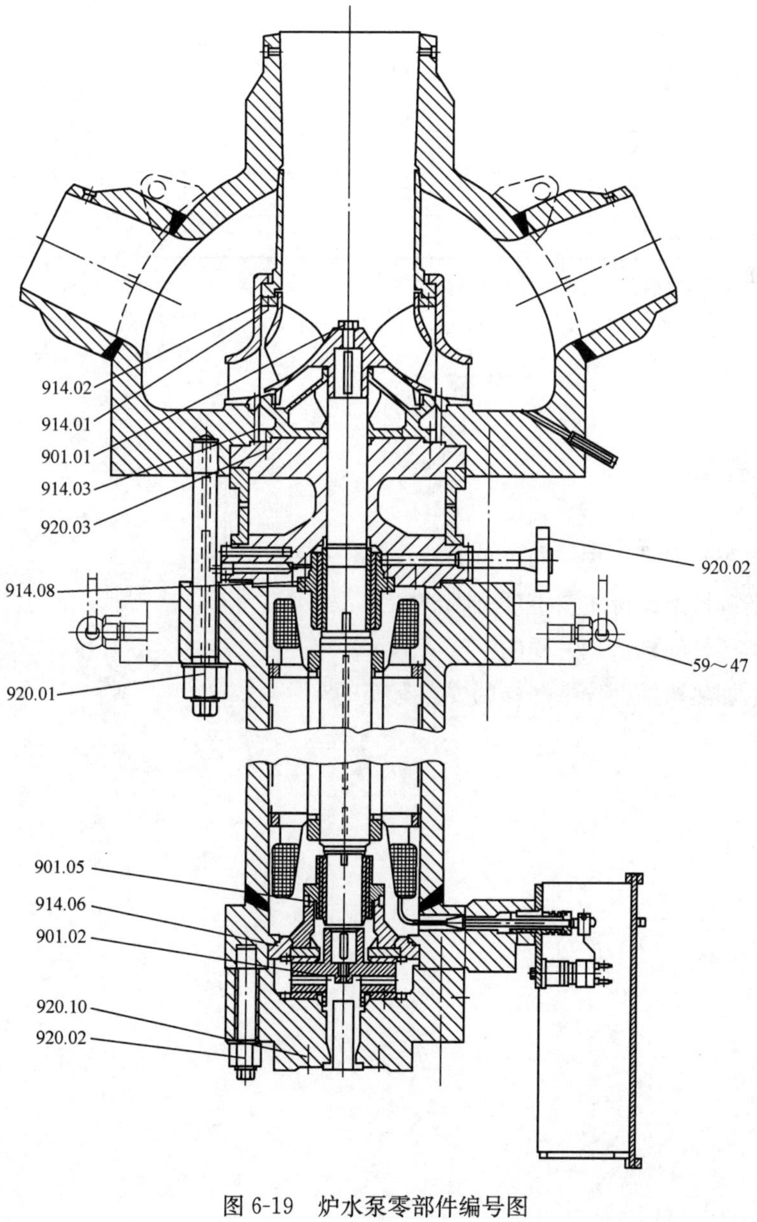

图 6-19　炉水泵零部件编号图

表 6-8　　炉水泵安装时各处紧固力矩表

零件号	说明	平面宽度（mm）	材料	紧固力矩（N·m）
加压固定螺栓				
920.01	螺母　BM　75×2	105	SA194M　Gr7	35　SKT*
920.02	螺母　BM　56×2	85	SA194M　Gr7	8　SKT*
920.10	螺母　1　1/8-7UNC	46	SA194M　Gr7	430
920.11	螺母　1-8UNC	42	SA194M　Gr7	285
加力固定螺栓				
59～47	托架	95	—	—
901.1	六角头螺栓 M30×130	46	1.677 2	600
901.2	六角头螺栓 M30×160	46	1.677 2	1000
914.08	六角头螺栓 M16×80	24	5.6	80
914.07	六角头螺栓 M12×90	18	8.8	80
914.01/.02	内六角螺钉 M16	14	C3-80	210
914.04	内六角螺钉 M10	14	8.8	49
914.06	内六角螺钉 M16	8	8.8	210

注　1. 拧下螺栓所需要的力矩比紧固力矩要高 20%。

2. 在给出的紧固力矩的基础上选择力矩扳手，紧固螺母时不要超过上面所指示的刻度数。

*　SKT=刻度。

思考题

1. 蒸汽吹灰器和声波吹灰器各自的特点是什么？
2. 中央空调机组运行注意事项有哪些？
3. 炉水循环泵的构造是怎样的？
4. 使用电加热棒辅助拧主螺栓的要点有哪些？

第七章

锅炉安全管理和技术监控

第一节 锅炉安全监督

一、锅炉安全监督法律法规

电站锅炉是依法需要特殊管理的特种设备，与生活锅炉有本质的区别。《中华人民共和国安全生产法（2002)》作出了明确的规定，大容量蒸汽锅炉和压力容器、压力管道是强制监管的生产设备。

国务院《特种设备安全监察条例（2003)》（以下简称《条例》）同时规定，锅炉指的是利用各种燃料、电或者其他能源，将所盛装的液体加热到一定的参数，并承载一定压力的密闭设备，其范围规定为容积大于或等于 30L 的承压蒸汽锅炉；出口水压大于或等于 0.1MPa（表压），且额定功率大于或等于 0.1MW 的承压热水锅炉；有机热载体锅炉。

压力容器是指盛装气体或者液体，承载一定压力的密闭设备，其范围规定为是最高工作压力大于或等于 0.1MPa（表压），且压力与容积的乘积大于或等于 2.5MPa·L 的气体、液化气体和最高工作温度高于或等于标准沸点的固定式容器和移动容器。

压力管道是指利用一定的压力，用于输送气体或者液体的管状设备，其范围规定为最高工作压力大于或者等于 0.1MPa（表压）的气体、液化气体、蒸汽介质或者可燃、易爆、有毒、有腐蚀性、最高工作温度高于或者等于标准沸点的液体介质，且公称直径大于 25mm 的管道。

《条例》对特种设备的生产、使用、检验、监督等环节做了具体的要求，对违规后的法律责任作出了明确规定。

国家电力公司颁发的《电力锅炉压力容器安全监督管理工作规定》从行业管理角度，对全生产流程要素制定了监管细则，明确各生产和监管主体应具备的组织机构、从业人员等要素。

锅炉安全管理涉及的技术监控项目包括：化学监督（水和油）、金属监督、节能监督、压力容器和承压部件监督、转动机械振动管理、特种设备管理等几个方面，其中以化学监督、金属监督、压力容器监督最为重要，直接关系锅炉的安全运行。

二、锅炉强制检验

（一）基本要求

锅炉、压力容器及汽水管道应按照 DL/T 612、DL/T 647 及有关规程要求进行检验。

进口锅炉、压力容器及汽水管道的监造与检验应按合同约定进行。锅炉、压力容器及汽水管道检验工作应纳入安装、设备检修计划。未经检验合格的锅炉、压力容器及汽水管道不准安装和投入运行。锅炉、压力容器检验单位应具有与检验项目相应的检验资质。

1. 锅炉、压力容器及汽水管道的检验

（1）锅炉、压力容器及汽水管道产品安装前安全性能检验。

（2）锅炉、压力容器及汽水管道安装质量检验。

（3）在役锅炉、压力容器定期检验。

（4）在役汽水管道及支吊架检验。

2. 安全性能检验

锅炉、压力容器及汽水管道安装前，应依照 DL/T 647 的要求，进行锅炉、压力容器及汽水管道安全性能检验。锅炉汽包、联箱、汽水管道、大板梁等不易运输和返修的部件宜到制造厂检验。

3. 安装质量检验

锅炉、压力容器及汽水管道安装过程中，安装单位应对设备安装质量进行自检。检验内容及要求按 DL/T 5190.2、DL/T 5190.5 执行。

锅炉安装过程中，应按 TSGG0001 规定，进行锅炉安装监督检验。

锅炉、压力容器及汽水管道安装过程中，在进行锅炉安装监督检验基础上，可按 DL/T 647 的要求，增加必要的安装质量监督检验项目。

4. 在役锅炉定期检验

锅炉定期检验包括运行状态下的外部检验、停炉状态下的内部检验和水压试验。

在役锅炉定期检验的周期：外部检验，每年不少于一次；内部检验，结合锅炉检修进行，一般每 3～6 年进行一次；新装锅炉投产一年左右，应结合首次 A 或 B 级检修，进行首次内部检验。

5. 水压试验

对锅炉安全状况有怀疑或锅炉检修需要时，应进行水压试验。

遇有下列情况之一时，应进行内、外部检验和水压试验。

（1）停用一年以上的锅炉恢复运行时。

（2）锅炉严重超压达 1.25 倍工作压力及以上时。

（3）锅炉严重缺水、爆燃等事故引起受热面大面积变形时。

（4）根据运行情况，对设备安全可靠性有怀疑时。

（二）锅炉外部检验的主要内容

（1）锅炉各项管理制度执行情况。

（2）锅炉安全设施。

（3）锅炉运转情况。

（4）锅炉炉墙、密封、保温情况。

（5）锅炉汽水管道、连接管道保温情况。

（6）锅炉本体、汽水管道悬吊装置。

（7）锅炉各种阀门密封情况。

（8）锅炉承重构件。

（9）锅炉本体、汽水管道膨胀状况及膨胀指示器。

（10）锅炉管道布置情况。

（11）安全附件、测量装置、安全保护装置。

（12）设备、阀门铭牌，管道标记。

（13）运行人员资格。

（三）锅炉内部检验主要内容

（1）锅炉运行记录。

（2）汽包、外置式启动分离器。

（3）联箱、减温器、内置式启动分离器。

（4）锅炉连接管道。

（5）各部受热面管子及定位装置。

（6）汽水管道及阀门。

（7）安全附件、保护装置。

（8）锅炉炉顶密封。

（9）炉内受热面、联箱膨胀情况。

（10）承重构件、支吊架。

（11）奥氏体钢受热面管子氧化皮脱落堆积情况。

（12）超临界锅炉水冷壁下联箱节流装置。

（四）检验前的准备

（1）检验单位应审查锅炉技术资料和检修、运行记录，并制定检验方案。

（2）被检单位应做好系统隔绝、安全防护设施、被检部件保温拆除及打磨等准备工作，并根据检验需求予以相应配合。

检验结束后，检验单位应根据检验情况和相关规程，对被检锅炉做出安全状况评定及结论，并出具检验报告。

（五）水压试验应具备的条件

（1）汽包、联箱门孔封闭严密，解列不参加水压试验的部件。

（2）需要重点检查的部位，保温已拆除。

（3）超压水压试验应采取避免安全阀开启的措施。

（4）使用两块压力表，压力表精度不低于1.6级。

1. 水压试验压力

（1）工作压力水压试验的压力可按锅炉实际工作压力确定。

（2）锅炉超压试验的压力，按制造厂规定执行。制造厂没有规定时，按照汽包锅炉本体（不包括再热器）1.25倍锅炉汽包工作压力；直流锅炉本体（不包括再热器）过热器出口工作压力的1.25倍且不得小于省煤器工作压力的1.1倍；再热器1.50倍再热器入口工作压力。

2. 水压试验过程应符合的要求

(1) 工作压力水压试验时，水压应缓慢升降。当水压上升到工作压力后，停止升压，保持压力，检查有无漏泄或异常现象。

(2) 锅炉进行超压试验时，水压应缓慢地升降。当水压上升到工作压力时，应暂停升压，检查无漏泄或异常现象后，再升到超压试验压力。在超压试验压力下保持 20min，降到工作压力，再进行检查。

(3) 水压试验时，环境温度不低于 5℃。环境温度低于 5℃时，应有防冻措施。水压试验水温按制造厂规定的数值控制，一般以 30～70℃为宜。

(4) 水压试验用水应符合规程规定。

(5) 保压期间压力下降值应符合 TSGG0001 规定。

3. 水压试验合格标准

(1) 承压部件无漏水、湿润现象。

(2) 承压部件无明显残余变形。

(六) 汽水管道及支吊架检验

主蒸汽管、再热蒸汽管和主给水管及其附件应定期检验。检验内容和要求及部件更换按 DL/T 647 和 DL/T 438 执行。

主蒸汽管道、再热蒸汽管道和主给水管道及高低压旁路等管道的支吊架应定期检查调整。检查内容和要求及部件维修调整按 DL/T 616 执行。

(七) 在用压力容器检验

在用压力容器检验包括运行状态下的年度检查、停机状态下的定期检验和耐压试验。

在用压力容器年度检查可由使用单位专业人员进行，也可委托特种设备综合检验机构进行。

压力容器每年应进行一次年度检查。检查内容应包括压力容器安全管理情况、压力容器本体及运行情况和压力容器安全附件。检查中发现的安全隐患应及时消除。

压力容器应根据安全状况等级和检验周期进行定期检验：

(1) 安全状况等级为 1、2 级的，一般 6 年检验一次。

(2) 安全状况等级为 3 级的，一般 3～6 年检验一次。

(3) 安全状况等级为 4 级的，应监控使用，其检验周期由检验机构确定，累计监控使用时间不得超过 3 年。

(4) 安全状况等级为 5 级的，应对缺陷进行处理，否则不得继续使用。

(5) 压力容器安全状况等级按照 TSG21 评定，符合其规定条件的，可适当缩短或延长检验周期。

新装压力容器投用 3 年内应进行首次定期检验。

压力容器定期检验以宏观检查、壁厚测定、表面无损检测为主，必要时可采用超声、射线、硬度、金相等检验方法。

使用或检验过程中，对压力容器安全状况有怀疑时，应进行耐压试验。

第二节　锅炉设备金属监督

一、基本要求

锅炉、压力容器及汽水管道受压元件材料、承重构件材料及其焊接材料应符合国家、行业及团体相关标准的规定。

锅炉、压力容器及汽水管道受压元件材料、承重构件材料及其焊接材料的选择，应根据部件的应力状态、服役温度、介质腐蚀特性等服役条件和预期的安全服役寿命，综合考虑材料的力学性能、抗腐蚀性能、工艺性能、金相组织和经济性确定。

锅炉、压力容器及汽水管道受压元件材料、承重构件材料及其焊接材料，应有产品合格证和质量证明书。进口材料应有质量证明书及商检合格的文件。质量证明书应包括下列信息：

（1）基本信息：制造商、材料牌号、检验签字和合格章。

（2）制作工艺信息：冶炼方法、加工工艺、焊接工艺（如适用）、热处理工艺。

（3）成分和性能检验信息：化学成分、力学性能、金相组织、无损检测结果等资料。

应用于600℃参数以上锅炉承压部件的新型材料，根据使用单位需要，制造单位还应向用户提供蒸汽侧氧化性能、烟气侧腐蚀性能数据。

锅炉及管道用金属材料入厂复验按 JB/T 3375 执行，压力容器用金属材料入厂复验按 TSG21 执行。合金钢材料在安装及修理改造使用时，应进行光谱复验。高合金材料宜采用直读光谱仪进行成分复验。

（一）材料选用

锅炉、压力容器及汽水管道用钢板、钢管、锻件、铸钢件、紧固件和焊接材料应符合 JB/T 3375 及 TSGG0001、TSG21 及 DL/T 715 的规定。

锅炉高温受热面管材料应满足抗蒸汽氧化性能要求，根据部件服役壁温，按 DL/T 715 选择。

设计出口介质温度为 566℃及以上的锅炉使用的 18Cr8Ni 等级的奥氏体钢高温段受热面管，宜采用细晶钢或采用内壁喷丸等工艺措施以提高抗蒸汽氧化性能。

（二）材料代用

锅炉、压力容器及汽水管道中主要承压部件在制造、安装时使用代用材料，应征得原设计单位和使用单位的同意，同时办理设计变更通知书，并书面通知使用单位。使用代用材料时应有充分的技术依据，并符合下列规定：

（1）代用材料的化学成分宜与原材料相近，其力学性能、组织性能、化学性能略优于原材料。

（2）按代用材料制定焊接工艺和热处理工艺。

（3）若代用材料工艺性能不同于设计材料，应经工艺试验验证后方可使用。

（4）代用材料几何尺寸发生变化时，应进行强度校核。

(5) 锅炉、压力容器及汽水管道检修中使用代用材料时，应征得锅监师的同意，并经企业总工程师批准。所使用的代用材料性能应略优于原设计材料。

(6) 应做好材料代用的记录、归档工作，设计变更通知书应包含下列内容：

1) 代用材料的化学成分、常温力学性能、高温力学性能、金相组织、抗腐蚀性能；

2) 代用材料的加工工艺、焊接工艺、热处理工艺；

3) 代用后的热力计算对比、强度校核对比。

(三) 国外材料的使用

使用国外牌号金属材料时，性能指标应符合相应的国外技术标准及订货技术条件，同时应满足相应的国家标准、行业标准、团体标准或企业标准。

首次将国外牌号的金属材料用于电站锅炉、压力容器及汽水管道时，应按照国内相应的技术标准进行性能试验，并经过工程试用验证，满足技术条件要求后方可使用。

(四) 材料及制品的管理

物资供应部门、各级仓库、车间和工地应有金属材料及制品的保管、使用、验收和领用等管理制度。

金属材料及制品应按材料牌号和规格分类存放，并挂牌明示。库存材料应有便于识别的标记，切割下料前应做标记移植。

保管制度应根据气候条件、周围环境和存放时间确定，防止金属材料及制品变形、腐蚀和损伤。经长期贮存后再使用的金属材料及制品，应检查和分析腐蚀状况。

奥氏体钢部件运输、存放、保管、使用应符合下列规定：

(1) 单独存放，严禁与碳钢或其他合金钢管混放接触。

(2) 运输及存放应避免使材料遭受盐、酸及其他化学物质的腐蚀，避免雨淋，尤其是沿海及有此类介质环境的地区。

(3) 存放中不允许接触地面，管子端部应封堵。防锈、防蚀应按 DL/T 855 执行。

(4) 吊运过程中不允许直接接触钢丝绳，不应有敲击、碰撞、弯曲、擦伤。

(5) 对于不锈钢，打磨时应使用专用砂轮片。

(6) 禁止在表面打钢印；如采用记号笔标记，记号笔颜料中应不含氯离子或硫化物。

(7) 应定期检查备件的存放及表面质量状况。

二、承压元件焊接

(一) 基本要求

受压元件施焊前应按 DL/T 868 或 NB/T 47014 进行焊接工艺评定，并依据批准的焊接工艺评定报告，制定焊接作业指导书。下列接头应进行焊接工艺评定：

(1) 受压元件的对接焊接接头。

(2) 受压元件的角接焊接接头。

(3) 受压元件与承载的非受压元件之间的 T 形接头。

焊接设备、热处理设备及仪表应定期检查，需要计量校验的部分应在校验有效期内使用。受压元件的焊接质量应按 DL/T 869 要求和有关规定进行检验。受压元件的焊接应做好验收记录和可追溯性过程记录。

（二）焊接材料

焊接材料（包括焊条、焊丝、钨棒、氩气、氧气、乙炔气、焊剂等）的质量应符合国家标准、行业标准或有关专业标准。焊条、焊丝应有制造厂的质量合格证书，并经验收合格方能使用。承压设备用焊接材料应符合 NB/T 47018 的规定，凡对质量有怀疑时，应按批号复验。

焊接材料的选用应根据母材的化学成分和力学性能、焊接材料的工艺性能、焊接接头的设计要求和使用性能等统筹考虑。

（三）焊接工艺

受压元件的焊接工艺和焊接接头焊后热处理工艺，应按 DL/T 869、DL/T 752 和 DL/T 819的规定执行。制造厂内的焊接及热处理可按 GB/T 16507.5 执行。

除设计规定的冷拉焊口外，焊件装配时不允许强力对正。焊接和焊后热处理时，焊件应可靠固定，禁止悬空或受外力作用。安装冷拉焊口使用的冷拉工具，应待整个焊口焊完并热处理完毕后方可拆除。

对于工作压力不小于 8MPa 的受压元件，其管子或管件的对接接头、全焊透管座的角接接头，应采用氩弧焊打底电焊盖面工艺或全氩弧焊。

对于需要作焊后热处理的受压元件、部件，应在最终热处理前完成全部焊接和校正工作。

对焊后有产生延迟裂纹倾向的钢种，应按焊接工艺评定确定的工艺，及时进行焊后热处理。

现场焊接 9%～12%Cr 马氏体耐热钢、奥氏体耐热钢及镍基合金等的特殊要求按 DL/T 869执行。

钢结构的焊接，按照 DL/T 678 或 NB/T 47043 执行。

（四）受压元件缺陷的焊补

受压元件缺陷的焊补包括局部缺陷焊补和焊缝局部缺陷的挖补，应符合下列要求：

（1）分析确认缺陷产生的原因，制定可行的焊接技术方案。锅炉汽包的焊补按 DL/T 734 执行。

（2）焊补前应按焊接技术方案进行焊补工艺评定。

（3）宜采用机械方法消除缺陷，并在焊补前进行无损检测，确认缺陷已彻底消除。

（4）焊补前应按焊接工艺评定结果进行模拟练习。

（5）缺陷焊补前后的检验报告、焊接工艺资料等应存档。

（6）受压元件因应力腐蚀、蠕变和疲劳等产生的大面积损伤不宜用焊补方法处理。

（7）受压元件及其焊缝缺陷焊补后，应进行 100%的无损检测，必要时进行金相检验、硬度检验和残余应力测定。

（8）受压元件焊补后的热处理宜采用整体热处理。采用局部热处理时，应整段加热，同时要控制周向和壁厚方向的温度梯度。

（9）同一位置的挖补次数不宜超过 3 次，耐热钢不应超过 2 次。

（五）焊接检验与质量标准

受压元件的焊接质量检验包括下列项目：

（1）外观检查、检查项目和质量标准按 DL/T 869 执行；

（2）无损检测、检测工艺及质量分级按 NB/T 47013、DL/T 820 和 DL/T 821 等相关标准执行；

（3）现场金相检验按 DL/T 884 执行；

（4）硬度检查时，根据不同的检验方法，应满足相应的技术标准要求；

（5）合金钢焊缝光谱复查按照 DL/T 991 执行；

（6）钢结构的验收按照 DL/T 678 或 NB/T 47043 执行。

受压元件焊接接头的分类方法、各类别焊接接头的检验项目和抽检比例及质量标准，按 DL/T 869 和 DL/T 5210.7 执行。

（六）受压元件不合格焊口的处理原则

（1）外观检查不合格的焊缝，不允许进行其他项目检查，但可修补。

（2）无损检测不合格的焊缝，除对不合格的焊缝返修外，在同一批焊缝中应加倍抽查。

（3）若仍有不合格者，则该批焊缝以不合格论，应查明原因后返工。

（4）焊接接头热处理后的硬度超过规定值时，应按班次加倍复查。当加倍复查仍有不合格时，应进行 100%的复查，并在查明原因后对不合格接头重新热处理。

（5）合金钢焊缝光谱复查发现错用焊条、焊丝时，应对当班焊接的焊缝进行 100%复查。错用焊条、焊丝的焊缝应全部返工。

第三节 锅炉用钢基础知识

一、钢的定义及分类

（一）钢的定义

钢是以生铁为主要原料冶炼而成的铁碳合金。在炼钢时以氧脱碳，使生铁中含碳量降低，同时尽可能地除去有害杂质，并添某些有益合金元素。所以钢是以铁元素为基本成分，除主要含碳元素以外，还含有少量的其他化学元素。

通常把含碳量小于 2.11%的铁碳合金定义为钢。对任何一种钢，它都含有锰、硅、硫、磷 4 种元素，这是由于冶炼中对铁水提纯达不到完全的程度所造成的。硫、磷是矿石中的杂质成分，是冶炼先天带有的，锰、硅是冶炼中添加的合金剂而存留下来的。

碳、锰、硅、硫、磷为钢中的常存元素。一般情况下，锰、硅利于钢的性能，为有益元素；硫、磷不利钢的性能，为有害元素，或杂质元素。

炼钢时，为达到一定性能要求，人为地添加一定含量合金元素，就会派生出各种不同类型的合金钢。

（二）钢的分类

钢的分类方法很多，无统一标准。按钢中化学成分不同，钢分为碳素钢和合金钢两大类。

1. 碳素钢的分类

碳素钢含锰量≤0.9%，含硅量≤0.4%。

(1) 按含碳量分类。

1) 低碳钢。含碳量≤0.25%。

2) 中碳钢。含碳量>0.25%～0.60%。

3) 高碳钢。含碳量>0.6%。

(2) 按冶炼方法分类。工业用钢分为平炉钢、转炉钢和电炉钢3类。每类钢按炉衬的不同分为碱性和酸性两种。根据炼钢脱氧程度不同，又分为沸腾钢、镇静钢和半镇静钢。镇静钢为完全脱氧钢，沸腾钢为不完全脱氧钢。在钢的品质上镇静钢优于半镇静钢，半镇静钢优于沸腾钢。

(3) 按品质分类。品质指钢中含硫、磷杂质元素的多少，一般分为4种：

1) 普通碳素钢。硫≤0.055%，磷≤0.045%。

2) 优质碳素钢。硫≤0.045%，磷≤0.040%。

3) 高级优质碳素钢。硫≤0.030%，磷≤0.035%。

4) 特级优质碳素钢。硫≤0.0250，磷≤0.025%。

(4) 按用途分类。主要分为结构钢和工具钢两类。

2. 合金钢分类

合金钢分类有4种方法。

(1) 按钢中所含合金总量分类：

1) 低合金钢。合金元素总量≤5%。

2) 中合金钢。合金元素总量>5%～10%。

3) 高合金钢。合金元素总量>10%。

(2) 按用途分类。分为合金结构钢、合金工具钢和特殊用途钢。特殊用途钢如不锈钢、耐热钢等。

(3) 按钢的供货状态分类。分为热轧钢、正火钢和调质钢3种。

(4) 按钢的显微组织分类。按钢在正火状态下的显微组织分为珠光体钢、奥氏体钢、马氏体钢和贝氏体钢。

二、钢号的表示方法

钢号是表示具有一定化学成分或一定性能用途钢的名称代号。因钢的种类繁多，必须用统一的编号方法予以表示，以便人们识别和使用。

(一) 普通碳素钢牌号

普通碳素钢的牌号由代表屈服点的字母“Q”、屈服点强度值、质量等级和脱氧方法4部分组成。

例如：Q235-A. F钢的含义是屈服强度为235MPa、质量等级为A的沸腾钢。Q255-B钢的含义是屈服强度为255MPa、质量等级为B的镇静钢。

（二）优质碳素钢牌号

优质碳素钢的钢号基本是用两位阿拉伯数字表示的。这两位数字是钢中平均含碳量的万分之几的“几”。如 20 钢，其含义是该钢的平均含碳量为 20/10000＝0.20％的优质碳素钢。

在上述表示中还有如下规定：

（1）对含锰量较高的优质碳素钢，在含碳量数字后面加注“Mn”符号。如含碳量为 0.12％～0.18％、含锰量为 0.76％～1.00％的钢号表示成 15Mn。

（2）在表示含碳量数字后面加注“F”或“b”，其含义与普通碳素钢表示法相同。

（3）在表示含碳量的数字后面加注用途字母则表示专用钢。如 15G，G 表示锅炉用钢；20R，R 表示压力容器用钢。

（4）在表示含碳量数字前面冠以字母符号的，当加有“H”的表示焊条焊芯用钢，加有“ZG”表示铸造钢。如 H08、H08Mn 等牌号钢即是焊条钢芯或焊丝专用钢，ZG20、ZG35 即是铸造钢。

（5）在表示含碳量数字或牌号尾部加有“A”符号的钢则表示为高级优质钢；加有“E”者则表示特级优质钢。

（三）碳素工具钢牌号

（1）用“T”和随后的数字表示钢号。T 表示碳素工具钢、数字表示该钢中平均含碳量的千分数。如 T10 钢其意义是平均含碳量为 10/1000＝1％的碳素工具钢。

（2）含锰量较高的碳素工具钢在表示含碳量数字后面常加注”Mn”，如 T8Mn。

（3）在钢号末尾有“A”符号，则表示该钢属于高级优质钢。

（四）合金钢牌号

合金钢的牌号主要有两个部分：一是开头部分，表示钢的平均含碳量；二是随后部分，表示钢中所含各主要合金元素及其含量。其表示方法原则如下：

（1）一般用两位数字表示含碳量　这两位数字是钢中平均含碳量的万分数。对高速钢、磁钢等高合金钢含碳量不予标出，对不锈钢仅以“00”“0”“1”表示含碳量的高低类型。“00”为超低碳，其碳平均含量≤0.04％；“0”为低碳型，其碳平均含量≤0.08％；“1”“2”等为含碳量较高，是以千分数表示。对合金工具钢平均含碳量大于或等于 1％时，含碳量不予标出；当含碳量小于 1％时，以千分数标出。

（2）合金元素是用国际化学元素符号表示　钢中各主要合金元素以含量多少排列，含量高的在前，低的在后，而且各个合金元素的平均含量值原则上以百分数标注在本身符号之后。如：不锈钢 1Cr18Ni9Ti 钢号，其平均含碳量为 0.1％、含铬量为 18％、含镍量为 9％、含钛量为 0.5％～0.8％。

（3）当某一合金元素含量上限值超过 1.5％时，则在该元素号后面标出相近的百分数。无有含量标注的，则表示该元素含量的平均值小于 1.5％。

（4）当 2 个钢号的化学成分除某一主要合金元素外，其余都基本相同，而且这一主要合金元素平均含量均小于 1.5％，则在主要合金元素含量较高的钢号中，给该元素后面加注“1”来区别。如 12CrMoV 与 12CrlMoV 就是一例，前者含铬 0.40％～0.60％，后者含铬 0.9%～1.20%，铬量都小于 1.5%。

（5）焊条用钢或磁钢都在钢号前部冠以“H”或“C”字母。高级优质钢在钢号末尾加以“A”。铸造合金钢在钢号最前面加以“ZG”。

（6）合金元素在钢中的平均含量都以整数百分值表示。当大于或等于 1.5%、2.5%、3.5%…时，在合金元素后面是以相应的 2、3、4…表示。

三、钢的基本组织及其热处理

化学成分不同的钢具有不同的性能和内部金属组织，化学成分相同的钢在不同温度下也具有不同的内部组织结构和性能，这是因为钢的性能与化学成分、温度和内部显微组织之间存在着密切的关系。

表示钢在平衡状态下其化学成分、温度和金属内部组织间关系的状态图即为钢的铁碳平衡图。所谓平衡状态是指钢在缓慢加热和缓慢冷却条件下的状态。

（一）钢的基本金属组织

钢随铁（Fe）和碳（C）2 个组元的配比不同，组织结构也有所不同。在常温条件下，内部的基本显微组织有铁素体、奥氏体、渗碳体和珠光体。

铁素体（F）。铁素体是 C 溶于 α-Fe 中的间隙固溶体，常用“F”符号表示。F 属体心立方晶格，室温下溶解 C 量很少，仅为 0.000 8%，最大溶解量在 727℃，为 0.02%。F 的显微特征为光亮的多边形晶粒，与纯铁极为相似，在性能上也接近于纯铁，是一种软而韧的组织，几乎无强度。

奥氏体（A）。奥氏体是 C 溶于 Y-Fe 中的间隙固溶体，常用“A“符号表示。A 属面心立方晶格，溶解碳的能力较大。在 727℃时，溶解量为 0.77%，温度升高后，到 1147℃时达到最大溶解量，为 2.11%。A 的强度和硬度较低，塑性和韧性良好，无磁性。

渗碳体（FeC）。渗碳体是 Fe 和 C 的金属化合物（Fe_3C），含 C 量为 6.67%。渗碳体在钢中是一种硬质相，硬度约为 800HB，因此，它的性能为硬而脆，塑性和韧性几乎为零。一般作为合金的强化相。

珠光体（P）。珠光体是 F 与 Fe_3C 的机械混合物，常以“P”符号表示。P 的含 C 量为 0.77%，室温下用显微镜观察为片状的 Fe_3C 和片状的 F 均匀相间重叠分布在一起。P 具有较高的强度、足够的塑性和韧性，综合力学性能良好。

（二）钢的热处理

利用钢在不同温度下发生组织转变的特性，对钢以预定的速度加热到某一温度，并保温一定时间，然后以一定的冷却方式，使钢的内部组织发生变化，在性能上达到预期要求，这就是钢的热处理。

1. 钢在冷却时的组织转变

在实际生产过程中，钢的热处理冷却过程与铁碳平衡图的冷却过程是不同的。不同的冷却过程得到的最终金属组织亦不相同。一般奥氏体钢（A）在冷却过程中有等温转变和连续转变两种方式。

一种方式是 A 的等温转变。A 的等温转变是指将高温时的 A 冷却到 A1 线以下某一温度保温，使高温 A 过冷，产生金属组织的转变过程。

等温转变温度不同，A 的分解转变产物也不同。对 0.77%的共析钢来说，在 700℃等温转变，产生的 P（球光体）层片较厚，组织较粗大，硬度较低。在 650℃等温转变，产生的 P 层片较薄，组织细密，硬度和强度有所提高，这种细 P 称为索氏体（S）。在 550℃等温转变，产生的 P 层片极薄，这种 P 称为屈氏体（T）。当等温转变温度降低，C 的扩散能力下降，产生过量碳的饱和铁素体与细小的渗碳体，这种金属组织称为贝氏体（B）。B 产生的温度较高（500～400℃）时，此时 B 为上贝氏体；温度较低（230℃左右）时，此时 B 为下贝氏体。上贝氏体硬度、冲击韧性低，下贝氏体具有较高的硬度和良好的韧性。

另一种方式是 A 的连续冷却转变。A 连续冷却转变指将高温 A 连续冷却，使过冷 A 在不同温度下连续冷却的过程。转变的产物往往是多种产物的混合物。当冷却速度小、高温停留时间长时，得到的金属组织是粗大的 P；当冷却速度大时，A 在高温下来不及分解，就会得到低温转变组织（下贝氏体或马氏体）。马氏体（M）是 C 在 α-Fe 中过饱和的固溶体，其硬度和强度很高，塑性很差。

2. 热处理工艺方法

根据热处理目的的不同，通常热处理方法分为退火、正火、淬火与回火工艺等。

（1）退火。

退火工艺是将钢加热到临界点温度以上或以下，规定保温时间以后随炉缓冷，以获得近似平衡状态的金属组织。

根据加热的温度不同，退火工艺有完全退火、不完全退火和消除应力退火。

完全退火。这种方法是将钢加热到临界点 A_{c3}（上临界转变温度）以上，保温一定时间，使钢完全奥氏体化，然后随炉缓慢冷却至室温。其目的主要在于降低钢的硬度，改善钢的切削加工性，消除内应力，细化晶粒。

不完全退火。这种方法是将钢加热到 A_{c1}（下临界转变温度）～A_{cm}（临界转变温度）之间，保温一定时间后使钢的金属组织部分转变为 A，保留一部分 F 和 Fe_3C 不变，然后在炉中冷却。其主要目的是对中、高碳钢热轧件进行球化退火，得到球状珠光体。

消除应力退火。这种方法是将钢加热到 A_{c1} 以下，为 550～650℃，保温后缓冷。其主要目的是去除制件的内部应力。

（2）正火。

正火是将钢加热到 A_{c3} 或 A_{cm} 以上 50～60℃，经一定时间恒温后，在空气中自然冷却的热处理方法。正火处理得到的室温组织接近于平衡状态的金属组织。其冷却速度比退火大，所以 A（奥氏体）在较低温度发生转变，所得到的 P（珠光体）层片细小，钢的强度、硬度和冲击韧性都比退火钢高。因此，通过正火热处理可改善钢的切削性，细化晶粒，消除过热组织，消除过共析钢的网状碳化物，提高钢的力学性能。

（3）淬火。

淬火是将钢加热到 A_{c3} 或 A_{c1} 以上 30～50℃，保温足够时间后，快速（大于临界冷却速度）冷却，得到 M（马氏体）或下贝氏体的热处理方法。淬火可使钢强化，脆性和硬度增加。

（4）回火。

回火是将淬硬的钢加热到 A_{c1} 以下温度，保温一定时间后油中或空气中冷却的热处理方法。通过回火可改善淬硬钢的力学性能，回火温度越高，淬硬钢的强度和硬度下降得越多，塑性能力恢复也越显著。因此，根据制件使用性能要求的不同，回火热处理分为高温回火、中温回火和低温回火。

低温回火温度为 150～250℃。其目的在于保持钢的高硬度、高强度的同时，降低淬硬时的应力，提高韧性。低温回火得到的组织是回火 M（马氏体）。

中温回火温度为 350～450℃。其主要目的在于保持钢有较高的弹性和足够的韧性。中温回火所得到的组织是回火屈氏体。

高温回火温度为 500～600℃。通过高温回火可完全消除淬硬钢的内应力，使钢有足够的强度和良好的韧性。高温回火后得到的组织为回火索氏体。

（5）调质热处理。

调质是钢在淬火后再进行高温回火的一种热处理方法。调质钢的综合性能良好，具有足够的强度，又有良好的韧性。硬度一般为 25～35HRC，并能进行切削加工。

第四节　超（超）临界锅炉用钢的焊接工艺

一、SUPER304H SB（SA-213S30432）钢

在 SA-213TP304H 的基础上加入适量阻止奥氏体晶粒长大的 Cu、Nb、N 等元素，开发出了 18Cr9Ni3CuNbN（SUPER304H）经济型奥氏体钢。该材料是在 ASME SA-213TP304H 的基础上使 SUPER304H 具有较细的晶粒尺寸，通过降低 Mn 含量，加入约 3%的 Cu、约 0.45%的 Nb 和一定量的 N，使该钢在服役时产生微细弥散、沉淀于奥氏体内的富铜相，并与其互相密合；该富铜相与 NbC、NbN、NbCrN 和 M23C6 质点的弥散强化获得极佳的强化作用，从而达到高温强度、长期塑性以及抗腐蚀性能的最佳组合。其优越的高温蠕变强度不需靠贵重的合金元素 W、Mo 的强化获得，而许用应力比常用的 ASME SA-213TP347H 钢高约 20%，700℃条件下许用应力仍能达 49MPa，主要用于超（超）临界锅炉的过热器和再热器，能有效减薄钢管壁厚、降低锅炉制造成本。是一种许用应力很高新的经济型 18-8 奥氏体不锈钢。

焊接材料：焊丝 ER304H、焊条 E304H。住友金属工业株式会社研制开发了化学成分和各项性能与 SUPER304H 相匹配的焊接材料 T-304H 焊丝和 304H 焊条。

二、HR3C（SA-213TP310HCbN）钢

（一）HR3C 钢的成分和性能

HR3C 钢主要用在超（超）临界锅炉的过热器管、再热器管上。超超临界锅炉的过热器管的工作状况更加恶劣，要求具有更高的抗腐蚀性能能力，一般选用 SA-213TP310H

不锈钢。SA-213TP310H 不锈钢，Cr、Ni 含量高，抗高温腐蚀性能良好，但是其高温蠕变强度不理想，其高温许用应力只等于或小于普通的 SA-213TP304H 不锈钢。而且普通 SA-213TP310H 钢还存在 σ 相析出后产生的脆性问题。为提高 SA-213TP310H 钢的高温性能，日本住友公司在对 SA-213TP304H 研究中发现，在基体中析出的细小的 NbCrN 氮化物，对 TP310H 钢强化同样很有效。因此在 TP310H 不锈钢中添加 N、Nb 元素开发了 HR3C 钢。HR3C（25Cr20NiNbN）钢与普通的 SA-213TP310H 钢化学成分区别仅在于添加了 0.20%～0.60%的 Nb 和 0.15%～0.35%的 N，使新钢种的高温性能却大大提高。其蠕变断裂强度的提高主要是在钢时效过程中析出了 NbCrN。NbCrN 氮化物非常细小而且特别稳定，即使长时间时效，组织也很稳定，大大提高了蠕变断裂强度。同时加入微量的 N，对抑制 σ 相的形成和改善韧性有效。HR3C 钢高温抗腐蚀性能（抗蒸汽氧化性能）良好，其许用应力比普通的 SA-213TP310H 钢有很大提高。

HR3C 钢的标准化学成分见表 7-1。HR3C 钢的常温力学性能见表 7-2。

表 7-1　　HR3C 钢的标准化学成分　　（%）

C	Cr	Ni	Mo	N	Si	Mn	P	S
0.16	23.00～27.00	17.00～23.00	0.20～0.60	0.15～0.35	1.50	2.00	0.030	0.030

表 7-2　　HR3C 钢的常温力学性能

项目	抗拉强度（MPa）	屈服强度（MPa）	延伸率（%）
标准	≥295	≥655	≥30
典型值	300	670	30

（二）焊接工艺

由于 HR3C 钢中的合金含量在 40%以上，HR3C 钢的电阻大、热传导性差，焊接时铁水黏稠，给焊接带来了一定的难度，容易产生焊接缺陷。为了保证焊接接头的质量，选用与之相匹配的焊接材料和通过焊接工艺评定确定合适的焊接工艺是至关重要的。日本住友金属熔接株式会社 YT-HR3C 焊丝是与 HR3C 相匹配的产品，在国内市场异常紧缺。为寻找替代产品，上海市、江苏省、浙江省、天津市等电建单位均选用高档匹配的镍基氩弧焊丝，进行了 HR3C 钢的焊接工艺评定。经过遴选，确定使用德国蒂伯品牌的 Thermanit 617 镍基合金氩弧焊丝（美焊标为 ERNiCrCoMo-1，相应的欧标为 NiCr 22 Co12Mo9），其典型化学成分和常温力学性能见表 7-3 和表 7-4。

表 7-3　　Thermanit 617 典型化学成分　　（Wt%）

C	Si	Mn	Cr	Mo	Ni	Co	Al	Ti	Fe
0.05	0.1	0.1	21.5	9.0	余量	11.0	1.0	0.5	1.0

表 7-4　　Thermanit 617 常温力学性能

热处理状态	0.2%屈服强度（MPa）	抗拉强度（MPa）	延伸率（$L_o=5d$）（%）	冲击功（J）
焊态	450	700	30	60

Thermanit 617 焊材亦适用于奥氏体和马氏体钢的异种钢的焊接，如 Super 304H、

TP347FG、HR3C不锈钢与T91、T92、T122等马氏体耐热钢的异种钢的焊接，采用Thermanit 617焊接上述异种钢是最佳的选择。

三、T/P91钢

P91焊材，经过筛选，选用德国伯合乐焊接技术公司蒂伯品牌的Thermanit Chromo 9V（E9015-B9）焊条。P91钢材和9V焊条的化学成分和力学性能见表7-5和表7-6。

表7-5　　P91钢材和9V焊条典型化学成分

项目	C	Si	Mn	Cr	Ni	Mo	V	Nb	N	Al	S	P	Cu
P91钢材标准	0.08~0.12	0.20~0.50	0.3~0.6	8.0~9.5	≤0.4	0.85~1.05	0.18~0.25	0.06~0.10	0.03~0.07	≤0.4	0.010	0.020	
P91钢材例值	0.10	0.36	0.42	8.75	0.23	0.96	0.20	0.07	0.058				
AWS焊条标准	0.08~0.13	0.3	1.25	8.0~10.5	1.0	0.85~1.2	0.15~0.30	0.02~0.10	0.02~0.07	0.04	0.01	0.01	0.25
9V焊条例值	0.09	0.22	0.65	9.00	0.80	1.10	0.20	0.045	0.040				

表7-6　　P91钢材和9V焊条的力学性能

项目	热处理（℃）	屈服强度（MPa）	抗拉强度（MPa）	延伸率（%）	Akv（20℃）（J）
P91钢材	740	≥415	≥585	≥20	供需协定
EN钢材	730~780空冷	≥450	630~680	纵向≥19 横向≥17	纵向≥40 横向≥27
AWS钢材	740（730~780）	≥530	≥620	≥17	供需协定
T/P91导则	760				≥41
9V焊条例值	760	550	680	17	≥47

焊条主要特点：

（1）Thermanit Chromo 9V焊条（E9015-B9）是焊芯过渡主要合金元素的手工电弧焊条，其他合金配伍合理，因而焊缝成分均匀，焊接操作工艺性比较好，焊接接头性能可靠。

（2）9V焊条化学成分与母材相当，常温、高温性能完全符合ASME标准、欧洲EN标准、电力“DL/T 869—2004”规程和“T91/P91钢焊接工艺导则”的技术要求。

（3）熔敷金属的质量百分数Mn+Ni<1.5，具有比较高的A_{c1}温度，可以保证焊缝形成“全马氏体”组织。

（4）焊接性比较好，焊接裂纹敏感性小。采用斜y坡口焊接裂纹试验方法，P91试板厚度30mm，用9V焊条焊接，只要预热100℃就可以防止焊接裂纹。

（5）焊条的焊接工艺性能良好，焊接操作工艺性也比较好。

（6）有比较恰当的焊缝冲击韧度，焊缝冲击值不小于47J，符合欧洲EN标准要求，也符合我国电力标准的有关规定。

（7）20 世纪 90 年代开始，对蒂伯品牌焊材进行了大量蠕变断裂强度试验，试验结果表明，在标准规定的使用温度范围内，蒂伯焊材的蠕变断裂强度与母材相当。其蠕变试样的试验值均符合 EN 标准规定，因而能保证高温性能达到使用要求。

（一）新型马氏体耐热钢 T/P92 焊接

P92 新型马氏体耐热钢 1995 年纳入 ASTM A335、1996 年纳入 ASME SA335 标准。如何保证焊接质量，如何选择与之相匹配的焊材、如何确定合适的焊接工艺和焊后热处理工艺是焊接 P92 主蒸汽管道的关键。目前，我国尚无 P92 钢专用焊材。综合分析试验结果，选用德国伯合乐焊接技术公司的钢芯过渡合金元素的焊条。

蒂伯品牌 Thermanit MTS 616（E9015-G）牌号手工电弧焊条和手工钨极氩弧焊丝的化学成分和力学性能见表 7-7 和表 7-8。

表 7-7　　P92 钢材和焊条典型化学成分

项目	C	Si	Mn	Cr	W	Ni	Mo	V	Nb	N	B	Al	S	P
P92 钢	0.07～0.13	≤0.50	0.3～0.6	8.5～9.5	1.5～2.0	≤0.4	0.3～0.6	0.15～0.25	0.04～0.90	0.03～0.07	0.001～0.006	≤0.04	0.010	0.020
TIG 焊丝	0.1	0.38	0.45	8.8	1.6	0.6	0.4	0.2	0.06	0.04				
616 焊条	0.11	0.20	0.60	8.8	1.6	0.7	0.5	0.2	0.05	0.05				

表 7-8　　P92 钢材和焊材的力学性能

项目	热处理（℃×h）	屈服强度（MPa）	抗拉强度（MPa）	延伸率（%）	冲击韧度 Akv（20℃）（J）
P92 钢材	1040＋（730～780）	440	620	纵向≥20	供需商定
蒂伯 TIG 焊丝	760×2	560	720	15	41
蒂伯 MTS 616 焊条	760×2	560	720	15	41

（二）Thermanit MTS 616（E9015-G）牌号焊材的主要特点

（1）选用伯合乐焊接技术公司蒂伯品牌焊接材料完全符合 DL/T 869—2004《火力发电厂焊接技术规程》中 3.3.2.2 焊接材料选用的三个基本条件：

1）MTS 616 焊条和焊丝的焊缝金属化学成分和力学性能与母材相当。

2）MTS 616 焊条的熔敷金属下临界点温度为 800℃，与母材相当。

3）MTS 616 焊条、焊丝和焊剂的焊接工艺性能良好。

（2）MTS 616 焊材不仅化学成分与母材相当，常温、高温性能也与母材相当。

（3）MTS 616 焊材熔敷金属的质量百分数 Mn＋Ni＜1.5，具有比较高的 A_{c1} 温度，可以保证焊缝形成“全马氏体”组织。

（4）MTS 616 焊材的焊接性比较好，焊接裂纹敏感性小。采用斜 y 坡口焊接裂纹试验方法，只要预热 150℃，就可以防止焊接裂纹。

（5）MTS 616 焊材工艺性能良好，焊接操作工艺性比较好，埋弧焊的脱渣性非常好。

(6) MTS 616 焊材有比较适当的焊缝冲击韧度，焊缝冲击值不小于 41J，符合欧洲 EN 标准要求。

(7) 20 世纪 90 年代开始，对蒂伯品牌 MTS 616 等焊材进行了大量蠕变断裂强度试验，试验结果表明，在标准规定的使用温度范围内，蒂伯焊材的蠕变断裂强度与母材相当。其蠕变试样的试验值均符合 EN 标准规定，因而能保证高温性能达到使用要求。

思考题

1. 高温高压蒸汽管道和阀门阀体对金属材料有何要求？
2. 钢的表示方法有哪几种？
3. 钢的热处理工艺有哪几种？
4. 钢的基本组织都有什么？
5. 焊接材料的选用原则是什么？

第八章

锅炉设备典型问题处理

第一节　四管泄漏防治

一、概述

所谓四管指的是火电厂锅炉的水冷壁、过热器、再热器和省煤器四个部位的管道和附件。四管泄漏就是指上述区域的锅炉管子发生汽水泄漏事件。四管泄漏也被称作是管道“失效”。当四管发生泄漏时，规程要求立即停炉处理缺陷，无法继续生产，造成了很大的经济损失，严重时会损坏锅炉设备，甚至造成人员伤亡。所以从事锅炉行业的人员，对四管泄漏十分重视，采取一切可能的手段，防止四管发生泄漏，实现锅炉长周期运行。

二、四管泄漏诊断

当泄漏发生时，漏点会喷出大量的高温、高压汽水，长时间的喷射会损坏周围的受热面管束，从而扩大受热面的损坏情况。所以，为尽早地发现泄漏，大容量锅炉都装有四管泄漏检测报警装置，当有泄漏时，炉内会发出高频声波，通过传感器收集这些声波信号，经过计算机分析，会对泄漏的位置和泄漏的概率作出提示。经过几十年的发展，炉管检漏装置的可靠性和准确性都非常好，一般来说，炉管检漏装置的警报是最为可靠的早期泄漏诊断依据。

除了炉管检漏装置外，还有以下一些参数异常，可以作为运行判据。

（一）补水量增加

锅炉补水量发生明显增加，是一个很重要的判据。正常运行中，锅炉的补水和发电、供热负荷是相匹配的，炉型确定后，在运行中，补水量随负荷的变化是保持稳定的。在电厂的自动控制终端（SIS 系统）上，可以调阅补水量、蒸汽量和抽汽量的历史曲线，如果发现补水量有明显的背离时，可以判断汽水系统有了泄漏点。

当然，如果补水量发生了增加，说明泄漏已经发展的较为严重了，在泄漏的初期，补水量的变化是看不出来的。

（二）汽温异常

受热面管道发生严重泄漏时，往往会发生汽温异常，这个异常可能是超温，也可能是偏低。当受热面发生大量汽水泄漏时，泄漏部位的冷却效果减弱，所以可能造成局部的管道超温。例如，当水冷壁的中下段发生爆管泄漏时，停炉检查时往往会发现有多处爆口，这是因为，当水冷壁下管道方爆管时，大量汽水会从管道爆口处喷出，造成水冷壁管道上段得不到足够的汽水冷却，从而在短时间内过热发生爆口。所以在水冷壁管上发生爆管后，停炉检修时一定要从顶到底全部检查一遍，必要时更换整根过热的管道。

但是漏点之后的受热面，往往会发生汽温偏低的现象。这是由于烟气前方发生泄漏的汽水，会吸收炉内热量，导致后面的受热面吸热不足，汽温发生了下降。

一般来说，发生汽温异常的原因很多，单凭汽温异常是无法判断四管发生了泄漏的。

（三）汽压波动

发生四管泄漏后，可能会导致主蒸汽或再热蒸汽的出口压强发生剧烈波动，甚至大幅下滑，无法保持正常的工作压强。

（四）输灰不畅

尾部受热面泄漏时可能造成输灰不畅，这是因为湿度增加，灰的流动性受到了影响所致。在严重泄漏时，省煤器灰斗内会发生积灰，将灰斗堵死，无法输灰。

（五）泄漏声

在泄漏区域可以听到尖锐的汽水泄漏的声音，打开看火孔后更为明显，所以泄漏声可以是有效的判据。

（六）发现水渍

在泄漏区域发生水渍，或发现成股的水流淌，也可以判断发生了泄漏。

当然，上述现象不是全部，还有其他一些现象，在生产现场需要综合起来考虑，认真分析。

三、造成四管泄漏的原因

导致四管泄漏的原因较为复杂，一般可分为材料原因、超温、腐蚀、飞灰磨损、机械损伤、应力拉裂、焊接缺陷、炉底漏风、氧化皮脱落等因素，其中的每种因素又有若干原因，或是多种原因同时起作用，导致管道泄漏。

（一）材料原因

电站锅炉受热面管道是运行在高温高压条件下的特种设备，要求生产单位满足 TSG G0001《锅炉安全技术监察规程》，TSGG7001《锅炉监督检验规则》和 TSGG7002《锅炉定期检验规则》，其材料和制造工艺受到国家质量监督部门的严格监管，实行市场准入。因此，正规大厂家生产的管道，其出问题的可能性较小。真正反复出问题的是现场应用环节，经常出现的是用错了管材，或是用错了焊材。不管是哪种错用，都会有焊口或管道泄漏的风险。

（二）过热和超温

各种钢材都有许用温度范围，在此范围内，可按照其使用寿命安全工作。如果蒸汽的额定运行温度比钢材许用温度低很多，即使超温，也不一定会过热。如 12Cr1MoV 的允许最高使用温度为 580℃，蒸汽额定运行温度为 540℃，运行中达到 550℃，习惯上就属于超温，但对金属管道来说并未过热。

当实际壁温超过金属最高许用温度时，金属的力学性能、金相组织会发生变化，金属蠕变速度加快，强度急剧下降，最后导致管道破裂。管道寿命是按照一定的工作温度和压力承受能力来设计使用的。蒸汽温度超过设计温度后，虽未发生过热，也会使金属组织稳定性变差，蠕变速度加快，最后使其工作寿命缩短。根据试验研究结果，材料达到破坏的时间与蠕变速度成反比，随温度的升高呈指数关系缩短。因此，运行中应严格控制蒸汽温度在额定范围内，严防超温和过热现象的发生。

1. 长期超温爆管发生的机理和破口特征

蒸汽超温运行的幅度不大，就不会立即造成管子损坏，但管子长期在超温下工作，钢材的金相组织就会发生变化，持久强度下降，在使用寿命未达到预定值时，提早爆破损坏。这损坏称为长期超温（过热）爆管，也称一般性蠕变损坏，一般发生在受热面管屏的外圈护屏管的向火侧，以过热器出口管段较为多见。

壁破口特征为粗糙脆性断面的大张口，管壁减薄不多，蠕胀不很明显，破口内壁往往有较厚的氧化铁层。

2. 短时超温爆管发生的机理和破口特征

热面管子在运行中，由于冷却条件恶化等原因，管壁温度在短时间内突然升高，使钢材抗拉强度急剧下降。在工质压力的作用下，温度最高的向火侧，首先发生塑性变形，管胀粗，管壁变薄，随后发生剪切断裂而爆破。这种爆管称短时超温（过热）爆管，或加速蠕变损坏。

此种爆管多发生在水冷壁和凝渣管上热负荷最高的部位，如燃烧器周围向火侧的管子。近几年超临界机组的过热器因局部异物堵塞，冷却恶化，短期超温过热爆管发生的较多。

短时超温爆管的破口特征：一般胀粗较为明显，管壁减薄很多，爆破口呈喇叭形，其边缘锋利，具有韧性断裂特征，破口附近氧化铁层很薄或没有。

3. 过热和超温的原因

（1）运行调整原因。

燃料变化或燃烧组织不好，火焰中心上移会引起炉膛出口温度超过设计值，对流受热面吸热增强，使过热器和再热器超温。

减温水系统故障，高负荷情况下可能造成短时超温；或者减温水流量不足、自动调节失灵，不能及时跟踪蒸汽温度变化，也会造成过热器短期超温。

燃烧调整不合理造成炉膛结渣严重，烟道局部堵灰，炉底大量漏风等都会造成超温。

（2）制造、安装、检修中引起超温的因素。

主要指出现管内有异物堵塞而造成工质流动不畅、汽水断路或短路等情况，导致局部受热管超温。检修不当极易发生管内异物堵塞情况。如在换管过程中割管工艺不正确，异物掉入垂直管段，或联箱内管座固定焊接物脱落等情况，都会引起局部受热面无流量或少流量。

（3）其他缺陷引起超温的原因。

炉膛高度设计偏低，火焰中心偏斜，受热面选材裕度不够或错用材料，设计水动力工况差，蒸汽质量流速偏低和受热面结构不合理等因素都会造成较大热偏差和超温。

热偏差主要指蒸汽侧和烟气侧热偏差。烟气侧热负荷不均造成热偏差的原因为：四角切圆燃烧方式引起的烟速和烟温偏差，以及墙式布置旋流燃烧器因各只燃烧器热负荷不同引起的偏差。

蒸汽侧屏间流量偏差则存在于各种集箱布置系统，如采用三通结构将导汽管引入过热器、再热器进口集箱，在集箱三通区域形成涡流，导致该区域的管屏流量偏低，从而造成流量偏差。同屏受热面热偏差是由于内外圈管子的长度不同，形成同屏的流量偏差和受热面积偏差，导致同屏各管吸热量不同。所以，通常在进口集箱的管座位置，会增加内径大小不一的节流管圈，来调节各管子之间的阻力特性，减少热偏差。

（三）机械磨损

锅炉运行中，受热面管束会发生振动，管子之间以及管子与其他部件之间的机械磨损十分普遍，由于运行中管排之间膨胀、晃动的方向、幅度、频率不一致，相互贴近的部位就很容易发生磨损。

管壁磨损发展很快，每年可磨损 1～3mm，甚至更快，从而造成受热面管子因管壁强度不够而爆管。比如在屏式过热器的穿屏定位管位置的磨损，在高温再热器上的梳型板位置的磨损等。

（四）吹灰器吹损

蒸汽吹灰器的投入，有时会造成吹灰器区域的管壁吹损，一旦吹灰器运行中卡涩，或吹灰器蒸汽带水，会使管壁迅速减薄发生爆破。吹灰器区域管子的减薄是吹灰时灰粒变硬、动能提高、氧化腐蚀等综合原因造成的，而冲刷程度与吹灰器和管子间的距离、吹灰蒸汽的压力有很大关系。

（五）受热面的飞灰磨损

燃煤锅炉尾部受热面飞灰磨损是影响锅炉长期安全运行的主要问题之一，位于水平烟道的高温过热器和再热器也同样存在磨损问题。烟气携带灰粒和未燃尽颗粒高速通过受热面时，使管壁磨损变薄，烟气流速越快，颗粒越粗、越硬，对管壁的撞击力就越大；烟气中灰浓度越大，撞击的次数就越多，结果都将加速受热面的磨损。

飞灰磨损受烟气速度、飞灰浓度和硬度、飞灰磨损性能、受热面结构的影响，一般来说烟速高、飞灰浓度大、灰粒硬度大、管排错列布置时磨损较严重。飞灰磨损速率取决于灰粒成分（主要是 SiO_2）、煤中灰的含量、灰粒动能及飞灰浓度。金属磨损速率与烟气流速的三次方成正比，因此，烟速大小对飞灰磨损速率有决定性的影响，设计要选取合理烟速，尽量减少烟速分布不均。

飞灰磨损在过热器、再热器、省煤器、水冷壁的管壁上都有发生。

（六）受热面的腐蚀

金属管受腐蚀作用，管壁会逐渐减薄，当管壁厚度小于最小许用壁厚而没有得到相应处理时，就会导致腐蚀爆管事故的发生。腐蚀主要是指管外高温腐蚀和管内化学腐蚀。过热器、再热器因为还原性气体比炉膛少，腐蚀速度比水冷壁要小。一般认为高温腐蚀主要是煤中硫的腐蚀行为，主要是以硫酸为主要成分的熔盐腐蚀和 H_2S 及硫氧化物造成的气态腐蚀。大量的研究结果认为，在煤燃烧过程中，煤中硫化合物（FeS_2 和有机硫 RS）与氧发生反应；同时在高温燃烧中，煤中的 K、Na 盐类转化为它们的高价氧化物 K_2O 和 Na_2O，这些氧化物会与生成的 SO_3 反应，生成它们的硫酸盐；硫酸盐进一步与 Fe_2O_3、SO_3 发生反应而生成复合硫酸盐。这些复合硫酸盐在 550～580℃的温度范围内呈熔融状态黏附在管壁上与 Fe 发生反应，从而加速了炉管的腐蚀。

管内化学腐蚀与结垢是当给水品质不良时，锅水中的 Fe、Cu、Ca、Mg、SiO_2 等杂质在蒸发受热面中被浓缩，并从锅水中游离析出附着在管内表面，形成水垢。水垢的传热系数只有钢管的 1/200，热阻很大，会使壁温上升，导致管壁过热鼓包或破裂。喷水减温水质不良、汽包分离装置损坏或其他原因使饱和蒸汽品质恶化时，过热器、再热器的管内可能发生结垢，引起过热胀粗直至爆管。锅炉停用时，管内凝结积水或漏入空气，其中的 O_2、CO_2 和 SO_2 与内壁接触会产生停用化学腐蚀。

（七）超（超）临界锅炉氧化皮

超（超）临界锅炉由于蒸汽参数在 600℃以上，所以过热器和高温再热器管内的氧化皮脱落是造成泄漏的主要问题之一。目前普遍的观点是，纯净的水蒸气在低温下是稳定和惰性的，但在 400℃以上具有强氧化特性，在超过 500℃条件下开始分解成氧和氢。对于钢铁而言，水蒸气在 500～700℃是最强的氧化剂。所以很容易生成大面积的氧化皮，见图 8-1（a)。碳钢和低合金钢与其管内氧化皮的膨胀系数很接近，但奥氏体不锈钢的膨胀系数比其管内氧化皮（尤其是 Fe_3O_4）的膨胀系数大得多，在温度大幅变化时会产生巨大的内应力，导致氧化皮龟裂和剥离。剥落的氧化皮会在管道的转弯处发生堆积，从而引起过短时热爆管，见图 8-1（b)。

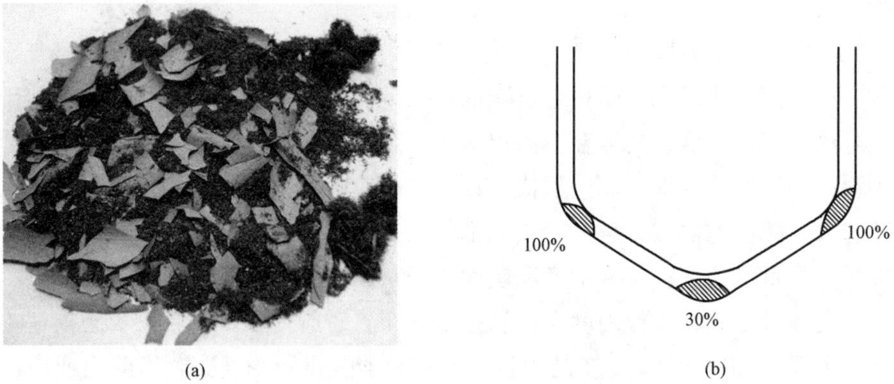

图 8-1　脱落的氧化皮堵塞受热面管道堵塞示意图

（a）氧化皮形态；（b）容易发生堵塞的位置

四、防治措施

要减少锅炉非计划停运，提高锅炉运行的可靠性，防止锅炉四管泄漏，必须要在锅炉的设计、制造、安装、运行、检修、改造等各个环节实施全过程的技术监督和技术管理。

在日常管理中，锅炉防磨防爆要坚持“预防为主，逢停必查”的原则，做到“六杜绝、两加强”，即杜绝发生机械磨损、飞灰磨损、吹灰器吹损、长期超温、异物堵塞、氧化皮脱落原因导致的四管泄漏，加强吹灰器管理、炉底漏风管理。

（一）保证锅炉水质合格

锅炉水质是保证锅炉安全运行的基本要求。必须严格遵守锅炉水质监督规程的所有规定，确保锅炉水质合格。

（二）严禁锅炉超温运行

当受热面壁温出现运行中超温现象时，应通过锅炉燃烧调整试验、过热器和再热器运行特性试验进行运行优化调整，或通过技术改造加以解决。运行人员应坚持保设备的原则，在管壁温度和带负荷发生矛盾时，严禁在超温的情况下强带负荷；由于高压加热器退出、煤质变化等特殊原因导致汽温高，且难以控制时，机组带负荷应以满足汽温、壁温不超温为前提。禁止受热面长期超温运行。

运行部门应制订变工况下防止超温的技术措施：如加强配煤管理，避免煤质波动较大对燃烧工况的影响，减少超温现象发生；因设备故障或其他原因造成管壁超温时，应立即修复设备进行调节，必要时申请降负荷运行；锅炉启停应严格按启停曲线进行；启动初期，再热器未通汽前，严控炉膛出口烟温不超锅炉厂规定。

（三）加强防磨防爆检查

锅炉受热面经常受机械和飞灰磨损的部位、易因膨胀不畅而拉裂的部位、受水力或蒸汽吹灰冲击的部位、水冷壁或包墙管上开孔装吹灰器的部位及邻近管子、过热器和再热器有超温记录的部位都是检查的重点。

水冷壁重点检查内容是腐蚀、磨损、拉裂、机械损伤。检查部位包括冷灰斗、四角喷流燃烧器处、折焰角区域、上下联箱角焊缝、悬吊管、吹灰器区域等。抽查部位为热负荷最高区域的焊口、管壁厚度、腐蚀情况；燃烧器滑板处；刚性梁处；鳍片焊缝膨胀不畅部位。

过热器和再热器重点检查内容是过热、蠕胀、磨损和吹损。检查部位为管排向火侧外管圈及弯头的颜色、磨损、蠕胀、金相、氧化；吹灰器吹扫区域内的管子；疏形定排卡子；管卡子处的磨损。抽查部位为内圈管子蠕胀、金相分析，以及管座角焊缝。

省煤器重点检查内容是磨损，检查部位为最上层3排管子的磨损情况，护铁或防磨罩的情况；边排管子、前5列吊挂管、烟气走廊的管子、穿墙管、通风梁处。抽查部位为内圈管子移出检查，管座角焊缝、受热面割管及外壁腐蚀检查。对检查不到的部位应定期（1个大修周期）割出几排检查。

（四）防异物堵塞

防异物堵塞主要是指防止在进口集箱内有异物集聚，堵塞受热面管道进口，尤其是带有节流管圈的管道入口，从而导致短期过热爆管泄漏。重点检查屏式过热器入口集箱，水冷壁入口集箱。必须在每次发生大面积换管之后要检查集箱内部异物集聚情况。

另外要严格管理受热面换管施工作业，杜绝异物掉落到管道内，另外要选用合格的水溶纸，采用正确的工艺制作气室，水溶纸距离焊口热影响区要足够远，防止其在焊接过程中碳化，导致无法溶解。

（五）防氧化皮脱落

由于奥氏体不锈钢材料与其管内氧化皮热胀特性的巨大差异，所以在温度快速变化时都会产生应力，在温度变化速率和幅度较大时会由于应力过大而使氧化层断裂和剥离。正常运行时，由于受到负荷和参数控制的限制，所以管子升温的幅度和速率不容易飞跃，而在机组停运时，尤其高负荷非停后，特别发生过超温后非停，若由于快速消压和强制通风等原因造成锅炉快冷，则管内氧化皮会大面积集中脱落，就会发生局部堵管和再次启动时发生短期超温爆管事故。

统计表明，氧化皮一般更容易在降温过程中发生剥落，在350℃附近发生剧烈剥落。在较高温度下剥落的氧化皮为片状，在较低的温度下剥落的氧化皮为粉状。氧化皮在升温过程中，在200～300℃时也会发生氧化皮的剥落，但剥离量比降温过程少。奥氏体不锈钢的氧化皮非常容易脱落，在温度变化和机械振动的条件下，即使较薄的氧化皮也会剥落。

防止氧化皮脱落，必须从严控蒸汽品质、严禁超温运行、严格按照说明书要求调整负荷和参数、避免发生剧烈温度变化等方面同时进行。

（六）加强吹灰器管理

通过试验和观察确定锅炉受热面的吹灰周期、蒸汽压力。每次吹灰结束，应确认吹灰器退回原位，阀门可靠关闭，防止吹灰器漏汽、漏水吹损受热面。对于频繁发生蒸汽吹灰器吹损的区域，考虑用声波（激波）吹灰器取代蒸汽吹灰器，避免持续损坏受热面管道。吹灰前应充分疏水和暖管，杜绝吹灰带水。

（七）加强炉底漏风管理

锅炉炉底漏风危害较大。对于采用水封槽的锅炉来说，正常运行时，要求炉底水封密封良好。如果炉底长时间漏风，会导致对流受热面超温，并且会导致冷灰斗水冷壁最下端的喉口部位发生磨损泄漏，或发生拉裂泄漏。所以一定要加强炉底水封的检修维护，加强运行管理，杜绝发生炉底漏风。

（八）重视技术改造管理

有许多锅炉受热面缺陷是设计和制造过程中造成的，只进行维护性检修是无法彻底消除的，必须开展审慎的技术改造才能彻底根除。但是，受到技术条件限制，用户开展的技术改造往往是“治好一个病，又引入了另一个病”，所以，对受热面的技术改造，一定要请生产厂家参与，经过充分论证，采用成熟的技术方案进行，避免引入新问题。

第二节　制粉系统可靠性提升

制粉系统是火力发电厂燃煤锅炉的主要系统之一，其运行的安全可靠性和经济性直接影响整个机组的安全性和经济性，但由于其工作环境恶劣，所以故障率相对较高，有关方面应当加强监视与维护工作，以保证其安全。

一、制粉系统断煤

（一）断煤产生的现象

（1）磨煤机出口温度增高。

(2) 磨煤机电流突然下降。

(3) 磨煤机磨辊位置下降。

(4) 磨煤机振动突然加大，不排渣。

(二) 产生断煤的原因

(1) 给煤机发生故障。

(2) 原煤水分过大或者煤中有杂物。水分过大会造成黏结，黏附在落煤管内表面，堵塞通道。煤中杂物太大也会堵塞落煤管。

(3) 原煤斗无煤或者堵塞落煤口。

(三) 断煤的预防

(1) 注意原煤水分的变化情况，如果水分过大，应改变配煤比例或者采取其他措施。雨雪天更应注意。

(2) 经常检查原煤斗的存煤情况、给煤机的运行情况和落煤管的情况。

(3) 储存一定数量的干煤，在水分过大时掺入干煤。注意断煤信号。

(4) 不得停止碎煤机运行，保证煤块不大于规定值。

(四) 断煤时的紧急处理

(1) 适当关小磨煤机热风调节挡板门，开大冷风调节挡板门，控制磨煤机的出口温度不超规定值。

(2) 消除给煤机故障，疏通落煤管。

(3) 煤斗不下煤，应设法疏通煤斗内存煤，如果煤斗内无煤，则应迅速上煤。

(4) 如果短期内不能恢复供煤，应停止磨煤机的运行。

二、落煤管的堵塞

(一) 落煤管堵塞现象

落煤管指的是给煤机至磨煤机之间的管道。落煤管堵塞现象主要表现为：磨煤机出口端（堵塞端）温度增高；磨煤机煤位下降；磨煤机出力下降，系统发“断煤”信号。

(二) 落煤管堵塞的原因

落煤管堵塞的原因主要是原煤太湿；落煤管出口手动闸板未开或者未全开；一次风的流量太小；给煤机的转速过大。

(三) 落煤管堵塞的紧急处理

(1) 停止给煤机的运行。

(2) 将磨煤机内的煤粉抽空后停止磨煤机的运行。

(3) 根据堵塞情况，做好相应的隔离措施后设法处理。一般采用敲击落煤管，振落堵塞部位的煤块。严重的可切开落煤管，清理堵塞位置。

三、转动机械故障

制粉系统转动机械易发生如下故障：严重振动；轴承温度过高；各部件损坏和脱落；

电气设备发生故障。

对该类故障的处理方法如下：

（1）如果振动超过规定或者异常，应加强监视及维护，如果监测指标超标，危及设备安全，应停止运行。

（2）轴承温度上升很快或者过高时，应先检查冷却水是否通畅，油位是否正常，然后再进行加油或者换油及加大冷却水等工作。经过处理后，温度仍继续上升，则应停止运行，进一步检查。

（3）部件发生损坏或者脱落时，应及早停机并检修。

四、制粉系统自燃、爆炸的预防

制粉系统的爆炸就是煤粉的爆炸。煤粉以一定的浓度分散在空气中，一旦遇到适当的点燃能量，就会发生燃烧并迅速传播，导致连续不可控制的燃烧，同时压力急剧上升，上升的速度比正常速度快很多，这就是煤粉的爆炸。由于制粉系统自燃与爆炸对于设备及人身安全有很大威胁，所以应当认真对待。

（一）自燃及爆炸现象

自燃发生时，检查门处有火星，管壁温度异常升高，煤粉温度异常升高，制粉系统负压突然变为正压。爆炸时有响声，从系统不严密的地方会向外冒黑烟，防爆门鼓起或破坏，炉膛内负压变正压，燃烧火焰发暗，严重时可能出现火焰跳动或灭火。

（二）煤粉自燃及爆炸的原因

要发生爆炸，必须具备合适的煤粉浓度、充足的氧气及足够的点燃能量三个条件，制粉系统中很难避开前两个条件，所以，燃用挥发分高的煤或煤粉沉积往往是引爆的条件。

（1）高挥发分的煤容易在磨煤机内及管道内析出挥发分，极易自燃引起爆炸。

（2）煤粉在空气中的浓度为0.3～0.6kg/m^{3}时（煤粉质量/空气质量），爆炸性最强，浓度大于1.0时，爆炸性较低，浓度小0.1则不会发生爆炸。输送煤粉气流中氧气含量小于15%时，不会发生爆炸，当输送煤粉气体中含有二氧化碳和二氧化硫而且含量大于3%时，也不会发生爆炸。

（3）制粉系统中积煤与积粉，磨煤机断煤或者磨煤机出口温度太高，煤粉过细或水分含量过低，也容易引起自燃或爆炸。

（4）煤粉中含有油质或者其他易燃物。

（5）有外来火源。

（三）制粉系统爆炸的控制措施

控制制粉系统主要从消除着火条件方面入手，常用的措施有：

（1）严格执行制粉系统启停操作规程，正常运行中维持磨煤机出口温度在规定范围内。停运制粉系统时，保证磨煤机、输粉管道有足够的吹扫时间（5～10min），尤其是热风隔绝门关闭不严的制粉系统，防止积粉在设备、管道内因高温引起燃烧。磨煤机停运后应保持磨机出口冷风门在5%～10%开度，通风降温。

（2）维持停运磨煤机的出口温度。当磨煤机出口温度不正常升高时，应及时查明原因，进行通风调整，必要时启动制粉系统运行。

（3）事故紧急停止的制粉系统，在启动时必须先进行 10min 的通风后才可以启动制粉系统，防止存留的煤粉突然大量进入炉膛发生爆燃。

（4）制粉系统在启动和运行中对出口门应加强检查，防止出口门开不到位发生积粉。

（5）经常检查制粉系统的严密性，一旦发现有漏粉现象应及时停止运行，并尽快处理漏点，同时清理积粉。

（6）低负荷时段，在启动制粉系统时要加强一次风压和风量的控制，防止煤粉进炉膛发生脱火爆燃。

（7）制粉系统设备长期停备时，应进行定期倒用。

（8）机组大小修停机时，应将煤仓的原煤放空，防止煤仓长期存煤发生自燃。

（9）巡检时应注意制粉系统附近应备有充足的灭火器材，如发现有缺失，应及时通知消防人员进行补充。

（10）应加强混配煤工作，当燃料有较大变化时应及时通知值长。集控运行人员应根据煤种变化及时调整燃烧工况。

（11）输煤系统上煤时，要保证除尘器、集尘器的投入，努力降低环境中煤粉尘浓度。

（12）及时清除输煤系统设备、设施上积落的煤块、煤尘，防止自燃。

（13）输煤系统上煤时，煤尘浓度较大，禁止开展动火工作。

五、磨煤机满煤

（一）原因分析

（1）监视不严或运行调整不当；

（2）碾磨件间隙过大（含磨损量大）或加载力不足，致磨煤机出力不足；

（3）风量不足（含测量不准确及风门故障），煤量过大（含测量不准确）引起的风煤比失调；

（4）磨煤机出口分离器损坏，煤粉无法被吹出磨煤机；

（5）入炉煤水分过高，或磨煤机热风干燥出力不足，引起煤粉无法被吹出磨煤机。

（二）现象

磨煤机满煤与断煤现象基本相反，筒式钢球磨入口负压变小，出口负压变大，磨煤机进出口压差变大，磨煤机出口温度下降，电动机工作电流摆动大，筒体内撞击声闷沉。同时，由于磨煤机出粉少，筒体进出口间阻力增大，通风量减少，使排粉机电流下降，并在磨煤机进出口密封处会出现冒粉现象。

（三）处理措施

停止给煤机运行，严禁继续给磨煤机输送煤粉，空转磨煤机，加强排渣，控制风煤比大于 2，此时做好防止磨煤机爆燃的措施，持续将磨煤机内部煤粉全部吹入炉膛（机组运行期间）；开启人孔门，清理磨煤机内部煤粉（机组停运期间）。

第三节 风机常见故障

风机是一种将电动力矩转化为气体流动能的机械。电厂中主要有送风机、引风机、一次风机、密封风机、火检探头冷却风机和排粉风机等，风机故障发生较多的是风机振动、轴承温度高、动叶卡涩、油系统故障等。

一、风机振动

风机振动是运行中常见的故障，风机的严重振动会引起轴承和叶片损坏、螺栓松动、机壳和风道损坏等故障，严重危及风机的安全运行。

1. 转子不平衡引起的振动

风机与电动机将发生同步振动，且振动的频率与转速有关，引起转子不平衡的因素主要有质量增加和质量减少。

由于风机叶片（叶轮）局部积灰、附冰等外加附着物的存在引起的不平衡，停机及时清理附着物并做好扼制附着物的措施即可缓解或彻底解决。

由于叶片（叶轮）机械磨损（比如飞灰磨损、外物撞击损坏）、腐蚀导致的转动平衡被破坏，磨损是风机中最常见的现象，风机在运行中振动缓慢上升，一般是由于叶片磨损或腐蚀，平衡破坏后造成的，此时处理风机振动的问题一般是在停炉后做动平衡；如发生风机叶片断裂或振动超过规定的极限时，应立即停用该风机。

2. 管系引起的振动

烟风管道系统振动导致风机的振动，烟、风道的振动通常会引起风机的受迫振动。此时需检查管道支吊架、基础等部位是否异常。

3. 中心偏差

风机轴系联轴器中心偏差过大导致的振动，通过联轴器找正复中心可以消除。

4. 碰磨故障

动、静部分摩擦引起的风机振动，摩擦的同时还会伴随尖锐的异声，引起动、静部分相碰的主要原因有：叶轮和进风口（集流器）不同心，运行时间过长后进风口损坏、变形；叶轮松动使叶轮晃动度增大；轴与轴承松动；轴承损坏引起的风机振动，会伴随轴承温度的升高或异声，处理此类振动时还应按轴承温度过高的有关处理要求进行处理；主轴弯曲等。

5. 失速和喘振

风机失速引起的振动，还将伴随风机失速现象，此时应尽快使风机回到稳定工况区域运行；失速是气流冲角达到临界值附近时，气流会离开叶片凸面，发生边界层分离从而产生大量区域的涡流，造成风机风压下降的现象。

喘振是由于风机处在不稳定的工作区运行，出现流量、风压大幅度波动的现象。

这两种不正常工况是不同的，但是它们又有一定的关系。风机在喘振时一般会产生旋转气流，但旋转失速的发生只决定于叶轮本身的结构性能、气流情况等因素，与风、烟道系统的容量和形状无关，喘振则与风机本身和风、烟道系统都有关系。旋转失速用失速探针来检测，喘振用U形管取样，两者都是压差信号驱动差压开关报警或跳机。

在实际运行中有两种原因使差压开关容易出现误动作而导致的失速或喘振：烟气中的灰尘堵塞失速探针的测量孔，以及U形管的堵塞；现场振动大，该保护的可靠性较差。

由于风机发生旋转失速和喘振时，炉膛风压和风机振动都会发生较大的变化，在风机调试时可通过动叶安装角度的改变使风机正常工作点远离风机的不稳定区。为了防止该保护误动作，可以将风机跳闸保护中的喘振保护取消，改为发送信号，当出现旋转失速或喘振后，可以通过调节动叶开度使风机脱离旋转失速区或喘振区，从而保持风机连续稳定运行，减少风机的意外停运。

6. 基础原因和松动

基础或机座的刚度不够、不牢固或地脚螺栓断裂造成的振动，将发生基础或机座与电动机的辅机整体振动的现象。

转子的紧固部分松弛造成的振动，此时机体的振动一般不显著，而是出现局部振动(如轴承箱等处)，且振动频率与转速无关，并可能有尖锐的杂声或敲击声。

设备存在缺陷或发生故障引起振动时，如振动尚未超过限值，应尽量维持运行，必要时还应适当降低该风机的负载并加强监视、制定处理方案，条件满足时处理，如运行中无法处理时，还应申请降负荷，将风机调停后再处理。

二、轴承温度高

风机轴承温度异常升高的原因基本可以归结为润滑不良、冷却不够、轴承异常。

由于油位过高或者过低导致的润滑不良。油位过高会使油环运动阻力增大而打滑或停脱，油分子的相互摩擦会使轴承温度升高，还会增大间隙处的漏油和油的摩擦功率损失，油位过低，会使轴承的滚珠或油环带不起油来，造成轴承得不到润滑而使温度升高，损坏轴承。

离心式风机轴承置于风机外，可以直接通过油位计或油位视窗观察到油位情况，若是由于轴承疲劳磨损出现脱皮、麻坑、间隙增大引起的温度升高，一般可以通过听轴承声音和测量振动等方法来判断，若是润滑不良、冷却不够的原因则是较容易判断的。

轴流风机的轴承集中于轴承箱内，当发生轴承温度高时，由于风机在运行，很难判断是轴承有问题还是润滑、冷却的问题，出现轴承温度高时，应首先确定轴承润滑、冷却方式。

若轴承润滑方式为油浴润滑，则通常外部会设置直接观察油位的视窗，首先判断油位、油质状况，再进一步判断原因。

若轴承润滑方式为带有油站的强制润滑，则应按照以下步骤进行检查：

(1) 观察润滑油站油位在1/2以上；

(2) 润滑油供油流量值在设定值合格范围内；

(3) 测量供油温度，确定油冷却器冷却效果，判断冷却水运行状况及油冷却器是否需要清洗；

（4）对于引风机，冷却风机负荷小，冷却风量不足，烟温在120～140℃，轴承箱如果没有有效的冷却，轴承温度会升高；

（5）确认不存在上述问题后需解体检查轴承箱。

三、风机调节装置故障

（一）故障原因分析

动叶卡涩主要针对的动叶可调式轴流式风机，动叶调节是通过电动执行机构带动滑阀改变液压缸内活塞两侧油压，使液压缸带动轮毂推力盘沿风机轴向运动，推力盘夹紧叶片拐臂滑靴（滑块），滑靴（滑块）旋转带动叶片拐臂旋转进而将推力盘的直线运动转化为叶片的旋转运动，从而改变调节动叶角度。根据动叶叶柄（叶片）轴承润滑方式的不同，造成动叶卡涩的原因也不同，一般动叶叶柄（叶片）轴承润滑分为润滑脂润滑和稀油润滑。

可能造成动叶卡涩的因素有：

（1）液压（控制）油油质不合格，杂质较多造成滑阀卡涩。

（2）液压缸泄漏，造成液压缸无法驱动轮毂推力盘动作。

（3）叶片拐臂滑靴（滑块）动作不灵活。

（4）叶片叶柄轴与轴衬套装配过紧。

（5）动叶叶柄推力轴承损坏。

（6）动叶叶柄处结垢造成传动力增加。动叶叶柄（叶片）轴承采用润滑脂润滑方式的轴流风机，还可能因为润滑脂变质固化而造成动叶卡涩。叶柄（叶片）轴承通常选用适应温度在－30～120℃的润滑脂，如遇到极端低温天气，风机入口风温可能较长时间低于－30℃，润滑脂会出现变质、固化、发硬现象，当叶片旋转时，叶柄（叶片）轴承滚动体动作会出现障碍，导致动叶卡涩，并伴随液压（控制）油系统压力超限高报警，此类情况只能停机解体，更换新润滑脂。

（7）动叶调节油压过低，可能造成油压过低的原因有动叶调节装置所属设备或系统漏油、泄压阀定值偏低或误动作、动叶油泵故障或停用、液压系统油温过高等。

（8）电动执行机构连杆断裂、松脱、弯曲，连杆连接销孔磨损造成的连杆动作迟缓等。

（9）电动执行机构电动头损坏。

（二）常见故障处理方案

风机调节装置发生故障后，应立即将并联运行的两台风机均切至手动控制，并迅速查明故障原因。

风机调节装置发生故障后，在操作动叶时该风机的电流、电压、风量将均无变化。动叶调节油压过低或内部卡涩时调节臂报警装置将发生报警。如因伺服电动机或执行机构故障，则伺服电动机可能不转或出现连杆脱开、断裂等情况。动叶调节油压过低时将出现油压过低报警。如发生液压缸或液压油系统漏油时，油箱油位将降低，并在风道或烟道连接处可能有油渗出，某些部位泄漏严重时还有可能造成风机动叶自行开大或关小的异常情况。

如因动叶调节油压过低引起故障时，应立即启动备用油泵设法恢复油压正常。如因泄压阀定值偏低或误动造成故障时，除应设法恢复油压正常外，还应联系检修人员前来处理。发现动叶调节油压过低时还应检查油箱油位及系统是否漏油，如有漏油现象应设法消除并及时补充，维持油箱油位正常。如因严重漏油造成油压过低、油箱油位无法维持或动叶自行开大、关小使该风机或锅炉参数无法维持在正常范围内时，应立即停用该风机。

当动叶调节液压缸卡涩、动叶叶柄推力轴承损坏、动叶叶柄处结垢造成调节阻力增加，无法进行调节时，应维持风机原开度运行并联系检修人员进行处理。

如发生风机所属动叶油泵全部故障停用或液压油系统无法向液压缸供油的情况，在确认短期内无法恢复时，锅炉应迅速将负荷减至50%后停用该风机。

在风机调节装置发生故障无法关小的情况下停用该风机时，为防止损坏设备，应在维持该风机原开度情况下进行，停用后及时关闭其出口隔绝挡板。

四、风机的日常维护

为了防止维护不当引起人为故障及事故发生，预防风机和电动机方面的自然故障及事故发生，从而充分发挥设备的效能，延长设备的使用寿命，必须加强风机的维护。

风机日常维护需要注意：

(1) 运行中主要应加强对于风机振动、相关的温度点、润滑油位及油质的定期检验，并保证运行中的调节方向、速度合理，以保证风机的健康状态。

(2) 停机时，检查风机的主要磨损部件（密封、轴承等），清除叶轮杂质，检查叶轮磨损和损坏的痕迹，更换轴承润滑油，检查联轴器性能，清理风机壳和风道等。

(3) 长期停用时，至少每周将风机转子拨动一次，旋转180°，防止主轴变形。

(4) 大修后，初次更换润滑油时，必须在风机连续运转200h后，并且每次小修时必须取样化验。如果油质发生变化较大，则需要更换润滑油，更换润滑油时必须同时清洗主轴承箱。

(5) 风机在运行中遇到风机或电动机有突然的强烈振动，机器内部有摩擦声或其他异常的声响，风机或电动机冒烟，轴承温度急剧上升并无法控制，风机机体有剧烈的噪声时，均应立即停止运行。

第四节　回转式空气预热器典型故障

一、密封片磨损

空气预热器的密封装置和密封表面的布置能够保证在BMCR负荷下的设计温度，能提供最佳的漏风控制。当温度升高到设计温度以上时，当前的密封和密封表面之间的设计间隙不够弥补过量的热变形，从而导致密封和密封表面接触而磨损。

(一) 主要原因

造成空气预热器内部密封磨损的主要原因有以下几方面：

(1) 进入空气预热器的烟气温度超过设计值。

(2) 通过空气预热器的空气减少。当空气量接近零时，密封磨损程度增加。

(3) 热备用状态，空气预热器有烟气存在但没有空气流通过，空气预热器或锅炉处于热态。

(4) 空气预热器转子转动速度低于设计值，随转子速度的降低而密封磨损的程度增加。

(5) 在隔离之前空气预热器正在运行。

(二) 防治措施

因为密封磨损加大了密封和密封表面的间隙，在 BMCR 负荷下，增加了正常运行时的漏风。并且在密封磨损过程中，如果密封接触阻力变得足够大，空气预热器传动电动机可能过载，为减小密封严重磨损的可能性及相关问题的出现，应采取以下几点措施：

(1) 无论何时只要有烟气流通空气预热器时，就应有空气流通过空气预热器。

(2) 只有在应急和维修时采用变频调速慢速挡，当采用变频调速慢速挡带动空气预热器时，转子速度能降低到 0.25r/min。

(3) 在启动和运行过程中，当烟气入口、烟气出口、空气入口、空气出口温度保持在或低于 BMCR 工况下的设计温度时，空气预热器密封和密封表面的间隙已经调整好时，不需要采取特别的措施来阻止密封系统的磨损。

二、空气预热器低温腐蚀

(一) 低温腐蚀机理

由于煤粉中含有一定的硫分，在燃烧过程中会生成一定的 SO_2 和 SO_3，当烟气温度低于露点温度（200℃）时，SO_3 会与水蒸气结合生成硫酸蒸气。即：

$$SO_2 + H_2O(汽) = H_2SO_3(气) \text{ 弱酸} \quad (8\text{-}1)$$

$$H_2SO_3(液) = 2H^+ + SO_3^{2-} \quad (8\text{-}2)$$

$$SO_3 + H_2O(汽) = H_2SO_4(气) \text{ 强酸} \quad (8\text{-}3)$$

$$H_2SO_4(液) = 2H^+ + SO_4^{2-} \quad (8\text{-}4)$$

由于硫酸蒸气的凝结温度比水蒸气高得多（可能达到 140～160℃，甚至更高），因此烟气中只要含有很少量得硫酸蒸气，烟气露点温度就会明显的升高。

当烟气进入低温受热面时，由于烟温降低或在接触到低温受热面时，只要在温度低于露点温度，水蒸气和硫酸蒸气将会凝结。水蒸气在受热面上的凝结，将会造成金属的氧腐蚀；而硫酸蒸气在受热面上的凝结，将会时金属产生严重的酸腐蚀。其主要反应如下：

$$Fe_2O_3 + 6H^+ + 3SO_4^{2-} = 2H_2O + 2Fe^{2+} + 3SO_4^{2-} \quad (8\text{-}5)$$

$$Fe + 2H^+ + SO_4^{2-} = H^{2+} + Fe^{2+} + SO_4^{2-} \quad (8\text{-}6)$$

$$4Fe + 8H^+ + 4SO_4^{2-} = 4H_2O + FeS + 3Fe^{2+} + 3SO_4^{2-} \quad (8\text{-}7)$$

$$Fe_2O_3 + 5Fe + 4H_2SO_4 = H_2 + 3H_2O + FeS + 4FeSO_4 + Fe_2(SO4)_3 \quad (8\text{-}8)$$

同时，上述腐蚀产物和凝结产物与飞灰反应，生成酸性结灰：

$$xCaO \cdot yAl_2O_3 \cdot (x+3y)H_2SO_4 = xCaSO_4 + yAl_2O_3 + SiO_2 + (x+3y)H_2O \tag{8-9}$$

$$Fe_3O_4 + 4H_2SO_4 = FeSO_4 + Fe_2(SO_4)_3 + 4H_2O \tag{8-10}$$

$$3Fe + 4H_2SO_4 + 2O_2 = FeSO_4 + Fe_2(SO_4)_3 + 4H_2O \tag{8-11}$$

（二）低温腐蚀的危害

酸性粘结灰能使烟气中的飞灰大量粘结沉积，形成不易被吹灰清除的低温粘结结灰。由于结灰，传热能力降低，受热面壁温降低，引起更严重的低温腐蚀和粘结结灰，最终有可能堵塞烟气通道。

强烈的低温腐蚀通常发生在空气预热器的冷端，因为在此处空气及烟气的温度最低。低温腐蚀造成管式空气预热器热面金属的破裂，使大量空气漏进烟气中，使得送风燃烧恶化，锅炉效率降低。对回转式空气预热器也会影响传热效率。同时腐蚀也会加重积灰，使烟风道阻力加大，影响锅炉安全、经济运行。

（三）影响因素

1. 硫酸蒸气的凝结量

硫酸蒸气的凝结量越大，腐蚀越严重。一方面腐蚀的面积增加，另一方面腐蚀的深度增加了。

2. 凝结液中硫酸的浓度

烟气中的水蒸气与硫酸蒸气遇到低温受热面开始凝结时，硫酸的浓度很大。随烟气的流动，硫酸蒸气会继续凝结，但这时凝结液中硫酸的浓度却逐渐降低。开始凝结时产生的硫酸对受热面的腐蚀作用很小，而当浓度为56%时，腐蚀速度最大。随着浓度继续增大，腐蚀速度也逐渐降低。

3. 受热面的壁温

受热面的低温腐蚀速度与金属壁温有一定的关系，实践表明：腐蚀最严重的区域有两个：一个发生在壁温在水露点附近；另一个发生在烟气露点以下20～45℃区域。在两个严重腐蚀区之间有一个腐蚀较轻的区域。空气预热器低温段较少低于水露点，为防止产生严重的低温腐蚀，必须避开烟气露点以下的第二个严重区域。

（四）低温腐蚀的减轻和防止措施

1. 燃料脱硫

燃料中得黄铁硫可以在燃料进入制粉系统前利用其重力与煤粉不同而分离出来，但不能完全分离出，而且有机硫很难出去。

2. 低氧燃烧

即在燃烧过程中用降低过量空气系数来减少烟气中的剩余氧气，以使 SO_2 转化为 SO_3 的量减小，但是低氧燃烧，必须保证燃烧的安全，否则降低燃烧效率，影响经济性。另外，减少锅炉漏风也是减少烟气中剩余氧气的措施。

3. 采用降低酸露点和抑制腐蚀的添加剂

将添加剂——粉末状的白云石混入燃料中，或直接吹入炉膛，或吹入过热器后的烟道中，它会与烟气中的 SO_2 和 H_2SO_4 发生反应而生成 $CaSO_4$ 或 $MgSO_4$，从而能降低烟气中

的或 H_2SO_4 的分压力，降低酸露点，减轻腐蚀。

4. 提高温度

提高空气预热器受热面的壁温，是防止低温腐蚀的最有效的措施，通常可以采用热风再循环或暖风器两种方法。

回转式空气预热器的传热元件沿高度方向都分为三段，即热端、中间段、冷端，冷端最易受低温腐蚀。从结构上将冷端和不易受腐蚀的热段和中间段分开的目的在于简化传热元件的检修工作，降低维修费用，当冷端的波形板被腐蚀后，只需更换冷端的蓄热板。另外，为了增加冷端蓄热板的抗腐蚀性常采用耐腐蚀的低合金钢制成，而且较厚，一般在 1.2mm。

5. 运行中防止低温腐蚀的措施

采用低氧燃烧，可以将烟气中 SO_3 大量降低，烟气露点下降，腐蚀速度减小，但是化学未完全燃烧有增加，而排烟损失减少，锅炉效率稍有增加；控制炉膛燃烧温度，减少 SO_3 的生成量；定期吹灰，利于清除积灰，也利于防止低温腐蚀。

6. 定期冲洗

如空气预热器冷端积灰，可以用碱性水冲洗受热面清除积灰。冲洗后一般可以恢复至原先的排烟温度，而且腐蚀减轻。

7. 避免和减少尾部受热面漏风

因漏风，受热面温度降低，腐蚀加速。特别是空气预热器漏风，漏风处温度大幅下降，导致严重的低温腐蚀。

总之，空气预热器的低温腐蚀产生的主要原因是燃料中的硫燃烧生成 SO_2，其中部分氧化形成 SO_3。由于 SO_3 的存在，使烟气的露点升高，即 SO_3 与烟气中的水蒸气化合形成硫酸蒸气，露点温度大大升高，当遇低温受热面时结露，并腐蚀金属。影响腐蚀速度的因素有：硫酸量、浓度和壁温。酸量越大，腐蚀越快，金属温度越低，化学反应越慢，速度降低。预防低温腐蚀的措施是采用热风再循环，加装暖风器，采用耐腐蚀的材料，装设吹灰装置。

三、空气预热器着火

（一）空气预热器着火原因

由于锅炉长期低负荷燃油运行、燃烧不稳定等引起受热面积存油垢和未燃尽燃料沉积，而空气预热器吹灰器长期未投运或吹灰效果不良，此时极易造成空气预热器着火。空气预热器内着火时，会使空气预热器出口风、烟温不正常升高、进出口风、烟压增大，就地空气预热器不严密处冒火星。

（二）处理措施

发现空气预热器有着火迹象时，应立即进行全面检查，保持省煤器连续补水，并根据其严重程度作相应处理。

当火警报警盘发出空气预热器着火报警时，应立即到现场确认，若报警正确，但现场未发现有明显着火迹象时，应立即投入空气预热器吹灰器运行，必要时撤出暖风器，并加强对空气预热器运行的监视。

若发现空气预热器着火或排烟温度有明显升高，应立即按以下步骤进行灭火处理：维持空气预热器运行，停止该侧的送引风机运行，并关闭该空气预热器的所有烟风挡板和烟风道得联络挡板，开启对应侧烟风道的疏排水阀，确认该空气预热器疏水系统疏通无阻，将空气预热器漏风控制系统扇形板退出后投入消防水系统、水冲洗装置以及空气预热器吹灰器进行灭火，同时将着火探测装置切至备用位置。

确认空气预热器内部着火熄灭后，停运消防水灭水装置、水冲洗装置以及空气预热器吹灰器运行，关闭冲洗阀，待内部余水放尽后，关闭空气预热器及烟风道疏排水阀。对空气预热器本体进行检查，如有损坏不得再投入该空气预热器运行，交检修处理。

检查空气预热器无异常后，方可将其投入运行。经确认空气预热器内部着火熄灭，不再会引起燃烧，可以启动送引风机对空气预热器进行冷却。如发生再燃烧立即停运风机，重新进行隔离。

经上述处理无效，按尾部烟道二次燃烧处理。

四、空气预热器转子停转

（一）空气预热器转子停转原因

空气预热器的转子尺寸很大，无论在冷态还是热态都有相当地变形，需靠密封弹簧板来维持动、静部件间的弥合，减少漏风。LCS控制失常造成密封用扇形板下探过大或有硬物进入极易引起动静部件间的相对运动受阻被卡，驱动转矩增大，部件损坏，造成驱动电动机过负荷而跳闸，转子停转。同时因电动机失电、故障或传动机械故障等原因也会引起空气预热器转子停运。

（二）处理措施

（1）转子停运后烟气侧的受热面始终受到烟气加热而空气侧始终受到冷却，将使转子产生异常的不可恢复变形。空气预热器转子停运后出口烟温不正常上升，空气预热器一次风、二次风出口风温不正常下降。

（2）若运行中空气预热器主电动机、备用电动机均跳闸，且空气预热器经抢投不能立即恢复运行，对应侧的送引风机应跳闸，烟风道的联络挡板关闭，以减轻空气预热器变形的不均匀。

（3）锅炉运行中发生空气预热器转子停转的情况时，若锅炉在燃油状态应防止二次燃烧，若在燃煤密切注意一、二次风温的变化及锅炉的燃烧情况。

（4）如果锅炉在低负荷运行时发生空气预热器转子停转的情况，应考虑尽早隔离故障空气预热器，调整和稳定锅炉的燃烧工况和炉膛压力。

（5）若由于漏风控制系统故障导致动静卡涩，应手动提升空气预热器扇形板，尽快启动空气预热器。

（6）若以上操作均不能启动空气预热器，应立即降低机组负荷，控制排烟温度不超限，通知检修人员进行检修，必要时可打开烟气进出口处人孔门和投入空气预热器吹灰器，对其进行冷却。

（7）如空气预热器隔离后经多方处理空气预热器转子仍盘不动，且有关挡板不能隔离严密，应申请故障停炉。

(8) 如两台空气预热器转子停转，经抢投仍不能恢复运行，则紧急停炉。

五、空气预热器漏风增大

(一) 空气预热器漏风大的危害

空气预热器漏风变大的危害主要有：引起风机负荷和电耗增加、排烟温度增加，从而排烟热损失增大、使空气预热器出口氧量变大，SO_3 生成机会增大，加剧低温腐蚀发生，加剧空气预热器堵灰。

(二) 预防措施

对空气预热器壳体进行漏点检查，及时消除漏点。对于回转式空气预热器，要精密调整各类密封片的间隙，提高漏风控制系统的冷热态调试质量，提高使用可靠性。

六、空气预热器堵灰

(一) 空气预热器堵灰的危害

空气预热器堵灰后，通流截面减少，风烟系统的阻力都将增加，造成送风机、引风机和一次风机的负荷和电耗增加，风机的调节范围减小，风机的出力受限制，堵灰程度严重会使引风机过载而限制锅炉出力，甚至造成设备损坏而被迫停运。

堵灰后，空气预热器换热面的换热效率降低，造成排烟温度增高，排烟热损失增大；同时一、二次风的温升减小，入炉风温和煤粉温度降低。空气预热器局部区域流速增加，造成该区域换热面磨损速率增加。如果左右侧空气预热器堵灰程度不同，还会使两侧的风温、排烟温度产生较大偏差，造成漏风增加。

(二) 控制措施

(1) 检查吹灰器投运状况，检查汽源参数和疏水状况是否正常。增加吹灰器投运频度。

(2) 检查煤种中硫分大小，必要时改变煤种，降低硫分。

(3) 优化脱硝运行，调整喷氨量，减少硫酸铵盐的生成。

(4) 在高负荷时，投入在线水冲洗系统冲洗蓄热元件。

(5) 必要时通过挡板来控制通过空气预热器的烟气或二次风流量，通过均匀流量或提高流速来改善堵灰状况。

(6) 机组停运后，对堵灰严重的空气预热器进行人工高压水冲洗。

(7) 更换无法清洗疏通的传热元件。

第五节 转机振动防治

一、振动有关的概念和特点

(一) 振动基本概念

振动就是机器或机器零件从其平衡位置所做的往复运动。振动有三个重要的可测量的参数：振幅、频率、相位。

1. 振幅（振动幅值）

振幅是物体动态运动或振动时离开平衡位置的幅度。振幅是振动强度和能量水平的标志，是评判机器运转状态优劣的主要指标。振幅分别采用振动的位移、速度或加速度值加以描述、度量，三者可以通过微分或积分进行换算。

振动位移：通常称为振幅，是指转动机械振动时，沿一个方向的最大位移量，通常用 μm 和 mm 进行表示。

2. 振动速度

振动速度是转动机械在振动中运动快慢的度量。振动速度的单位是用 mm/s 来表示。

3. 振动加速度

振动加速度被定义为振动速度的变化率，其单位是用有多少个 g 来表示。加速度值越大，施加在机器上的作用力也就越高。

4. 振动频率

由振动的周期（T）可以计算出振动的频率。频率的单位是用 CPM 或用 Hz 表示（1Hz=60CPM）。

5. 振动相位

振动相位是一个振动部件相对于机器的另一个振动部件在某一固定参考点处的相对移动。也就是说振动相位是某一位置处的振动运动相对于另一位置处的振动运动，对所发生位置变化程度的度量。振动相位是一个很有用的设备故障诊断工具。振动相位是以角度为单位，通常是利用频闪灯或光电头测量得到，振动相位是进行动平衡实验的重要参数，用以确定配重的位置。

（二）转机振动的特点

1. 振动存在具有广泛性

即任何机械设备在动态下都会或多或少地产生一定的振动。

2. 振动监测的有效性

当设备发生异常或故障时，振动将会发生变化，一般表现为振幅加大。这就使人们可以从振动信号获取诊断信息。

3. 振动的可识别性

由不同类型、性质、原因和部位产生的故障所激发的振动将具有不同的特征，表现为频率成分、幅值大小、相位差别、波形形状、能量分布状况等，这一点使人们可以从振动信号中识别故障。

4. 振动识别的复杂性

振动信号性质、特征不仅与故障有关，而且与机械系统的固有特性有关。

在机械故障诊断中，振动信号能够更迅速、更直接的反映机械设备的运行状态，据统计，70%以上的故障都是以振动形式表现出来的。因此，通过分析振动产生的原因，可以有效判断机械运行状态和存在的故障，进而加以解决，以维持机械设备的健康运行。

二、振动的分类

按振动产生的原因分类，振动可分为自由振动、受迫振动和自激振动三类。

（一） 自由振动

当转动机械系统受到初始干扰力而破坏了其平衡状态后，仅靠弹性恢复力来维持的振动称为自由振动。自由振动的频率只决定于系统本身的物理性质，称为系统的固有频率。

（二） 受迫振动

转动机械系统在外界持续力（激振力）作用下，被迫产生的振动。电厂内常见的振动多属于受迫振动。

（三） 自激振动

转动机械系统只受本身产生的激振力所维持的振动。在电厂内，自激振动多见于柔性转子系统，如汽轮机轴系统、小汽轮机轴系等。

三、产生振动的原因

基于机械振动的设备故障常见的有以下 4 类。

（一） 不平衡

不平衡就是设备质量中心与其几何的中心线不重合从而产生的故障。当转子在旋转时，它的重心在轴承上产生了离心力的作用，这个离心力的大小随转子旋转形成稳定的变化。它的类型分为：静不平衡、力不平衡以及力矩不平衡。

不平衡是引起转动机械振动大时最常见的原因，约占总故障数的 20%，而通过动平衡实验增加配重也是消除振动的常用手段。关于动平衡在后续章节进行详细说明。

（二） 没有对中

这种现象普遍存在于联轴器系统中，而且其产生的影响非常重要，由于不对中现象因而增加的旋转作用力将对机械轴承与密封构件施以异常的附加应力。它的类型分为：平行不对中、角度不对中、平行与角度均不对中三种情况，如图 8-2 所示。

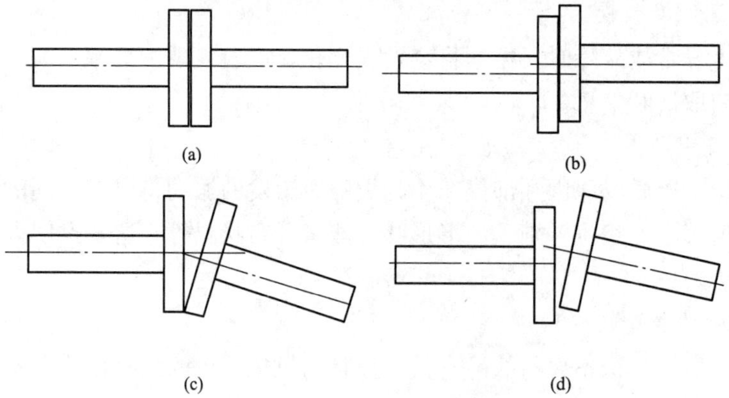

图 8-2 联轴器不对中故障类别

（a）正确对中；（b）平行不对中（c）角度不对中；（d）综合不对中

对于因联轴器对中不良引起的振动，可以通过联轴器中心找正进行消除，一般要求控制中心各向偏差不大于 0.05mm，偏差的大小与转速有关；同时，对于引风机等运行中介质温度与环境温度偏差较大的转动机械，在进行联轴器中心调整时，要考虑热膨胀对转子中心的影响，预留出适当的膨胀量，以确保运行中联轴器对中良好。

（三）部件松动

部件松动是普遍且易发生的故障，主要情况有：机械设备的结构框架或者其底座发生松动，产生的后果就是整个机械设备发生松动同时剧烈振动；另一类情况就是原本在零部件间正常配合的关系被破坏，从而造成其间隙超过误差范围导致松动。

在处理在部件松动引起的转动机械振动时，在按力矩紧固连接螺栓的同时，也要对各部位的配合间隙进行检查，避免因间隙过大或过小造成运行中紧力的变化；另外，还要考虑系统各连接件之间应力的影响，增加膨胀节等手段消除。

（四）轴承故障

其分为滚动轴承故障，如疲劳剥落、塑性变形、蚀、磨损、保持胶合架损坏等；滑动轴承故障，如巴士合金损坏、松脱、壳体间松动与间隙过大。

轴承故障造成的振动，在更换轴承的同时，要对轴承损坏的原因素进行排查和治理；同时在运行中要加强对轴器润滑、冷却系统的维护，确保轴承良好的运行环境，也可以通过监测振动、温度和定期频谱分析，评估轴承的运行状态。轴承故障产生和发展过程如图 8-3 所示。

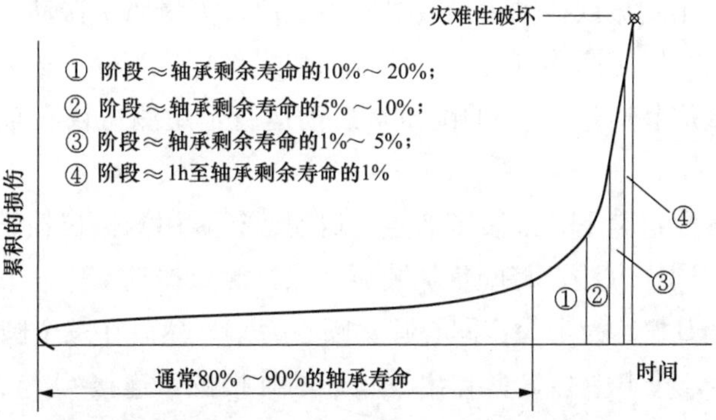

图 8-3　轴承故障产生和发展过程

第一阶段：噪声正常；温度正常；可用超声，振动解调谱、声发射测量出来，轴承外环有缺陷；振动总量较小，无离散的轴承故障频率尖峰；轴承剩余寿命大于规定的 10%。

第二阶段：噪声略增大；温度正常；超声，声发射，振动解调谱通频值明显增大，轴承外环有缺陷；振动总量略增大（振动加速度总量和振动速度总量）；在对数刻度的频谱上可清楚地看到轴承故障频率，而在线性刻度的频谱上则很难看到；噪声地平明显提高；轴承剩余寿命大于规定的 5%。

第三阶段：可以听到噪声；温度略升高；非常高的超声，声发射、振动解调谱通频值明显增大，轴承外环有故障；振动加速度总量和振动速度总量大增；在线性刻度频谱上清楚地看出轴承故障频率及其谐波频率和边带频率；振动频谱的噪声地平明显提高；轴承剩余寿命大于规定的 1%。

第四阶段：噪声的强度改变；温度明显升高；超声、声发射、振动解调谱通频值迅速增大，随后逐渐减小，轴承外环处于损坏之前的故障状态；振动速度总量和振动位移总量明显增大，振动加速度总量减小；频率较低的轴承故障频率尖峰占优势，振动频谱中噪声地平非常高；轴承剩余寿命大于规定的0.2%。

四、转动机械的现场动平衡方法

通过动平衡实验可以消除转动机械因不平衡引起的振动，同时也可以消除因其他因素引起的1倍频振动。同时，现场动平衡还具有以下优点：

(1) 无须拆装转子，平衡快捷方便，省时省力，可以达到立竿见影的效果。

(2) 工作转速下平衡，弥补平衡机低速平衡不足。

(3) 支撑系统不发生变化，符合实际工作条件，这也是平衡机无法做到的。

现场动平衡的方法主要有三点法、图解法和影响系数法三种。

(一) 三点法动平衡

1. 三点法动平衡步骤

(1) 清理转子上杂物、积灰、积垢。

(2) 复核联轴器中心，不合格重新进行找正。

(3) 检查转机各部无松动、开裂等影响风机振动的缺陷。

(4) 启动运行，用测振仪在轴承箱或机壳固定位置测量风机振动A0。

(5) 将转子的某一固定圆周（位置要便于加装配重）三等分，记为1点、2点、3点。

(6) 在1点位置加装质量为m的配重，启动运行，用测振仪在轴承箱或机壳固定位置测量风机振动A。

(7) 将1点位置配重取下，加装至2点，启动运行，用测振仪在轴承箱或机壳固定位置测量风机振动B；同样方法，将配重加装至3点，测点振动C。

(8) 分别以A、B、C为半径作同心圆，圆心为O，然后在三个圆上各取点a、b、c，使$\triangle abc$为正三角形，找出中心S并作出三角形的外接圆，连接O与S，交外接圆于S'，则S'就是加装配重的位置，配重质量为$M=AS/OS\times m$。

(9) 取下试加的配重，将质量为m的配重加于1点和2点之间，距1点角度为$\angle OSA$。

(10) 动平衡结束。

三点法动平衡示意如图8-4所示。

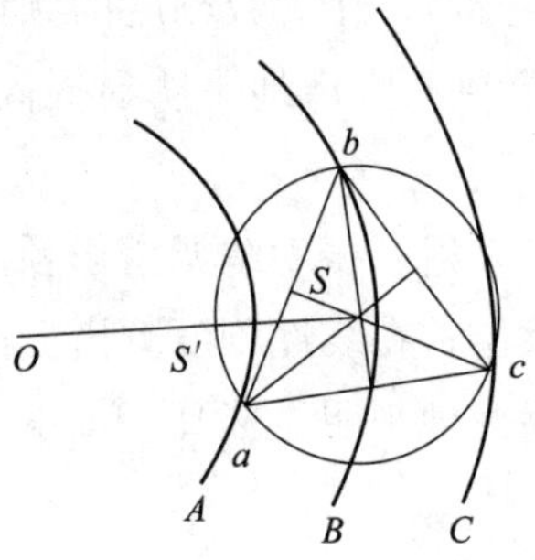

图8-4 三点法动平衡示意图

2. 图解法动平衡

因转动机械振动具有振幅和相位，因此振动可以用矢量进行表示。

如一转动机械初始振动振幅为A_0，相位角为θ_0，记为$\vec{A}_0$，在转子某一固定圆周上加装质量为Q的配重，启动运行，用测振仪在轴承箱或机壳固定位置测量风机振动，振幅为A_1，相位角为θ_1，记为$\vec{A}_1$，则增加配重所激发的振动矢量$\vec{A}_q$可以表示为：

$$\vec{A}_q = \vec{A}_1 - \vec{A}_0 \tag{8-12}$$

见图 8-5，则需加装配重质量为：

$$m = A_q / A_0 \times Q \tag{8-13}$$

加装位置以原试重 Q 处反转速方向转动 θ。

3. 影响系数法动平衡

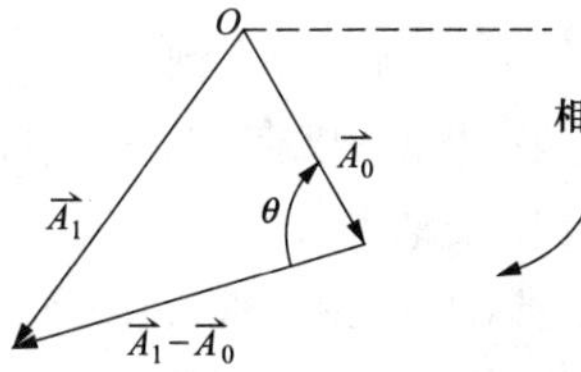

图 8-5　图解法动平衡示意图

因转动机械振动具有振幅和相位，因此振动可以用矢量进行表示。同时，因所加装配重具有质量和相位，因此加装的配重也可以用矢量表示。

如一转动机械初始振动振幅为 A_0，相位角为 θ_0，记为 $\vec{A}_0$，在转子某一固定圆周上加装质量为 Q 的配重，角度为 θ_q，记为 $\vec{Q}$，启动运行，用测振仪在轴承箱或机壳固定位置测量风机振动，振幅为 A_1，相位角为 θ_1，记为 $\vec{A}_1$，则增加配重所激发的振动 $\vec{A}_q$ 可以表示为：

$$\vec{A}_q = \vec{A}_1 - \vec{A}_0 \tag{8-14}$$

则可以认为，在转子上加装了配重 Q，就可以激发出振动 $\vec{A}_q$，$\vec{Q}$ 和 $\vec{A}_q$ 之间的系数 $\vec{\alpha}$（矢量）可以表示为：

$$\vec{\alpha} = \vec{A}_q / \vec{Q} = (\vec{A}_1 - \vec{A}_0) / \vec{Q} \tag{8-15}$$

则消除振动 $\vec{A}_0$ 需要增加的配重 M（矢量）可以表示为：

$$\vec{M} = -\vec{A}_0 / \vec{\alpha} = -\vec{A}_0 \cdot \vec{Q} / (\vec{A}_1 - \vec{A}_0) \tag{8-16}$$

解矢量方程（8-16），可以计算出 M 的幅值及相位，在对应的位置上加装相应质量的配重即可。

思考题

1. 锅炉防磨六杜绝、两加强是指什么？
2. 如何防止锅炉受热面氧化皮大量脱落？
3. 如何防止堵磨？
4. 风机振动有哪些种类？如何判断？
5. 转机动平衡的方法有哪些？如何在现场实施？

参考文献

[1] 中国动力工程学会．火力发电设备手册．第一卷：锅炉．北京：中国电力出版社，2000.

[2] 岑可法，姚强，洛仲泱，等．燃烧理论与污染控制．北京：机械工业出版社，2004.

[3] 范从振．锅炉原理．北京：水利电力出版社，1995.

[4] 中国大唐集团公司，长沙理工大学．锅炉设备检修．北京：中国电力出版社．2009.

[5] 东方锅炉（集团）股份有限公司．DG2070/17.5-II4-锅炉说明书．四川，2006.

[6] 东方电气集团东方锅炉股份有限公司．高效超超临界燃煤空冷机组锅炉说明书．四川，2017.

[7] 北京巴布科克·威尔科克斯有限公司．B&WB-2028/17.5-M 锅炉说明书，50-G11200-0. 北京，2003.

[8] 哈尔滨锅炉厂有限责任公司．HG-2008/17.4-YM5 型锅炉说明书．哈尔滨，2002.

[9] 上海锅炉厂有限公司．2955t/h 超超临界压力直流锅炉产品说明书．上海，2007.

[10] 胡荫平．电站锅炉手册．北京：中国电力出版社，2005.

[11] 姜锡伦，等．锅炉运行与检修技术．北京：中国电力出版社，2013.

[12] 张晓鲁，杨仲明，王建录，等．超超临界燃煤发电技术．北京：中国电力出版社，2014.

[13] 蔡文河，严苏星．电站重要金属部件的失效及其监督．北京：中国电力出版社，2011.

[14] 湖南省电机工程学会．火力发电厂锅炉受热面失效分析与防护．北京：中国电力出版社，2008.

[15] 杨倩鹏，等，西安热工研究院有限公司．发电技术现状与发展趋势．北京：中国电力出版社，2018.

[16] 刘云龙．袖珍焊工手册．北京：机械工业出版社．1999.

[17] 大唐国际方面防爆培训基地．锅炉防磨防爆检查人员安全手册．北京：中国电力出版社，2014.